野生ネコの教科書

Wild cats of the world

ルーク・ハンター

絵：プリシラ・バレット　訳：山上 佳子　監修：今泉 忠明

X-Knowledge

目次
Contents

日本語版
アートディレクション・デザイン　久能真理
デザイン　青柳萌々
DTP　天龍社
翻訳協力　株式会社トランネット

ネコ科のあらまし

世界の飼いネコの数は10億を超えるとみられ、地球上に残るトラ1頭に対し約30万頭の飼いネコが存在する。野生ネコの個体総数は、最も多い推定でも飼いネコの1%にすぎない。1000万頭の野生ネコの大部分を占めるのは、小型で分布地域が広く、適応力の高いボブキャットやベンガルヤマネコだ。

イエネコは地球上で最も成功した哺乳類の1つであり、最も成功した肉食動物[1]でもある。飼いネコは、南極を除くすべての主要大陸と世界の大半の島に暮らしている。人間の世話の有無は別として、ネコは、サハラ砂漠から亜南極諸島まで、ほぼあらゆる環境で生存可能だ。世界中で少なくとも5億頭のネコがペットとして飼われ、さらに数億頭ものネコが、人間とわずかな関わりを持ちながら野良ネコとして、あるいは人間にまったく頼らず完全に野生化して生きている。

イエネコの成功は、ネコ科の進化の勝利を象徴している。ネコ科動物はおよそ3000万年前に地球上に現れ、ごく最近になって人為的な影響を受けるまで、繁栄を謳歌してきた。ネコ科の進化はユーラシアで始まり、最初のネコ科動物——それ以前の食肉類の化石と比べ真のネコ科動物と見なすに十分な違いがある——とされているのはプロアイルルス *Proailurus lemanensis* だ。その最古の化石は2500～3000万年前のもので、当時は広大な亜熱帯林だった現在のフランスのサンジェラン・ル・ピュイで発見された。プロアイルルスは、これまでに生存したネコ科のすべての種（絶滅種を含む）の祖先である可能性が高い。約1800万～2000万年前までに、プロアイルルスは2つの明らかな属に分岐し、これがネコ科の進化における2つの主な枝となった。その1つのプセウダエルルス *Pseudaelurus* には、ネコ科の進化の過程で初めて現在のヒョウと同じくらいの大きさに達したネコが含まれていた。その頭骨と歯は初期のサーベル状の剣歯の特徴も備えており、このため現在では、プセウダエルルスはネコ科マカイロドゥス亜科のサーベルタイガーの祖先と考えられている。このネコ科の進化における新たなめざましい発展は、有名な長い犬歯と、他のネコ科動物とは一線を画す多くの改良が加えられた頭骨と骨格を持つ数々の属を生み出した。サーベルタイガーはユーラシア、アフリカ、南北アメリカでかなり最近まで繁栄していた。最も有名な属のスミロドン *Smilodon* は1万年前まで北米と南米に生息し、この属にはこれまでの進化における最も特徴的で最も大型のネコ科動物がいくつか含まれていた。スミロドン・ファタリス *Smilodon fatalis* ——ラ・ブレア・タールピットで発見された1200以上の標本で知られる著名なカリフォルニアのサーベルタイガー——は、体高は現在のトラと同じくらいだが、もっとがっしりして体重も重く、南米に生息していたスミロドンは、体重400kg近くと現在のいかなるネコ科をもはるかに上回り、巨大だった。この2つの種はいずれも人間と共に生息していた。

サーベルタイガーの繁栄と平行して、プロアイルルスから派生した、ネコ科の進化におけるもう1つの主な枝が、円錐型犬歯を持つネコ亜科に発展した。ネコ亜科は比較的小型（現代のヤマネコからオオヤマネコくらいいの大きさ）の属であるスティリオフェリス

脚注1　本書では「肉食動物（carnivore）」という用語を、科学命名法にしたがい、食肉目（Order Carnivora）の種だけを指すものとして用いている。

脚注2　スティリオフェリスとプロアイルルスはおそらく近縁属である。以前の分類ではプロアイルルスのみが認識され、プロアイルルスのさまざまな種がネコ科の進化の主な2つの枝を生んだとされていた。

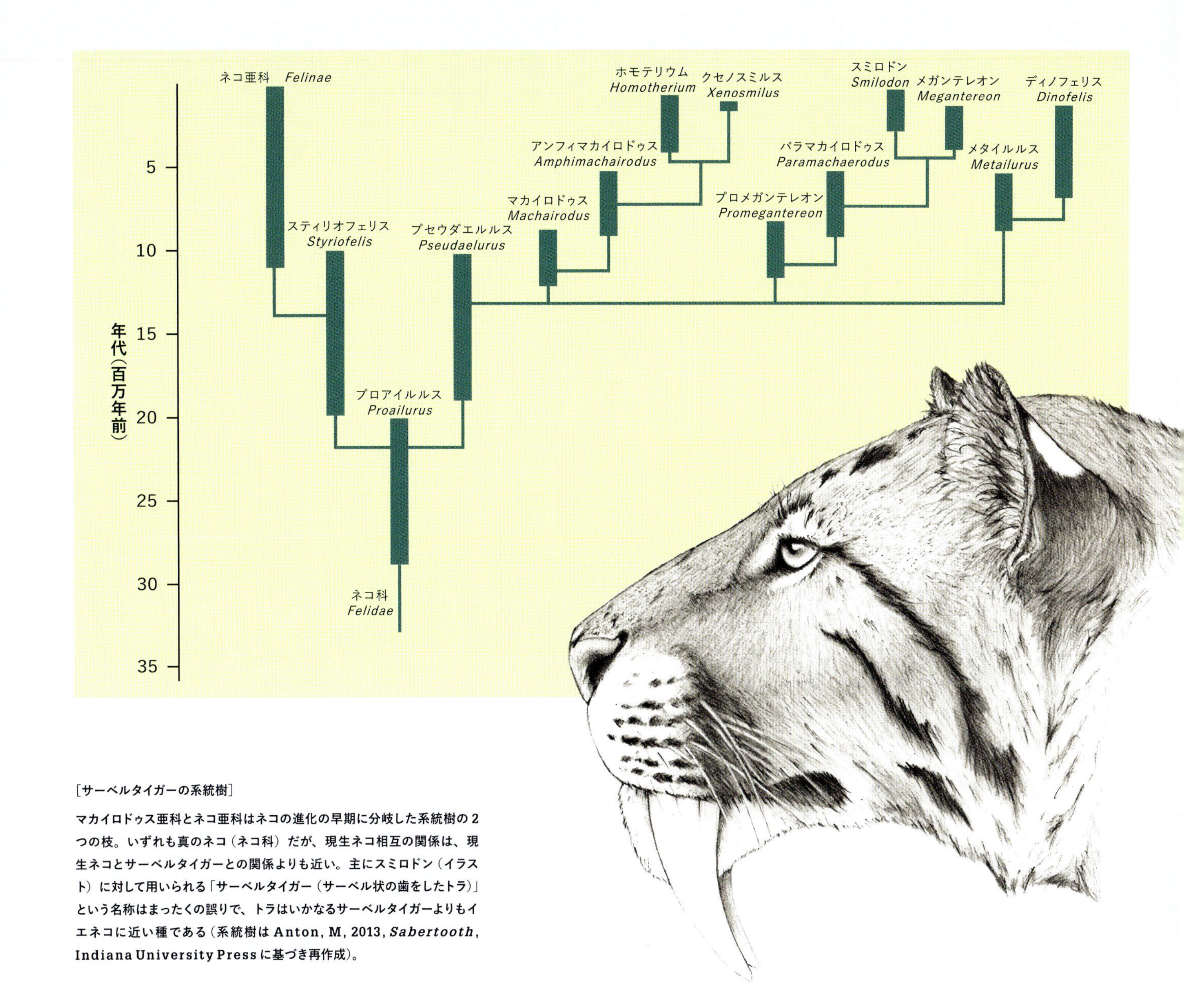

［サーベルタイガーの系統樹］

マカイロドゥス亜科とネコ亜科はネコの進化の早期に分岐した系統樹の2つの枝。いずれも真のネコ（ネコ科）だが、現生ネコ相互の関係は、現生ネコとサーベルタイガーとの関係よりも近い。主にスミロドン（イラスト）に対して用いられる「サーベルタイガー（サーベル状の歯をしたトラ）」という名称はまったくの誤りで、トラはいかなるサーベルタイガーよりもイエネコに近い種である（系統樹は Anton, M, 2013, *Sabertooth*, Indiana University Press に基づき再作成）。

度量衡換算

本書では長さ、重量、面積などの単位をメートル法で表示しているが、帝国単位に慣れている読者のために、234ページに換算表を掲げた。

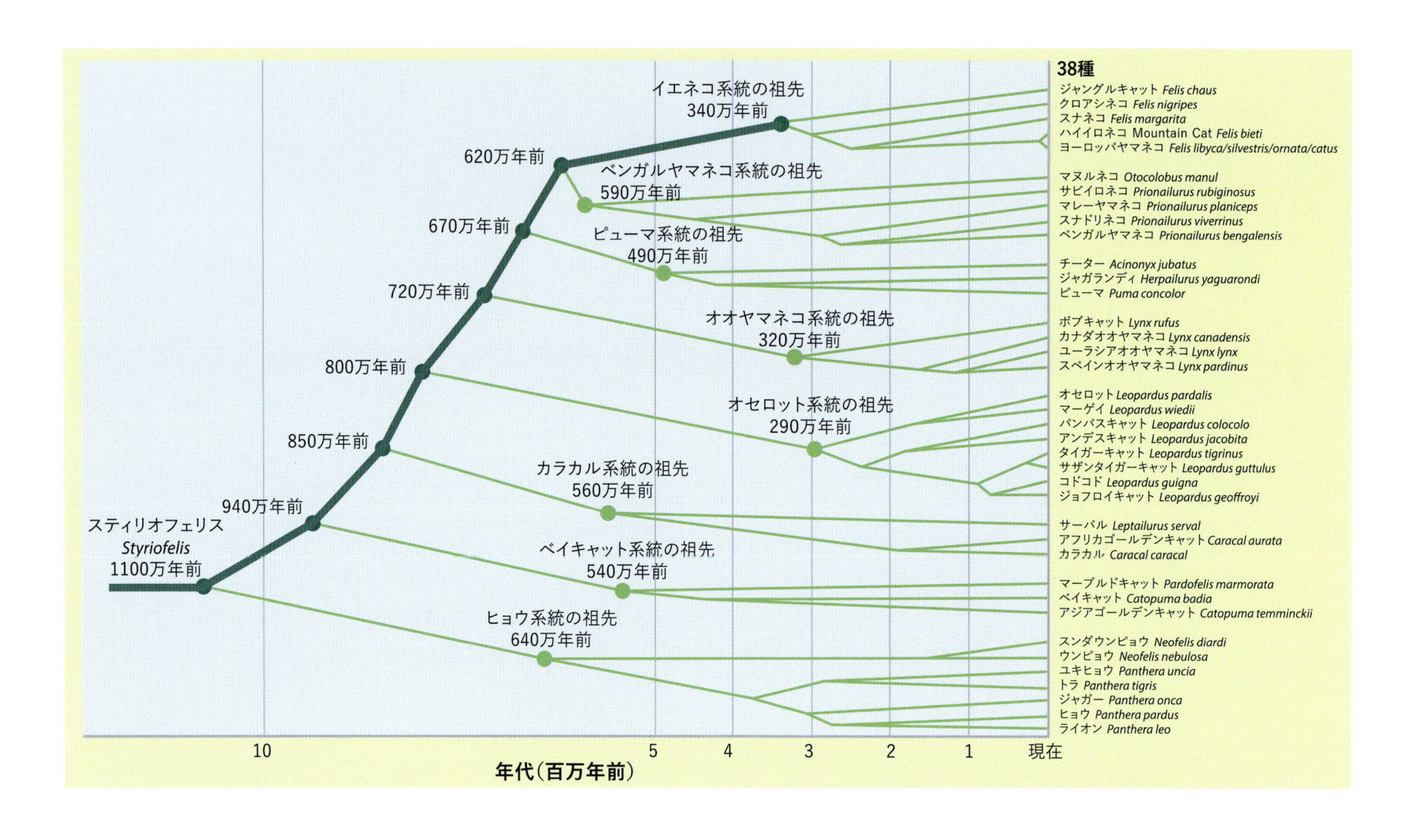

［ネコ科の系統樹］

すべての現生ネコの特異遺伝子のDNAシークエンスを比較すると、相互の関係性がわかる。遺伝子が似ていれば似ているほど、関係は近い。鍵遺伝子の既知の突然変異率を適用し、種ごとの差を比較することで、系統がいつ分岐したのか、またそれぞれの種がいつ発生したのかをおおまかに推定することができる（O' Brien & Johnson, 2007 The evolution of cats' *Scientific American* に基づき再作成）。

Styriofelis[2] を起源としていた。プロアイルルスがすべてのサーベルタイガーの祖先であったのと同じように、スティリオフェリスは現生ネコ科のすべての種（およびすでに絶滅した円錐状犬歯を持つ多くの種）の起源となった。これらの種はサーベルタイガーと平行して進化を遂げ、両亜科に属する多くのメンバーはしばしば同じ環境に共存し、おそらく現代のネコ科の種の間で見られるのと同じように複雑な相互関係を持っていた。900 万年前、現在のマドリッド周辺の地域に、両亜科に属するすでに絶滅した少なくとも 4 種が生息していた。そのうちネコ亜科に属する 2 種——ヤマネコと同じくらいの大きさの種 *Styriofelis vallesiensis* とサーバルと同じくらいの大きさの種 *Pristifelis attica* ——は、時にはサーベルタイガーに属する 2 種——小型のヒョウくらいの大きさの種 *Promegantereon ogygia* とライオンくらいの大きさの種 *Machairodus aphanistus* ——の餌食になることもあったはずだ。その後、前期更新世になると、アフリカ東部ではサーベルタイガーの陰に隠れていたネコ亜科が劇的な発展を遂げていた。約 100 万年前には、チーター、ヒョウ、ライオンがアフリカで少なくとも 3 種の大型サーベルタイガーと共存していた。残念ながら、2 つの亜科にまたがるこれら 6 種の大型ネコが互いにどのような関係にあったのかは知る由がないが、興味深いものであったのは間違いないだろう。

約 1100 万年前になると、スティリオフェリス属がユーラシアで急速な適応放散を開始し、その結果、最終的に現生ネコ科の全系統が生まれた。現生ネコの遺伝子分析とネコ科の化石の記録を考え合わせることで、現代のネコの進化的関係と各系統の構成がかなり明らかになってきた。それでも、ネコ科の実際の種の数は今なお驚くほど流動的だ。本書は IUCN レッドリスト（230 ページ）に採用された最新分類に従い 38 種を認識しているが、分類は固定的なものではなく、より高度な分子解析によって修正される可能性がある。2006 年以降、遺伝子分析により、タイガーキャット（94 ページ）とウンピョウ（181 ページ）の「隠蔽種（いんぺいしゅ）」の存在が明らかになった。いずれのケースでも、遺伝子分

ネコ科の系統

現生ネコ科には広く認められている8つの系統があり、それがネコ亜科（*Felinae*）を形成する。最も早く分岐した明確な系統はヒョウ系統で、これだけで1つの亜科（ヒョウ亜科 *Pantherinae*）とされることもあるが、ネコ亜科の1系統とするのが正しい。

イエネコ系統

最後に分岐した、最も新しい系統。1つの属（ネコ属 *Felis*）に近縁の5種が含まれ、アフリカとユーラシアに分布する。ヨーロッパヤマネコと近縁種のハイイロネコの分類は未決着で、議論の多いごく限られた遺伝子データを根拠にハイイロネコをヨーロッパヤマネコの亜種 *Felis silvestris bieti* とする専門家もいる。ヨーロッパヤマネコはリビアヤマネコやステップヤマネコとは別の種に分類すべきであるという遺伝的証拠と形態学的証拠もいくつかある。イエネコを単体で1つの種 *Felis catus* として独立させる分類もあるが、広い支持は得られていない。

ベンガルヤマネコ系統

ベンガルヤマネコ属（*Prionailurus*）とマヌルネコ属（*Otocolobus*）の2つの属に5つの種が分類され、熱帯・温帯アジアに分布。マヌルネコの進化的関係はほとんどわかっておらず、ベンガルヤマネコ属とイエネコ属の中間に位置することを示す証拠があるが、通常はベンガルヤマネコ系統に分類される。ベンガルヤマネコ種はマレー半島のクラ地峡を境界線として2つの種に分かれるという証拠もいくつかある。

ピューマ系統

3つの属に3つの種が分類される。北米で発生したとみられるが、現在はアジア・アフリカと北中南米に分布。ピューマとチーターは大型ネコとは近縁関係になく、基本的に進化により大型化した小型ネコで、大型化によりヒョウ属に近い生態学的地位を占めるに至った。

オオヤマネコ系統

1つの属に4種が分類され、温帯ユーラシアと北米に分布。4種は形態学的に類似しており、丸く短い尾と耳の房毛に特徴があるが、いずれも強い選択優位性はなさそうだ。オオヤマネコはネコ科の全系統の中で捕食の専門性が最も高い部類に属し、特にスペインオオヤマネコとカナダオオヤマネコはその傾向が顕著。

オセロット系統

1つの属に8種が分類され、中南米（およびわずかながら米国）に分布。8種は最近分岐したため近縁種であり、野生ではサザンタイガーキャットとジョフロイキャットの間に交雑が生じ、タイガーキャットとパンパスキャットの間にも交雑が生じている可能性がある(94～95ページ)。タイガーキャットは現在2つの種に分類されているが、中米の個体群を第3の種として独立させるべきであるという証拠もいくつかある。オセロット系統はネコ科で唯一、38本ではなく36本の染色体を持つ。

カラカル系統

2つの属に中型の3種が分類され、アフリカとアジアに分布。カラカル種はオオヤマネコと外見は似ているが近縁ではなく、共通の遠い祖先がオオヤマネコに近い特徴を備えていたか、進化の初期で遺伝的変異を起こしたと考えられる。

ベイキャット系統

ヒョウ系統の次に分岐した、最も古い系統の1つ。2つの属に3種が分類され、東南アジアに分布する。マーブルドキャットはクラ地峡を境に2つの種に再分類すべきであるという証拠がいくつかある。

ヒョウ系統

いわゆる「大型ネコ」。最初に分岐した最も古い系統である。ヒョウ属（*Panthera*、吠えるネコ）とウンピョウ属（*Neofelis*）の2つの属に7種が分類される。ヒョウ系統の野生ネコの大半は吠えることができ、これは喉頭とそれを支える舌骨の構造が独自の変化を遂げた結果と考えられるが、他のすべての系統と違って、喉を継続的にゴロゴロ鳴らすことはできない。ユキヒョウとウンピョウは吠えないが、喉をゴロゴロ鳴らすことはできる。

析によって、一見非常によく似ているが遺伝子的には異なる種が隠れていることがわかるまでは、形態上酷似していることを主な根拠として、分布地全域の個体群が単一の種と見なされていた。

単独行動を好むネコ

進化の早い段階で、ネコ科は基本的に単独行動を好む生活様式を確立したとみられ、化石の記録から判断する限り、このことは、これまでに生存したほとんどの種に幸いしたようだ。単独の生活様式は、おそらく大型の獲物を自力で殺せる能力と関係している。ネコ科動物は、単独での狩りを可能にする鋭い感覚、敏捷な反射神経、爆発的な筋力、しなやかな骨格を持ち合わせている。大型の獲物を捕らえて処理する際には、出し入れ可能な爪と柔軟な足首でしっかりと押さえつけ、短い鼻先（吻）を生かし、強靭な顎で狙った部分を正確に噛んで殺す。社会性のあるイヌやハイエナのような肉食動物は、ネコ科より柔軟性には欠けるが屈強で、獲物を長い距離追いかけて消耗させられるだけのスタミナを備えているが、単独で獲物を仕留めることはできない。ネコ科が大人のエルクをピューマは１頭で倒せるのに対し、オオカミは２～３頭を必要とする。

獲物もネコの空間行動パターン決定に重要な役割を果たしている。すべてのネコは生存と繁殖という２つの根本的要求を満たすのに十分な資源を確保しようとする。危険を避け、子どもを持つためには水と狩りに適した生息環境も必要だが、獲物そのものに比べれば一般に必要性は低い。メスのネコは縮小主義者で、自分自身と子どもにとって必要最小限のエリアを利用し、その規模は主に獲物の大きさと分布状況、繁殖ペースなどによって決まる。獲物の個体数が多く、安定しており、均一に分布している場合、メスは小さな行動圏で暮らせる。行動圏が小さければ競争相手からの防衛が容易なため、防衛を強化でき、隣接するメスの行動圏との重複もほとんどなくてすむ。これに対し、獲物の個体数が少ないか増減が激しい場合、または季節移動する場合には、メスの行動圏は大きくなり、他のメスとの行動圏の重複が増えて、しばしば専用の狭いコアエリアしか防衛できなくなる。

ほとんどのネコ科の種では、行動圏の規模が、生態学的条件に応じてこの両極の間で変化する。生物生産性が非常に高く、獲物が豊富なアフリカのサバンナ林にすむメスのヒョウは、10km² の土地で生涯を過ごすことができるが、カラハリ砂漠のメスのヒョウは、その50倍の広さの行動圏を必要とするだろう。一方で、常にどちらかの極端な傾向を示す種もある。たとえばユキヒョウは、獲物が低密度で分散する環境にのみ生息するため、常に大規模な行動圏を利用し、個体数密度が低い。メスのユキヒョウが生息する環境では、10km² の行動圏では要求を満たせないのだ。

一般に、オスの行動圏は、食物に関する要求だけから予想されるよりも大きい。オスは繁殖力のあるメスに近づこうとして他のオスと競争し、主にメスと出会う可能性を最大限に高める目的で広い行動圏を持つ。オスは拡大主義者だ。他のオスから縄張りを守り、メスを独占しようとするため、オスの行動圏は一般にメスより広い。メスが密集した小さな行動圏を維持するのに対し、オスの縄張りは、多くのメスの行動圏とは重複するが、他のオスとはほとんど重ならない。メスが低密度で大きな行動圏に暮らしている場合には、オスの行動圏も大きくなり、他のオスとの重複が増えて専用エリアは小さくなる傾向がある。

ネコ科の大半の種は、大人になると単独で日常生活を送る（生態がほとんど知られていない種もおそらく同様）が、非社会的というわけではない。同じエリアの大人は、においのマーキングや音声で絶えずコミュニケーションを取り合うことで仲間と出会い、競争相手を互いに避ける、複雑な社会的共同体に暮らしている。オスとメスは交尾期に行動を共にし、メスは大人になると次々に出産してほとんどの時期を子どもを連れて生活するが、それ以外の「典型的に単独生活を好む」はずの時期でさえ、大人同士はしばしば一般に考えられているよりもはるかに頻繁かつ濃密にコミュニケーションを取り合う。グレーター・イエローストーン生態系に暮らすピューマは、仕留めた大型の獲物を血縁関係のない大人同士で分け合うことがあるが、その理由はおそらく、大型の死骸であれば何頭もの腹を同時に満たすことができ、互いに争って大きすぎる代償を払うには及ばないからだろう。また、一見子どものためにほとんど何もしていないように見えるオスも、実は良い父親だ。オスのヒョウやトラはしばしば子どもやその母親のメスと共に過ごし、獲物を分け合うなどして長時間親密にふれ合う。

子育てにほとんど協力しない自由な存在と見なされることの多いオスだが、実際には不可欠な役割を果たしている。縄張りをパトロールし、外からやって来て隙あらば血縁関係のない子どもを殺そうとする別のオスから守っているのだ。子殺しは、子どもを亡くしたメスの発情期を早め、新しいオスが自分の子を持てる時期を早める。縄張りを持つオスは、そうした侵入者を撃退し、母親の安全を確保することで、子どもが自立するまで育つよう力添えする。こうしたシステムでは、親しい大人同士が日常的なふれ合いの場で寛容さを示すことは意外ではない。基本的には単独生活を好むが、時には長期間持続する寛容な社会的関係を築くというこのパターンは、今後の調査研究が待たれている種でもおそらく共通している。

ネコ科のいくつかの種では、社会性は持続的で複雑だ。ライオンの大家族（プライド）は、縄張りを共有する血縁関係のある大人のメスとその子どもからなる母系集団を中心に形成される。単独で暮らすネコと同じように、メスライオンの行動圏の規模も主に必要な獲物によって決まるが、母親１頭とその子どもではなく、プライド全体のメスとその子どもの要求を満たさなくてはならない。オスライオンは他のオスと連合し、できるだけ多くのメスのプライドを支配して他のオスの連合から防衛しようとする。これもまた、ネコ科の基本的な社会空間行動パターンが大規模化し、高度に社会化したものである。

ライオンはプライドのシステムを発達させた唯一のネコ科動物だが、その理由の１つは、やはり獲物にある。

下：単独生活を好むとされるネコだが、一般的なイメージよりはるかに社会的弾力性が高い。写真は南アフリカのサビサンド猟獣保護区で発情期のメスに求愛する２頭のオス。この２頭が、隣り合う縄張りを持つ「親愛なる敵同士」──互いに知り合いで、闘いの代償が双方にとって大きい場合には寛容であることを選んだライバル同士──であることはほぼ確実だ。

多種多様な大型草食動物が高密度で生息するアフリカのサバンナが、大型ネコの集団形成を可能にした。要するに、そこには大型ネコの大集団に十分な食物があるということだ。しかし、だからといってプライドでの生活が必ずしも最善の戦略というわけではない。実のところ、何頭ものライオンを食べさせなくてはならないという重圧は、ともすれば共同での狩りのメリットを上回る。メスライオンは超大型の獲物以外なら何でも自力で倒せるため、食物摂取の点だけで見れば、むしろ単独かペアで生活したほうが有利だろう。しかし実際には、おそらくそうしたネコ科ならではの能力こそが、ライオンの集団生活を促したとみられる。見通しの良いサバンナでは、大型の獲物の死骸はかえって不利になる。すぐさま食べ終えることができず、隠すのが難しいため、競争相手に横取りされやすいのだ。ライオンは現存するすべての大型肉食動物と 3 種の大型サーベルタイガー、そして少なくとも 2 種の絶滅した大型ハイエナと共存しながら進化してきたが、これらの動物はいずれも、獲物の死骸を守ろうとする 1 頭のメスライオンを圧倒できる力を持っていた可能性がある。そうした厳しい競争環境では、血縁者とともに殺した獲物を守り、分け合うのが得策だったのだろう。

皮肉なことに、仕留めた獲物を集団で守ることで、メスライオンの祖先には新たな問題も生じていたようだ。メスの集団はオスにとって、大型の獲物の死骸と同じくらい魅力的な資源であり、視野の開けた場所では余計な注目を浴びてしまう可能性が高い。ライオンの初期の社会性の芽生えは、子殺しのリスクも生むことになった。メスライオンの結束は、外からやって来たオスから子どもを守るうえでも有効だったと考えられる。プライドの進化は、子どもと獲物をめぐる熾烈な競争にライオンが対応した結果だろう。その他のネコ科動物でこうした進化が見られないのは、おそらくこれと同じ選択的圧力と生態学的機会の組み合わせが存在しなかっただめだ。トラ、ヒョウ、ピューマなどは、同種内で協力し合うことで若干のメリットが得られるかもしれないが、それが進化上意味を持つのは、集団生活の便益が費用を上回る場合に限られる。メスライオン以外に、超大型で非常に目立つ獲物の死骸を守らなければならないという問題（もしくはそれに類した生態学的圧力）を常に抱えていたネコ科の種は存在しなかったため、単独での生活を続けることが現在もネコ科動物の主な戦略となっているのだろう。ライオン以外に持続的な社会集団を形成する唯一の野生ネコはチーターで、オスはライオンと同じような理由で連合を組むことがある（しかしメスのチーターは単独で生活する。170 ～ 172 ページ参照）。

ネコ科研究の科学的手法

野生ネコの研究はきわめて難しい。おしなべて個体数が少なく、人間を避け、しばしば人里離れた場所や人を寄せつけない場所に生息している。観察や捕獲、監視が容易とは言えず、ネコ科の多くの種は現在もほとんど知られていない。本書の情報は、研究者と動物学者が数カ月か、時には数年かけて現地のデータを収集し、執筆した数千もの科学論文、報告書、書籍に基づいている。では、それらのデータはどのようにして収集されたのだろうか。以下では、野生ネコの調査研究に用いられている主な手法の一部を解説する。

テレメトリー

無線テレメトリーは 1970 年代初め以来、野生生物研究の主流となっている。最近までは、主に超短波（VHF）帯の電波を利用し、研究者が受信機と方向アンテナにより発信機の信号を探知することで、動物の居場所を特定していた。VHF を利用した無線トラッキングは、（動物に取り付けられた）送信機と（研究者の持つ）受信機を結ぶ見通し線が遮られていないことを条件とするが、両者の距離、密度の高い生息環境、山がちの地形、さらには大規模な雷雨までが受信状態に影響を及ぼし、日常的な移動が激しい種は一時的に所在不明になることが多く、（たとえば雨季などには）行動圏の大部分が完全に追跡不能になることもある。これらすべてが、発信機付き首輪を装着したネコを発見できる可能性と、ひいてはデータの質に影響を与える。

VHF 無線トラッキングは、カーナビゲーション・システムと同じ技術を用いた GPS モジュール内臓の首輪

上：無線機付き首輪を装着された数少ないアンデスキャットのうちの1頭（アルゼンチン、アンデス山岳地帯）。首輪が小型・軽量でぴったり装着されていれば、ネコはまったく気にしない。

に取って代わられつつある。このGPS首輪は、GPS衛星システムとの通信が可能であれば、取り付けた動物の居場所を研究者の希望する頻度で自動的に記録できる。居場所のデータを保存して後でそれを読み出したり、衛星または携帯電話ネットワークを通じて遠隔地の研究者に送ったりすることも可能である（GPS首輪が圏内にある場合）。VHFテレメトリーと比較したGPSテレメトリーの主な利点は、首輪1つにつき数百ないし数千の正確な所在地データを収集し、それを現地から世界のあらゆる場所のラップトップや携帯電話に送れることだ。非常に多くのデータの収集が可能なため、VHFテレメトリーを用いた類似の調査より結果の有用性が高く（178ページのユキヒョウの例などを参照）、首輪の小型化により、ネコ科のすべての種に利用できるというメリットもある。主な短所は費用がかかること（GPS首輪の価格は同等のVHF首輪の5～10倍）と、理由は定かでないが、現地での技術的なトラブルが多いことだ。ネコの調査にGPS首輪を採用している研究者は、誰もが期待どおりに作動しなかったことにひどく失望した経験がある。

テレメトリーは、ネコ科の空間生態を理解する主流の手法となっている。居場所に関するデータは、野生ネコが生態的要求を満たすために必要とする面積、すなわち行動圏（同種のネコから行動圏を積極的に防衛する種の場合は縄張り）の規模――を計算し、それをどう利用しているのか――たとえば子育てなど特定の活動に好んで用いられる環境や環境特性があるのか――を割り出すのに用いられる。十分な数の個体（大規模なサンプル）を対象にテレメトリー調査が行われれば、ネコ科動物が同種の他の個体といかに場所を共有するのかという社会生態や個体群生態への洞察も得られる。テレメトリーは、直接観察もしくはイベント後の証拠収集を通じて、食性や繁殖生態などネコ科の行動のその他の側面に関する膨大な付随的データも提供する。直接観察が可能な場合（たとえばセレンゲティ国立公園に生息する、車に慣れたGPS首輪付きのチーターを思い浮かべてほしい）、研究者はネコが何を追いかけ何を殺すのか、どこで子どもを育てるのかを直接目で確かめることができる。GPSテレメトリーは、たとえ首輪を付けた動物の姿が一切見えない場合でも、同様のデータを提供する。研究者は、ネコが立ち去った後にGPSテレメトリーの所在地データのクラスター分析を行うことで、獲物を殺した可能性のある場所や巣穴があると思われる場所を探し当てることができる。

テレメトリーの最大の制約は、調査対象のネコを捕獲しなければならないことだ。これには専門的な知識や技術が必要で、費用もかかり、動物に対するリスクもある。公園で首輪を付けた動物を見た観光客などから、首輪は動物に苦痛を与えるのではないかとの懸念が聞かれることもあるが、これは往々にして見当違いである。長期モニタリングの結果によれば、無線機付きの首輪は、正しく装着されている（そして最も重要な点として重量が最小限に抑えられている）限り、動物の生存や行動、繁殖に影響を及ぼさない。さらに、小型の脱落装置（ドロップオフ）を付ければ、動物を再び捕獲して首輪を回収しなくても自動的に首輪が取り外される。無線機付き首輪は今後も引き続き野生ネコ（特にこれまで体系的調査が行われたことのない種）の研究に不可欠のツールとなるだろう。とはいえ、テレメトリーがいかなる場合でも常に最適の手法であるとは限らず、より非侵襲的な技術の進歩により、きわめて有用な代替的手法の利用が可能になっていることは認識しておく必要がある。次に、そうした代替的手法について解説する。

カメラトラッピング

カメラトラッピングは、現生野生ネコ（およびその他多くの種）のフィールドリサーチで用いられている最も一般的な手法である。これは、動きに敏感なセンサーにカメラを作動させ、カメラの前を通り過ぎる生物の写真を自動的に撮影するもので、捕らえにくい種の観察や捕獲に関連する問題点の多くを克服する、ずばぬけて有用な手法だ。カメラトラッピングはさまざまなタイプのデータを提供する。単純なインベントリ（地域に生息する生物の総種数の目録または分布図）は、野生ネコの分布と保全状況の精度を高めるのに役立つ。新たな生息地や、残念ながら消滅した生息地に関する最近の多くの記録も、カメラトラッピングから得られたものだ。ある種の過去の生息地内でカメラトラップによる調査を繰り返し行っても生息の証拠が何も得られない場合、おそらくその地域では当該種は絶滅したと考えられる。カンボジア、ラオス、ベトナムでのトラの絶滅はその特に不幸な例だ。

数十台から数百台のカメラトラップを特定の位置に設置した調査では、個体群内の個体数も推定できる。このプロセスでは写真から個体を特定できることが条件となるが、幸いなことに、体毛の模様（斑点、縞など）は指紋と同じように個体により異なる。十分な枚数の写真が撮影されれば、キャプチャー・リキャプチャー統計モデルを用いて、写真撮影された（すなわちカメラにより「キャプチャー」された）個体の数とそれぞれの個体の撮影頻度（「リキャプチャー」）の関係から地域内の野生ネコの個体数密度を推定できる。この手法には、個体群を代表するサンプルを得るため、十分に広い地域を調査対象とし、十分に長い時間調査を継続しなくてはならないといった制約があるが、必ずしも地域内のすべての個体を撮影しなくても正確な結果は得られる。最近開発された分析モデルは、ライオンやピューマのように個体固有の斑点や縞などがないネコ科動物でも個体数密度推定が可能であることを示している。本書で示した個体数密度推定の大部分は、カメラトラッピング調査で収集されたデータから計算されたものであり、本書に掲載した写真の多くはカメラトラップがなければ撮影できなかった。

カメラトラッピングを同じ調査地で繰り返し行うことは、推定密度の変化の検出または占有モデリングと呼ばれる別の分析手法の適用により個体群の状況の変化をモニタリングするのにきわめて有効だ。占有分析では、カメラトラップで撮影された写真（または観察や追跡によって得た種の存在を示す何らかの証拠）を用いて、大規模な調査地域内で問題の種が存在する部分と存在しない部分の割合を推定する。占有モデルは、ある種が実際には存在するにもかかわらず調査中に観察されなかったために検出されなかった場合に、強力な統計的手法を用いてこれを補うもので、個体が特定可能である必要はない。カメラトラップ調査を同じ場所で何度か行うことで、個体数密度の変化と同じように、占有率の変化も検出することができる。占有率の低下は、個体群への脅威が高まっており、一層の保全努力が必要であることを示すシグナルである可能性がある。

分子レベルの研究

ネコ科を研究する生物学者は、主にネコが何を食べているかを知るため、常に糞を収集してきた。ネコの糞には獲物が何であるかを示す未消化の体毛、羽、うろこ、爪などが含まれ、顕微鏡で参照標本コレクションと比較することで、多くの場合種の特定が可能だ。本書の食性に関する情報の多くは糞の研究により得られたもので、特に比較的知名度が低く研究も進んでいない種では、研究者が糞以外に間近に観察するすべがない場合もある。

ごく最近までは、糞から抽出できるのは食性に関するデータどまりだったが、分子技術の進歩により、調査にまったく新しい可能性が開かれた。すべての糞には自然に剥がれた腸粘膜の細胞のDNAが含まれている。糞が十分に新しいか、保存状態が良ければ（たとえば非常に乾燥した場所で自然乾燥した場合など）、DNAを取り出して持ち主を特定することはいまや当たり前になった。この分子糞便学により、サンプル地域にネコ科のどの種が存在しているのか、個体数とその性別はどうかといったことが特定できる。カメラトラップのデータに用いられているのと同じキャプチャー・リキャプチャー分析を適用することで、個体群の規模と密度さえ推定できる。この分析では、写真に代わり、それぞれの個体が残した糞の一つ一つがシームレスに用いられる。糞便から抽出されたDNAは、組織や体毛、血液から取り出されたDNAと同じように、個体群の相互の関係やつながり、系統上の関係などの分析にも用いられる。たとえば、ピューマの行動圏全域から採取した601個の糞を用いた2013年の分析は、個体群が北米、中米、南米の3つの異なるグループに分けられることを示している。

いまや分子解析の高度化と威力は、どの種のどの個体が残した排泄物かを知るのは序の口と言えるレベルに達しつつある。糞に含まれる獲物も同じプロセスで特定可能になり、体毛のサンプルを顕微鏡で比較する時代は過ぎ去りつつある。研究者は糞から体内の寄生虫のDNAを取り出すことにさえ成功している。近い将来、分子糞便学は生命体全体の完全な遺伝子プロファイル、すなわち種、性別、個体、食べた物、体内の寄生虫の有無、さらには最近どのウィルスやバクテリアに遭遇したのかといった情報を提供できるようになるだろう。

糞を通じてネコについて理解することは、ネコそのものを扱う必要がないという点で特に魅力的だ（もちろん捕獲もしくは殺害された動物から採取された組織や血液のサンプルは同様の分析で日常的に用いられているが）。体毛も、少なくとも種と個体を特定できるという意味で、ある程度同じメリットがある。ヘアトラップ――粘着性のプレート、トゲのついたワイヤー、またはワイヤーブラシ――は、動物の体がこすれると体毛がひっかかる仕掛けだが、トラップに体をこするよう誘導するのは容易ではない。理想的なのは、ネコが自ら進んでDNAを残していった場所でDNAを採取できることだ。最近、スマトラ島で活動する研究者たちは、トラが縄張りの境界を定めるために尿を撒き散らした茂みからDNAを取り出せることを実証した。

下：生態がほとんど知られていないアフリカゴールデンキャットの調査で、カメラトラップを設置する研究者のデビッド・ミルズ氏（ウガンダ、キバル国立公園）。効果的なカメラトラッピングの決め手はネコの動きを予想することにある。やみくもに設置すると、ほとんど写真は撮影できない。

the wild cats

世界の野生ネコ38種

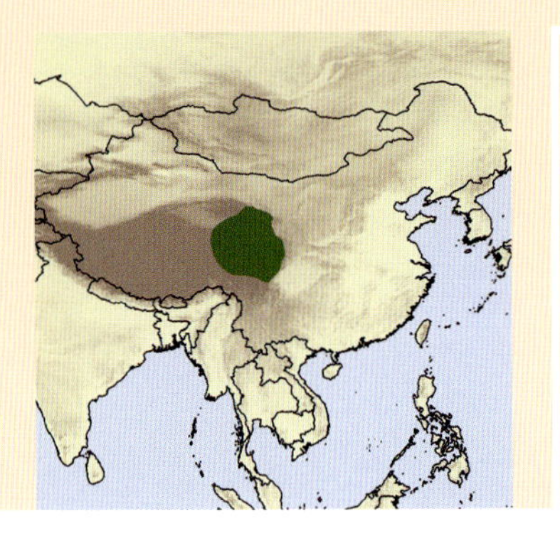

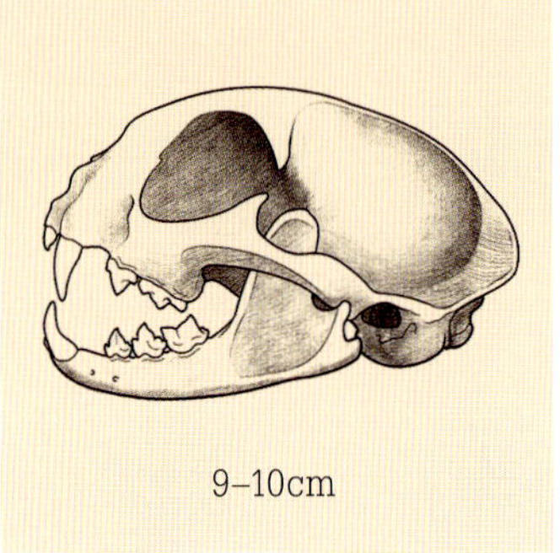

9–10cm

IUCNレッドリスト(2018):
危急種 (VU)

頭胴長 68.5–84cm
尾長 32–35cm
体重 6.5–9kg

ハイイロネコ

学名 *Felis bieti* (Milne-Edwards, 1892)

英名 Chinese Mountain Cat

別名 Chinese Steppe Cat, Chinese Desert Cat

分類

ヨーロッパヤマネコの密接な近縁種。ごく少数のサンプルを用いて行われた2007年の遺伝子分析によりヨーロッパヤマネコの亜種 *F. s. bieti* に再分類されたが、この分類には議論があり、さらなる分析が求められる。イエネコとの交雑例が報告されている。

形態

ハイイロネコは、大型で脚の長いイエネコのような外見。冬の体色は淡い黄灰色だが、夏には黄褐色か灰褐色に変わり、腹面は薄い赤褐色か黄白色となる。枯れ草のような褪(あ)せた色合いから、生息地では「草ネコ」と呼ばれる。体は背面中央の黒っぽい筋以外

に目立つ模様はなく、下肢、体側、首筋に濃色のかすかな縞と斑点が、特に夏の短い体毛でしばしば見られる程度。ふさふさした尾には暗色のはっきりした輪状の縞が3〜6本あり、通常は先端が黒いが、淡色の個体もいる。顔は頬と額に薄い赤褐色の筋が入る。耳の先端に2〜2.5cmの房毛がある。

類似種　最も似ているのはヨーロッパヤマネコもしくは大型のイエネコ。離れた場所からフィールドスコープを通して観察すると、ややオオヤマネコに似た砂色か赤褐色のがっしりしたネコという印象を強く受ける。マヌルネコ――「山地のネコ」もしくはそれに類する現地名で呼ばれることの多い――と生息地が重なっており、混乱が生じることがある。

分布と生息環境

中国中部の青海省、四川省、甘粛省にまたがるチベット高原の険しい北東尾根でのみ知られる。中国のその他の地域での記録は、主に毛皮の取引を根拠とする不確かなものだ。

生息環境は標高2500〜5000mの草原や草地、潅木地、林縁。山地の密林や砂漠にも生息している可能性があるが、確認はされていない。

上：浅雪の下の齧歯類の動きに耳を澄ませるハイイロネコ。ネコ科に冬眠の習性はなく、冬の間も獲物探しを続ける。

食性と狩り

野生のハイイロネコに関する調査はほとんど行われていない。食性に関するある調査によると、ノネズミ、メクラネズミ、ハムスター、ナキウサギなどの小型齧歯類とウサギ類が食物の9割を占めている。ハイイロネコの生息地にはヒマラヤマーモット、チベットノウサギ、トライノウサギも多く、おそらくこれらも重要な獲物である。ハト、ヤマウズラ、キジなどの鳥類も捕食し、冬には家禽も襲うようだ。

地中3〜5cmの深さのトンネルにいるメクラネズミを聴覚で探し、すばやく掘り出すという報告もある。同じ狩りのテクニックは、小型齧歯類が雪下のトンネ

左：ネコ科の中でもハイイロネコは野生下で撮影された例が最も少ない。写真の大人のハイイロネコは人里離れた中国青海省年保玉則山群で撮影された。

ルで活動する冬にも有効。

ハイイロネコは夜行性から薄明薄暮性とされている。

行動圏

ハイイロネコの生態はほとんど知られていないが、単独で生活しているとみられる。開けた土地に好んで暮らすため、捕食者から身を隠せる場所が空間行動パターンを決定する重要な要因になっているようだ。岩地や木の根の下、密度の高い茂み、マーモットやヨーロッパアナグマの巣穴をすみかにしていることが知られている。行動圏の規模や個体数密度に関する情報は得られていない。

繁殖と成長

生息地の過酷な冬から予想されるように、数少ない記録によると、限られた季節にのみ繁殖する。主に1月～3月にオスとメスのペアが観察されることから、この時期が繁殖期である可能性が高く、5月ごろに2～4頭の子を産むと考えられている。ある個体は推定生後7～8カ月で独立した。

死亡率　自然要因による死亡の記録はない。捕食者として考えられるのは、ハイイロオオカミと、おそらくイヌワシ、イヌ。

寿命　不明。

右：ネコ科の例に漏れず、ハイイロネコも口と頬の周辺に体臭腺がある。頬をすりつけることで自分のにおいを残し、つがいになれそうな相手や競争相手に嗅覚シグナルを送る。

保全状況と脅威

ハイイロネコは生息地が非常に狭い範囲に限られるため、本来的に希少と考えられている。主に牧畜民向けの伝統的な帽子や小型のクッションカバーなどに使用される毛皮を採取する目的で殺される。殺すには、毒を盛った肉を巣や隠れ場の外に置いておくだけでよい。毛皮は主として中国国内で取引されるが、狩猟は広範囲で行われ、生皮は毛皮市場や農村部でしばしば見かける。中国中部の牧畜地域では、小型齧歯類が家畜の牧草を食い荒らしているとして、齧歯類とウサギ類を対象とする大規模な毒殺キャンペーンが盛んに実施されてきた。省全体でのプログラムは1970年代に中止されたが、小規模な毒殺は現在も青海省を中心に広く行われている。齧歯類とウサギ類に対する毒の使用は、ハイイロネコにとって、獲物の個体数減少を招くだけでなく、獲物を通じた二次的な服毒につながるおそれもあり、深刻な脅威となっている。毛皮目的のハンターも毒を使用する。

ワシントン条約（CITES）附属書II記載。IUCNレッドリスト：危急種（VU）。 個体数の傾向：減少。

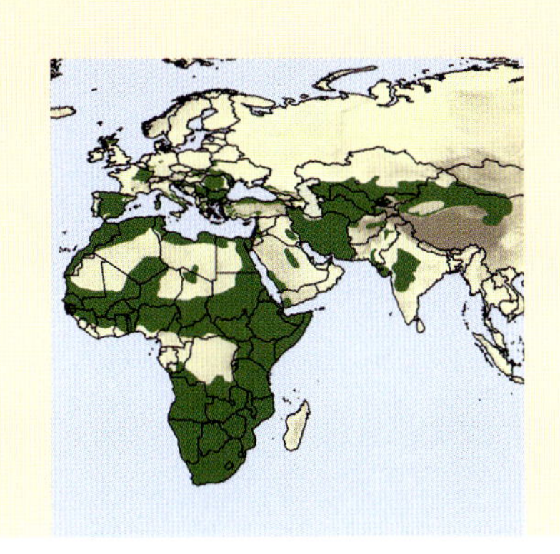

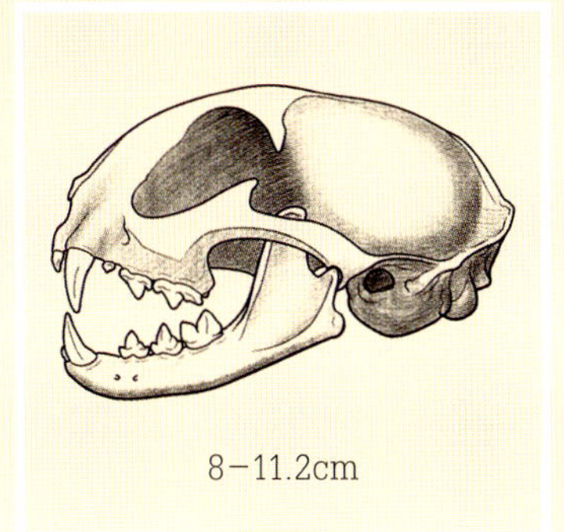

8–11.2cm

IUCN レッドリスト (2018):

低懸念（LC）（グローバル）

基亜種ヨーロッパヤマネコ：危急種（VU）、スコットランドでは近絶滅種（CR）

頭胴長 メス 40.6–64cm　オス 44–75cm

尾長 21.5–37.5cm

体重 メス 2–5.8kg　オス 2–7.7kg

ヨーロッパヤマネコ

学名 *Felis Silvestris* (Schreber, 1777)

英名 Wildcat

分類

イエネコ系統に位置し、ハイイロネコの密接な近縁種である（ハイイロネコをヨーロッパヤマネコの亜種に分類する専門家もいる）。約 250 万年前に共通の祖先から分岐したスナネコとも近い関係にある。

ヨーロッパヤマネコの分類と系統発生については活発な議論が展開され、19 もの亜種が挙げられている。最も広く受け入れられている信頼性の高い亜種分類は、形態学的差異と遺伝子的差異に基づくもので、基亜種ヨーロッパヤマネコ *F. s. silvestris*、リビアヤマネコ *F. s. silvestris*、ステップヤマネコ *F. s. ornata*（別名 Indian Desert Cat）の 3 亜種である。

一部の亜種は独立の種として扱われることがあり、ヨーロッパヤマネコについては明確な種「*Felis silvestris*」として独立させるべきであることを示す証拠がある。この分類では、アフリカとアジアのヨーロッパヤマネコも 1 つの種「リビアヤマネコ *Felis lybica*」とされる。そして、アジアの広い地域に生息するステップヤマネコ *F. l. ornata*、アフリカ中東部の個体群のうちサハラ砂漠以南地域に生息するアフリカヤマネコ *F. l. cafra*、およびアフリカ中東部とおそらくは北部全域（後者の遺伝子サンプルは存在しないが）に生息するリビアヤマネコ *F. l. lybica* の 3 つが亜種となる。

9000 年以上前に「肥沃な三日月地帯」で誕生したイエネコは、生物学的にはヨーロッパヤマネコと同じ種で、ヨーロッパヤマネコの生息地全域に暮らし、交雑

上：特徴的な黒っぽい耳の房毛でステップヤマネコとわかる。他の地域にすむヨーロッパヤマネコには房毛はほとんど見られない。

おなじみの飼いネコ

リビアヤマネコ *F. s. lybica* は現代の飼いネコの祖先で、約 9000 ～ 1 万年前、「肥沃な三日月地帯」での農業の発達とともに家畜化が始まった。ヤマネコが人間社会と最初に関わりを持ったのは、野原や穀物倉庫の周辺で齧歯類が急増した時期のようだ。おそらくネコが害獣駆除に役立つことを知った人間が、この「自己家畜化」を促したのだろう。現生イエネコは生物学的には今もヤマネコと同じ種で、両者は簡単に交雑して野生の子ネコを生む。両者の遺伝子的差異は小さいが、イエネコは遺伝子シグニチャーがわずかに異なり、それが別の亜種 *F. s. catus* に分類される十分な根拠と見なされることが多い。イエネコは人間との長い関係により他のネコとは一線を画しており、1 つの独立した種 *F. catus* として扱うべきだと主張する専門家もいる。イエネコは類まれな成功を収めた動物で、世界全体で少なくとも 5 億頭のネコがペットとして飼われ、推定によれば、それと同数のネコがほとんど（またはまったく）人間に頼らずに暮らしている。ネコの成功は、ヤマネコとの交雑以外にも、生態系に驚くほど大きな影響を与えているが、その最大の理由は、非常に有能で適応力のある捕食動物であるということだ。ネコは米国本土で毎年平均 24 億羽の鳥と 123 億頭の小型哺乳類を殺していると推定されている。その大部分（鳥の 69%、小型哺乳類の 89%）は野良ネコによるものだが、残りは外を歩き回る飼いネコの仕業である。捕食者に対する野生生物の適応度が総じて低い島部では影響はさらに深刻で、野生化したネコが 33 の哺乳類、鳥類、爬虫類の絶滅に関与した。

可能なため、種の分類がさらに複雑になっている（「おなじみの飼いネコ」の項参照）。

形態

外見はイエネコに非常によく似ている。一般にイエネコよりやや大型で、脚が長く、がっしりしているが、農村部の野生化したイエネコとは区別が難しい場合がある。野生の個体群は一般的な亜種分類に従い、主に３つの形態学的グループ（形態型）に分けられるが、グループ内での個体差が非常に大きく、グループ間の相互移行もある。基亜種ヨーロッパヤマネコは、どっしりした体格のタビー（縞模様）のイエネコに似ており、淡灰褐色から濃灰褐色の体毛とふさふさした尾を持ち、顎（あご）と胸が白いのが特徴。ステップヤマネコは淡黄灰色から黄褐色で、全身に濃褐色から黒色の斑点があり、ヨーロッパヤマネコの中で最も斑紋が目立つ。耳には他のヨーロッパヤマネコの亜種にはめったに見られない小さな黒っぽい房毛が生えていることが多い。リビアヤマネコは砂灰色から黄褐色で、通常は体にぼんやりした斑点か筋が入る。サハラ砂漠以南の個体の多くは耳の背面が鮮やかなレンガ色で、イエネコと区別がつきやすい。尾は縞模様で先端が黒く、上肢にも縞模様があり、これがサハラ砂漠以南のリビアヤマネコの大半に特徴的な、前脚の「アームバンド」となっている。イエネコとの交雑により、白地のまだら、黄褐色、黒色の変種も生まれている。

類似種　イエネコのほかにハイイロネコも非常によく似ている。ハイイロネコの体にはステップヤマネコによく見られる明瞭な斑点がないが、斑点の色が薄いヤマネコの個体との識別は難しい。両者の生息地は中国のチ

下：雪上のヨーロッパヤマネコ。温帯ユーラシアの生息地の多くは雪線より上に位置するが、ほぼ一年を通して深い雪に覆われる地域で分布が止まる（飼育個体の写真）。

ベット山脈北西端でのみ隣接する。ヨーロッパヤマネコより大型のジャングルキャットとは中央アジアからインドで生息地が重なるが、これらの地域のヨーロッパヤマネコは一般に斑点が目立ち、ジャングルキャットの特徴である白い鼻口部と短い尾を持たない。

分布と生息環境

ヨーロッパヤマネコはユーラシアとアフリカの大部分にまたがる広い地域に分布する。欧州では、スコットランドおよび欧州大陸のスペイン、フランス、ドイツからベラルーシまでと、東は黒海東南岸からコーカサスまでの地域に生息。アフリカでは、西部・中部の雨林とサハラ砂漠内部の開けた土地を除く全土で見られる。中東では全域にとびとびに生息し、アラビア半島内部ではほとんど見られない。南西・中央アジアでは、イランからカスピ海東岸沿いにカザフスタン南部までと、南東はインド南東部まで、東は中国中部とモンゴル南部までの広い地域に生息する。分布の東の境界線はチベット山脈北端とモンゴルのアルタイ山脈で、中国のタクラマカン砂漠内には生息していない。

生息環境は実に多様で、湿度の高い密林と砂漠内部の開けた土地を除けば、隠れ場のある標高0～3000mのほぼあらゆる環境に暮らしている。回避するのは見通しの良い開けた土地、人目につきやすい海岸、植生のまばらな高山地帯、雪が深いか降り続く地域。身を隠す場所さえあれば、伐採された森林、農地、牧草地、プランテーションなど人の手が加わったあらゆる環境で問題なく暮らせるが、植物の茂みがない集約的な農地は避ける傾向がある。

食性と狩り

ヨーロッパヤマネコの主な食物は、さまざまな小型齧歯類と（手に入りやすい場所では）アナウサギと野ウサギ。ヨーロッパヤマネコの個体群の大半は豊富な齧

下：南アフリカのカラハリ砂漠南部で齧歯類の獲物を追いかけるリビアヤマネコ。日中は人間に危害を加えられる心配のない場所で狩りをする傾向がある。

左：アフリカ北部と中東のリビアヤマネコは、チャド中部のウァディ・リメ・ウァディ・アヒム・ゲーム保護区で撮影されたこの個体のように、ごく薄い砂色の体毛にシナモン色の斑紋が入っているものが多い。

歯類を捕食できる環境にすんでいるため、ハツカネズミ、大型ネズミ、ハムスター、スナネズミ、アレチネズミ、トビネズミなどが最も一般的な獲物だが、ウサギ類がふんだんに生息しているか、齧歯類の個体数が減少している地域では、野ウサギとアナウサギが（一年を通して、または季節的に）食物の大部分を占める。スコットランド東部では、獲物の実に70%がウサギ類（主にアナウサギ）だ。春から夏にかけては若いウサギが主な獲物だが、冬は大人のウサギが粘液腫症にかかりやすく、おそらくそのせいで捕食されやすくなる（ヨーロッパヤマネコは感染しない）。スペインでも、地中海沿岸の標高の低い生息地ではアナウサギが主な獲物であるのに対し、ウサギのいない地中海沿岸の標高の高い山地では主に小型齧歯類を食物にしている。ヨーロッパヤマネコの食物としてアイベックス、シャモア、ノロジカ、アカシカ、イノシシ、ダイカー、ガゼルなど小型もしくは非常に若い有蹄類が記録されていることもあるが、その多くは死骸をあさった可能性が高い。時には小型肉食動物を殺すこともあり、ヨーロッパジェネット、ミーアキャット、ムナジロテン、ヨーロッパケナガイタチ、イタチなどを襲った記録が残されているものの、肉食動物を食べた記録はごく少ない。

齧歯類とウサギ類に次ぐ重要な獲物は鳥類で、ハト類、ヤマウズラ、サケイ、ホロホロチョウ、ウズラ、スズメ、ハタオリドリなど、地上で採食する種が中心である。湿地帯や沼地のヨーロッパヤマネコはオオバン、クイナ、カモなどの水鳥を捕食した記録がある。黒海沿岸ではオジロワシ（おそらく死骸をあさった）も食物として報告されている。

ヨーロッパヤマネコは、状況によっては、小型のトカゲやヘビを中心に爬虫類も食べる。大型の毒ヘビ（バイパー、パフアダー、コブラなど）や両生類、魚類、無脊椎動物も捕食したと記録されている。家禽を殺すこともあり、ごくまれに生後間もない（通常6～7日以内）家畜の山羊や子羊も襲う。

水は手近にあれば日常的に飲むが、水源から遠いカラハリ、ナミブ、サハラなどの砂漠で暮らしていることも多いことから、溜まり水の有無にかかわらず生きていけるようだ。

ヨーロッパヤマネコは通常、地上で狩りをするが、木登りや泳ぎもうまい。低い枝や丈の高い藪の上でも、浅瀬や浸水林でも、ためらうことなく獲物を追いかける。主に夜行性から薄明薄暮性だが、地域や季節、あるいは競争相手、捕食者、人間の存在によって、柔軟な行動パターンを示す。たとえば、カラハリ砂漠のヨーロッパヤマネコは、寒く乾燥する時期には午前中と午後早い時間の活動時間が長くなる。ヨーロッパヤマネコは優れた視覚と聴覚で獲物を発見し、襲撃可能な距離までひそかに追跡するか、獲物が間近に飛び出すのを待って、押し倒したり、2m 以上の高さまでジャンプして襲いかかったりする。齧歯類なら巣穴、鳥なら乾燥した環境（南アフリカとボツワナにまたがるカラハリ・トランスフロンティア公園、ナミビアのエトーシャ国立公園など）の水たまりや人工水源など、収穫の多い場所で辛抱強く待つこともある。

狩りの成功率は、カラハリ・トランスフロンティア公園での直接観察から得られた情報しかない。それによると、46 カ月の調査期間中に 3676 回の狩りを試み、2553 回が成功した（成功率 80%）。メスの成功率（87%）がオス（69%）より高かったのは、オスは成功率の低い大型の獲物を狙うことが多かったのに対し、メスの獲物は捕まえやすい無脊椎動物が中心だったた

下：**メスのリビアヤマネコとその子ども。人里離れたカラハリ砂漠では野生化したイエネコとの交雑は生じない。**

上：縄張りをめぐってにらみ合うヨーロッパヤマネコのオス2頭。通常、近隣のオス同士が出会うと、衝突を避けるため儀礼的に対応するが、時には争いが生じて重傷を負うこともある。

めだ。最も重要な獲物である小型齧歯類に関しては、オスとメスの成功率に差はなかった。同じ調査によると、狩りをするヨーロッパヤマネコは一晩に平均5.1km（1～17.4km）移動し平均13.7、最高113の獲物（その多くは無脊椎動物）の獲物を捕らえた。あるコーカサスのヨーロッパヤマネコの胃の中には、26頭のハツカネズミ（合計0.5kg）がいたという。ヤマネコは家畜も含めて死肉を好んであさり、大型の獲物の死骸を砂や土、落ち葉などで覆って隠すことがある。

行動圏

ヨーロッパヤマネコ研究が最も進んでいるのは西欧とアフリカ南部で、最も知られていないのはアジアである。単独で行動し、縄張り意識が強く、尿や糞によるマーキングをするなどネコ科の典型的な縄張り行動を示すが、縄張りをどの程度防衛するかは生息地ごとに大きく異なる。大型オスの行動圏は複数のメスの行動圏と重複するという、ネコ科特有の社会・空間行動パターンにおおむね従ってはいるものの、性差がほとんどない個体群もあり、行動圏の規模には著しく幅がある。行動圏の推定面積のデータとしては、メス1.7～2.75 km²に対して単独のオス13.7 km²（ともにポルトガル）、オス、メスとも平均値1.75 km²（ウサギ類が豊富なスコットランド東部）、メスの平均値3.5 km²に対してオスの平均値7.7km²（南アフリカ・カラハリ砂漠南部）、オス、メスとも8～10km²（獲物の乏しいスコットランド西部）、オス、メスとも平均値11.7km²（サウジアラビア）、単独のメス51.2 km²（アラブ首長国連邦）などがある。

頑健な手法による個体数密度推定値は驚くほどばらつきが小さいが、これはおそらくヤマネコの個体数密度が中程度から高いと見なされている個体群のデータしか得られていないためだろう。具体的には、100km²当たり25頭(南アフリカ)、同28頭(エトナ山、イタリア)、29頭（ジュラ山脈、スイス）、29頭（スコットランド東部）などのデータがある。

繁殖と成長

サハラ砂漠や欧州の大部分のような季節の変化が非常に大きい地域では繁殖の季節が限られ、交尾は冬から早春、出産は春から初夏である。その他の地域ではおそらく1年を通して出産するが、ピークは獲物が急増する雨季か雨季後と重なることが多い（たとえばアフリカ東部や南部など)。メスは年に2回以上出産可能で、カラハリ砂漠のメスは、獲物の齧歯類の不足が長引くと子どもを産まないが、齧歯類の個体数が爆発的に増加すると最大年4回出産することがある。妊娠期間は56～68日。1回の産仔数は通常2～4頭で、まれに8頭まで出産する。

子どもは生後2～4カ月で離乳、生後2～10カ月

上：隠れ場が希少なアフリカ北部の荒地に生息するリビアヤマネコは、オグロスナギツネと砂地の巣穴を共有しているところがしばしば観察されているが、摩擦は生じていないようだ。

で独立し、オス・メスとも生後9～12カ月で性成熟する。カラハリ砂漠では、独立した子ネコが巣を訪れ、弟や妹、母親と遊ぶ姿が観察されている。

死亡率　大部分の生息地では死亡率に関する資料がほとんどないが、調査された個体群では、主に人間が死亡に関与している。たとえば、スコットランドの2つの個体群では、確認された死亡例の42～83%が射殺、罠、交通事故など人的要因によるものだった。ヨーロッパヤマネコの捕食者として知られているのは、大型ネコ、大型猛禽類、アカギツネとラーテル（子どものヨーロッパヤマネコの場合）、イヌなどである。子どもや大人に近いヤマネコでは、飢餓が北国の厳しい冬の低い生存率の要因となっている。

寿命　野生では最長11年、飼育下では最長19年。

保全状況と脅威

ヨーロッパヤマネコは広い地域に分布するありふれた野生ネコで、人間の存在に寛容である。一部の地域（たとえばアフリカのサバンナの大部分）では、農業などにより生息地が人為的に変化し、齧歯類の個体数が増加したことで恩恵に浴している可能性が高い。しかし、人間との関わりから生まれる恩恵には、最も蔓延（まんえん）しているヨーロッパヤマネコの脅威――すなわちイエネコとの交雑がつきものだ。スコットランドやハンガリーなどでは、都市や農村の人間の近くで暮らすヤマネコの間でイエネコとの交雑が日常的に生じており、遺伝子的に純粋なヤヨーロッパマネコは遠からず絶滅のおそれがある。これに対し、南アフリカとボツワナにまたがるカラハリ・トランスフロンティア公園南部のヨーロッパヤマネコのように人里離れた場所に暮らす個体は、交雑から比較的よく守られ、現在も遺伝子的に純粋だ。交雑が進んでいる地域では、その他の人為的脅威もヤマネコの大幅な個体数減少や行動圏の消滅を招いている。たとえば西欧では、捕食者抑制キャンペーンの一環としての迫害や生息地の消滅がこれまでにも広範囲で見られたが、そうした伝統的な脅威によりすでに甚大な影響を受けている個体群にとって、イエネコの存在は特に致命的だ。インドでも、ヨーロッパヤマネコが暮らすほとんどの地域で著しい生息地転換が個体数の減少を引き起こしており、イエネコとの交雑がとどめの一撃となるおそれがある。アジアの多くの地域では、かつて大量のステップヤマネコが斑点のある毛皮を目的に罠にかけられた。現在では毛皮の国際取引は少なくなっているものの、中国では今も毛皮を得るために殺されている。中国の一部の生息地では齧歯類とナキウサギの毒殺キャンペーンも行われているが、その影響は不明。

ワシントン条約（CITES）附属書II記載。IUCNレッドリスト：低懸念（LC）。ただし基亜種ヨーロッパヤマネコは絶滅のおそれがあり、スコットランドでは深刻な危機にある。個体数の傾向：減少。

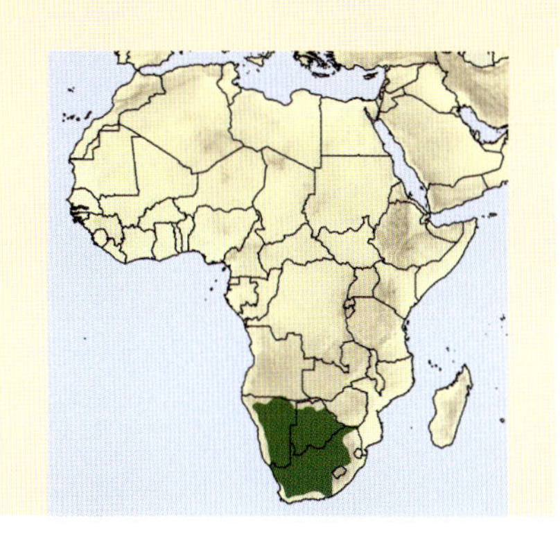

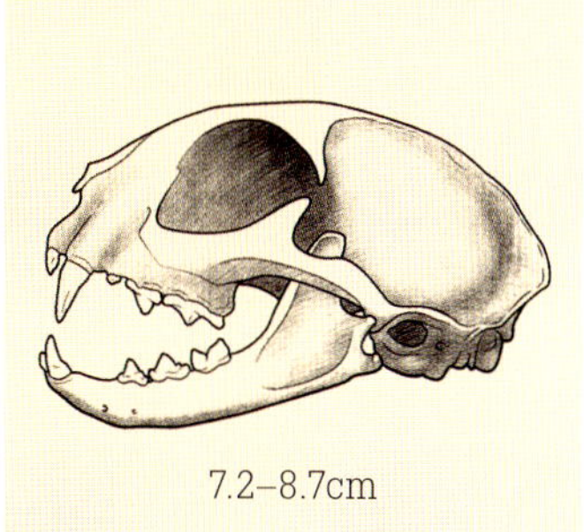

7.2–8.7cm

IUCNレッドリスト(2018):
危急種(VU)

頭胴長 メス35.3−41.5cm　オス36.7−52cm
尾長 12−20cm
体重 メス1.0−1.6kg　オス1.5−2.45kg

クロアシネコ

学名 *Felis nigripes* (Burchell, 1824)

英名 Black-footed Cat

別名 Small-spotted Cat

淡色型

分類

　イエネコ系統に位置し、スナネコと最も近い近縁関係にあると考えられているが、データは乏しい。

　一般に、南アフリカの東ケープ州にのみ生息するケープクロアシネコ *F. n. thomasi* と、その他の生息地全域に分布するクロアシネコ *F. n. nigripes*（基亜種）の、2亜種が認められている。両者の区別は南北のクラインに沿った体毛と大きさの違い（「形態」の項参照）に基づくもので、遺伝子分析によっては実証されていない。

濃色型

右：猛禽類の中には、狩りをする小型肉食動物の後を追い、飛び出した獲物を襲われる前に横取りしようとするものがいる。こうした関係は南アフリカのアフリカコミミズクとクロアシネコの間で観察され、ミミズクの側にしかメリットがないと考えられている。

下：南アフリカ・ベンフォンテイン自然保護区に多く見られる丈の高い草地で狩りをする大人のクロアシネコ。

形態

サビイロネコと並んで最も小さいネコ科の１種で、平均するとサビイロネコよりやや大きく、ずんぐりして、脚は短め。オスのクロアシネコはオスのサビイロネコより体重が重い。体毛は薄い黄褐色から黄赤褐色で、南北のクラインに沿って淡色から濃色に変化する。東ケープ州の亜種ケープクロアシネコは色が濃く、黒い斑点が目立つ一方、東ケープ州以外の分布地域に生息する基亜種クロアシネコは色が薄く、コーヒーブラウンから赤みがかった錆色の斑点がある。2亜種の違いが明瞭なのは生息地の両端のみで、南アフリカのキンバリー周辺の個体では差異は消失し、両方の特徴を備える。生息地にかかわらず、胸の上部にヨーク状、上肢に帯状の大きな濃色の斑がある。前足・後足とも裏側が黒い。

類似種　ヨーロッパヤマネコはクロアシネコの生息地全域に生息し、後足の裏にクロアシネコと同様の黒っぽい毛が生えているため一見間違われやすいが、ヨーロッパヤマネコのほうが大型で、体に明瞭な斑紋がなく無地に近い。サーバルも体色と斑紋がクロアシネコとよく似ているが、はるかに大型で背が高く、長い脚と大きな耳に特徴がある。

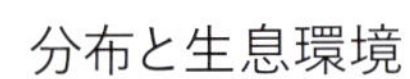

分布と生息環境

クロアシネコはアフリカ南部の固有種で、主に南アフリカ、ナミビア、ボツワナに生息する（ボツワナでは推定生息地の大部分で最近の記録がない）。ジンバブエの最北西部と南アフリカとの国境に近い南部に生息記録があり、アンゴラとナミビアの国境でも生息記録があることから、アンゴラ最南東部にもわずかに生息していると考えられている。レソト、モザンビーク、スワジランドでは記録がない。

短草サバンナ、低木の生えたカルー、まばらで見通しの良いサバンナ林、植物の生えた半砂漠など、隠れ場のある開けた乾燥地に好んで暮らす。シロアリ塚や他の動物の巣穴が隠れ場として不可欠なようで、南アフリカ中部での調査では、クロアシネコのねぐらの

98%がトビウサギの放棄した巣だった。隠れ場のない環境は回避している可能性が高く、砂や砂礫の平地が大部分を占め、身を隠せる茂みなどのない、極度に乾燥したカラハリやナミブの砂漠地帯には生息していない。牧畜地などの人為的環境にすむこともあるが、集約的な農作地やプランテーションはほとんど受け付けない。標高0mから約2000mまでの生息記録がある。

食性と狩り

クロアシネコは非常に活動的で臨機応変なハンター。超小型哺乳類と、地上で採食する小型鳥類を主に捕食する。南アフリカ中部のベンフォンテイン自然保護区で行われたクロアシネコの唯一の総合的調査では、さまざまな種のトガリネズミ、ハツカネズミ、アレチネズミが、獲物数（合計1725）の73%、摂取した生物量の54%を占め、それに次ぐ重要な獲物である鳥類がそれぞれ16%と26%を占めた。捕食した鳥とその卵はヒバリ、セッカ、ツナバシリ、ミフウズラを中心に21のさまざまな種で、最大の獲物はハジロクロエリショウノガン（体重約0.7kg）だった。飛行中の鳥類を1.4mの高さまで跳び上がって捕えることもしばしばある。自分とほぼ同じ体重の獲物も押し倒すことができ、記録にある最大の獲物のケープノウサギ（1.5kg）や若いアカウサギ（1.6kg）がその例だ。オスは、横になっている生後間もないスプリングボック（3kg前後）を襲撃し、相手が立ち上がっただけで撃退されたところを観察されている。時にはミーアキャット、キイロマングース、ケープアラゲジリスを捕食することもある。爬虫類、両生類、無脊椎動物（特にシロアリ、イナゴ、バッタ）も日常的に食べる。ただし、摂取量に占める割合はご

左：**クロアシネコは岩場や構造物が比較的少ない土地に暮らしている。ツチブタやトビウサギがシロアリ塚に作った巣が、捕食者や風雨から身を守るのに不可欠な隠れ場になる。**

右：毛づくろいするクロアシネコ。足首からつま先までの足裏を覆う黒い毛が見える。この特徴は、夜ねぐらに向かうときでも一目でわかる。

下：クロアシネコの目が青く光るのは、薄暗い光の下での視力を高めるために、タペータムと呼ばれる反射板が届いた光を反射して網膜に送り返しているためだ。

く小さく、たとえばベンフォンテイオン自然保護区では摂取生物量のわずか2％だった。家禽も難なく捕食できるはずだが、人間の居住地を避けているためか、記録はない。家畜の山羊や羊を殺したという過去の報告例は信頼性が低い。

飲み水がなくても生きていけるが、手に入る場所では水を飲む。

クロアシネコはほぼ常に地上で狩りをし、夜行性から薄明薄暮性。驚くほど精力的に、気温マイナス10℃から35℃までのあらゆる天候で、夜間の約70％の時間を獲物探しに費やす。狩りのテクニックは主に3通りある。「すばやい狩り」では、草むらをすばやく不規則に走り回り、機を見て隠れた獲物（特に鳥類）を追い立てる。「ゆっくりした狩り」では、茂みの周囲を細心の注意を払いながら静かにくねくねと進み、優れ

た聴覚を生かして獲物の居場所を探り当てる。第3のテクニックは、齧歯類の巣穴で最長2時間もじっと「待ち伏せ」する。ウサギ類を含む大半の獲物は、頭か喉に噛み付いて殺し、ヘビは頭を連打して気絶か消耗させてから、喉に噛み付く。狩りの成功率は60％（ベンフォンテイン自然保護区）で、一晩に10～14の齧歯類や鳥類を捕らえ、平均すると50分に1回獲物を殺す。一晩に食べる量は自分の体重の20％前後。食べ残しはツチブタの掘った浅い穴に隠すか、空になったシロアリの巣まで運ぶ。スプリングボックなどの死骸をあさることもある。

行動圏

クロアシネコは単独で行動し、縄張り意識が強い。オスの行動圏はメスより広く、1～4頭のメスと重複する。オス同士の行動圏の重複は、特に隣り合うオス同士の場合は、ごく少ない。メスは重複が多く、行動圏の最大40％が共有されている。これは血縁関係のあるメスの行動圏が隣接しているためと考えられる。縄張りは主に尿によるマーキングで主張する。交尾期にはこれが急激にエスカレートし、大声でメスを探しながら一晩に585回も尿をスプレーしたオスが目撃されている。オスは発情したメスを守り、他のオスと闘う。

行動圏はメスで平均 8.6km² (最大 12.1 km²)、オスで平均 16.1 km² (最大 20.2 km²)。

個体数密度はあまり知られていないが、南アフリカ中部の好条件の生息地 (ベンフォンテイン自然保護区) で 100km² 当たり 16.7 頭と推定されている。

繁殖と成長

飼育下では一年を通して繁殖するが、野生では季節が限られる。アフリカ南部では雨が降って獲物が急増する春と夏 (9 月〜 3 月) に出産し、寒く獲物の乏しい冬には出産しない。野生のメスは、1 回目で産んだ子どもが死んだ場合、年に 2 回出産することがある。飼育下では年 4 回出産した例がある。発情は 36 時間しか持続せず、これはおそらく見通しの良い場所でつがいになり交尾する間、捕食者に対して無防備になるのを抑えるための適応だろう。妊娠期間は 63 〜 68 日。産仔数は 1 〜 4 頭で、野生では通常 2 頭。飼育個体では 6 頭の報告例があるが、確認はされていない。子ネコは空になったシロアリの巣かトビウサギの巣に保護される。

生後 2 カ月で離乳し、生後 3 〜 4 カ月で独立するが、その後も当分の間親の生活圏にとどまるのが普通。早ければメスは生後 7 カ月、オスは生後 9 カ月で性成熟する (飼育下)。

死亡率　ほとんど知られていない。クロアシネコは大人も子どももセグロジャッカル、カラカル、イヌ、大型のワシミミズクなどに捕食される。巣穴の崩壊で死んだオスや野外でひょうを伴う激しい嵐に打たれて死んだ子ネコの記録がある。

寿命　野生では最長 8 年、飼育下では最長 16 年。

左：省エネの待ち伏せ戦略をとり、齧歯類の巣穴の外で辛抱強く待つメス。

保全状況と脅威

クロアシネコは非常に人目につきにくく、保全状況の評価は難しい。交通事故死頭数などの間接的データと、捕食者抑制キャンペーンや毛皮目的のわな猟での低い死亡頻度に基づくと、元来数が少ないが希少であるようだ。生息地の多く (たとえばカラハリ砂漠の大半) は確認された記録や最近の記録が乏しく、現在の推定分布には実際には生息していない広い地域が含まれている可能性がある。最大の脅威は農業と放牧の半乾燥地域への拡大。過放牧と農薬使用は、獲物の齧歯類や昆虫 (鳥類の個体数を左右する) の個体数に影響を及ぼすだけでなく、獲物を通じたクロアシネコの有害物質摂取を招くおそれもある。南アフリカとナミビアでは、ジャッカルとカラカルの抑制に毒や罠、イヌが乱用されていることも深刻な脅威だ。

ワシントン条約 (CITES) 附属書 I 記載。 IUCN レッドリスト：危急種 (VU)。 個体数の傾向：減少。

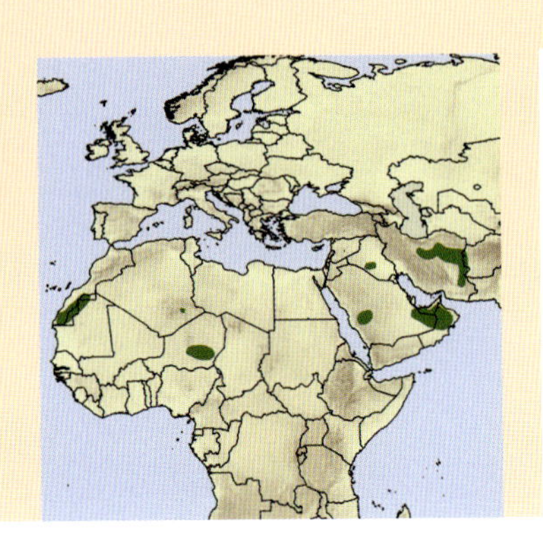

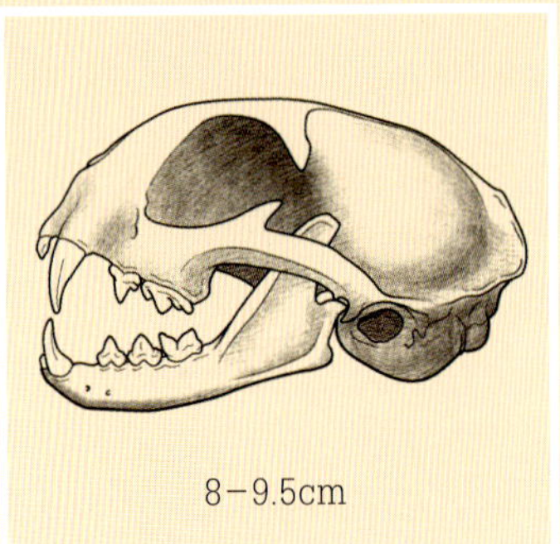

8−9.5cm

IUCNレッドリスト(2018):
低懸念(LC)

頭胴長 メス39−52cm、オス 42−57cm
尾長 23.2−31cm
体重 メス1.35−3.1kg、オス2.0−3.4kg

スナネコ

学名 *Felis margarita* (Loche, 1858)

英名 Sand Cat

分類

イエネコ系統に位置し、ヨーロッパヤマネコ、クロアシネコの近縁種。形態学的特性(主に頭骨内の聴覚野)を根拠に、マヌルネコとともにベンガルヤマネコ系統マヌルネコ属に分類されることがあるが、遺伝子分析では明らかにイエネコ系統に位置する。非連続な推定分布などに基づき4亜種に分類されているが、その妥当性についてにはさらなる分子解析が必要である。

形態

非常に小型で驚くほど色の薄いネコで、平たく幅の広い頭と特大の耳が特徴。体毛は薄い砂色か淡灰色、もしくは鮮やかな金砂色で、しばしば細かい斑点があり、首筋から肩や脇腹にかけて黒や銀色の毛がかすかに混じる。体には不完全な濃色の縦筋があり、斑点は一般に目立たず、まったくない場合もあるが、少数の個体では色が濃くはっきりしている。脚の縞は比較的明瞭で、前脚上部では黒い「アームバンド」のように目を引き、後脚の縞はややぼやけている。尾にはかすかな筋があり、黒い先端に向かってはっきりした黒い縞に変わる。中央アジアでは（おそらく気温が極端に下がるその他の生息地でも）冬毛がかなり長く、密度も高い。足は黒っぽい細かい毛で密に覆われているが、これはさらさらした熱い砂の上で静止摩擦と断熱効果をもたらすためだろう。

類似種　密接な近縁種のヨーロッパヤマネコは、スナネコと生息地が重複するアルジェリア、ニジェール、アラビア半島では体毛の色と斑紋が非常に薄く、混同されやすい。スナネコは巨大な耳と短い足に特徴があり、すばやく動くときは左右に揺れるのに対し、ヨーロッパヤマネコははずむように動く。

分布と生息環境

　分布は非連続で、カザフスタン南部からイラン中部までの中央アジア、中近東とアラビア半島、アフリカ北部のリビア西部（生息記録はない）で個体群が分かれるようだ。2014年にチャドで初めて、クァディ・リメ・クァディ・アヒム・ゲーム保護区での生息が記録されたことから、生息地はアフリカ北部全域に連続的に広がっている可能性がある。エジプト、イスラエル、イエメン、パキスタンの4カ国ではかつて生息記録があったが、いずれも少なくとも10年前の記録で、現在の生息状況は不明。スナネコは目視調査では非常に捕らえにくいため、分布の切れ目と考えられている地域に本当に生息しないのか、それともより高い可能性として、記録が存在しないだけなのかは定かでない。シリアとイラクではそれぞれ2001年と2012年にのみ確実な記録がある。

　スナネコは砂漠を好み、降水量が年間わずか20mmの真の砂漠にも生息可能。植生のまばらな砂地や岩岩砂漠（ハマダ）、乾燥した低木ステップなどさまざまな環境に暮らす。こうした環境のうち、植生を維持できない移動砂丘が主体の地域や、その対極にある深い谷と藪（やぶ）（たとえば灌木（かんぼく）のハロキシロンが低い「森」を形成する中央アジアの地域など）は回避する

下：冬毛がびっしり生えたスナネコ（飼育個体の写真）。写真の個体はスナネコにしては珍しく体の縞模様が目立つ。

傾向がある。夏には45℃、冬にはマイナス25℃になるトルクメニスタンのカラクム砂漠のような極端な温度差がある地域にも生息する。

食性と狩り

食物は砂漠に適応した脊椎動物。生息地の生物多様性が低いため、食物として記録されている種の数は大半のネコより少ないが、だからといって見くびってはいけない。スナネコは臨機応変で実に優秀な全方位ハンターだ。通常はトゲマウス、アレチネズミ、スナネズミ、トビネズミ、ジリス、ハムスター、若いトライノウサギやケープノウサギなどの小型哺乳類が食物の大部分を占めるが、鳥類と爬虫類も獲物として重要で、手に入りさえすれば、哺乳類を抜いて最も重要な獲物になることもある。記録によると、齧歯類の数が季節変動する時期には、スズメ、ヒバリ 、カケス、ノバト、ヤマウズラ、サケイを捕食する。キツツキを捕食したという記録は中央アジアではまれである。猛毒のサハラツノクサリヘビやハナダカクサリヘビを含むさまざまなトカゲやヘビも食物に含まれ、サソリやクモなどの無脊椎動物も進んで食べる。家禽を襲うために集落に足を踏み入れることもあり、ひょうたんに入れたまま置いてあったラクダのミルクを飲んだという報告例がある。飲み水がなくても生きていけるが、手近に水があれば飲む。水源の近くにいるところをしばしば目撃されているのは、おそらく水源に引き付けられて獲物が集まるからだろう。

一年で最も暑い時期には夜に狩りをするが、偶然観察された例では、それ以外の時期にはどの生息地でも日中活動するのが普通なようで、夜の気温が氷点下まで下がる地域の冬にはその傾向が特に強い。狩りについては、あまり多くは知られていない。クサリヘビは頭をすばやく連打して身の安全を確保しておいてから、喉か頭に噛み付いて殺す。巣に隠れた獲物は一気に掘り出すことができ、食物に砂をかけて隠したりもする。死骸をあさるかどうかは不明。

右:密毛に覆われた足は、いわば「砂漠版かんじき」。さらさらした熱い砂の上で静止摩擦と断熱効果をもたらす(飼育個体の写真)。

下:スナネコは殺した獲物に砂をかけて隠すことで知られる。砂漠の予測不能な環境下で食糧不足に備えている可能性もあるが、この行動の詳細はほとんど解明されていない。

行動圏

イスラエルとサウジアラビアでのテレメトリー調査によるごく限られたデータしかなく、ほとんど知られていない。単独で行動し、固定的な行動圏を維持しているようだが、他の大人のスナネコから縄張りを防衛するかは不明。狩りをしながら長距離を移動し、一晩に10km移動した記録がある。生息地の低い生産性と広範囲の移動から、行動圏は広く、個体数密度は低いことがうかがえる。日中は、他の動物の巣穴、もしくは風で露出した密生低木の根の間をさらに自分で掘り広げたねぐらで休む。数少ない観察データに基づくと、イスラエル南部のオスの行動圏は互いに重複し、あるオスの行動圏の面積は16km²(おそらく実際にはそれより広い)だった。入手可能な唯一の個体数密度推定値は同じ調査によるもので、375km²の場所で11頭──100km²当たり3頭──が捕獲されたが、その

他にも生息しているが捕獲されなかった個体がいたため、この数字は実際の密度より低い。

繁殖と成長

飼育状態では一年を通して繁殖するが、野生のスナネコに関する限られた情報によると、少なくとも生息地の一部では決まった季節にしか繁殖しない。極限的環境に暮らしていることを考えれば、大いにありうることだ。サハラ砂漠と中央アジアではおそらく11月～2月に交尾し、1月～4月に子どもが生まれる。パキスタンで10月に出産した記録があることから年2回の出産も考えられるが、それよりも一部の生息地で繁殖期が限られている可能性のほうが高い。飼育下の妊娠期間は59～67日。産仔数は通常2～4頭だが、それ以上産むこともあり、飼育個体で8頭という記録がある。生後約5週で離乳し、生後4カ月で独立。生後9～14カ月で性成熟する（飼育下）。

死亡率　自然死に関する記録はほとんどないが、スナネコの多くは天敵が非常に少ない環境に生息。ニジェールで2頭のキンイロジャッカルが1頭のスナネコを殺したという記録が1件ある。キタアフリカワシミミズク、ワシミミズク、イヌワシなどの大型猛禽類はスナネコ（特に子ネコ）を捕食している可能性がある。中央アジアで雪の多い冬が長く続くと、齧歯類の激減による飢餓が原因でスナネコの個体数が急減すると報告されている。

寿命　野生では不明。飼育下では最長14年。

左：スナネコの獲物は、鳥を除くほぼすべてが地下に巣穴などの隠れ場を持つ。スナネコは地下に潜むサソリ、クモ、爬虫類、齧歯類などをすばやく掘り出すことに高度に適応している。

下：飼育下で産仔数8頭の記録があることから、最適な条件が整えば繁殖数を増やすことはおそらく可能。

保全状況と脅威

スナネコの保全状況と脅威の影響についてはほとんど知られていない。推定個体数密度は発見されたすべての場所で低く、本来的に希少と考えられる。乾燥した生態系は、特に耕作と放牧の拡大というかたちでの環境悪化と人間の存在の影響を受けやすい。これに伴う野生化したイエネコと犬の出現は、競争、病気感染、（犬による）捕食などの可能性からスナネコの脅威になりうるが、影響は不明。時にはオアシスや集落の近くでジャッカルやキツネのためにしかけた罠にかかったり、家畜殺しを理由に（またはその疑いをかけられて）迫害されたりすることもある。人間の存在が局地的に脅威になっているものの、生息地の大部分はほぼ無人の辺地で人間の活動から隔絶されているため、全体で見れば脅威の影響はさほど深刻ではないようだ。砂漠化と旱魃の長期化は、スナネコの生息地の大部分に影響を及ぼし、それがの生息地拡大と人間の居住地の人口減少を促す可能性もあるが、実際にこうした変化によって生じているのは、スナネコの好まない、砂移動が激しく植生と獲物の乏しい環境がほとんどである。

ワシントン条約（CITES）附属書II記載。IUCNレッドリスト：低懸念（LC）。個体数の傾向：不明。

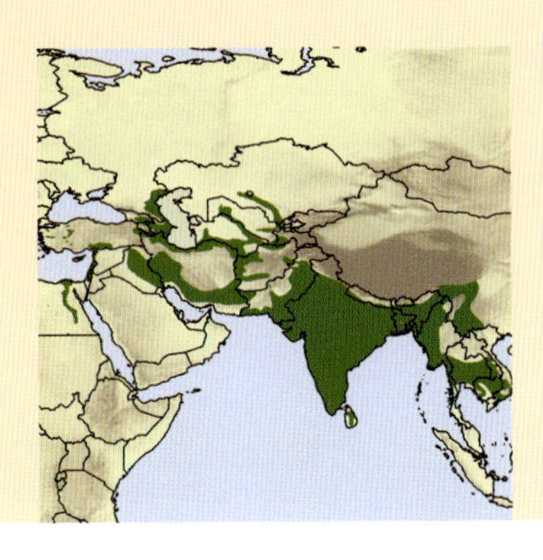

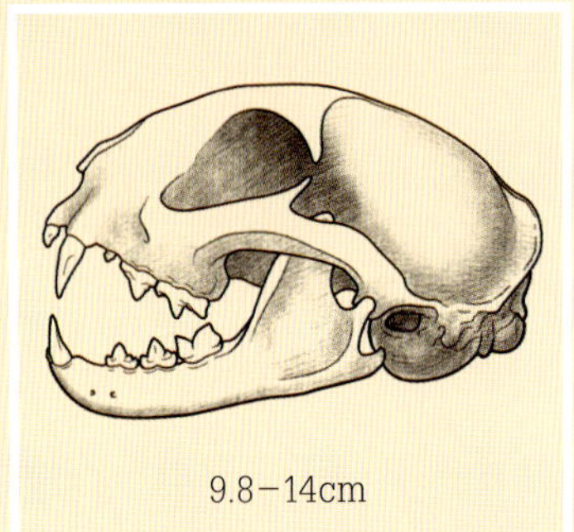

9.8−14cm

IUCNレッドリスト(2018):
低懸念(LC)

頭胴長　メス56−85cm　オス65−94cm
尾長　20−31cm
体重　メス2.6−9.0kg　オス5.0−12.2kg

ジャングルキャット

学名 *Felis chaus* (Schreber, 1777)

英名 Jungle Cat

別名 Swamp Cat、Reed Cat

分類

かつては表面的な身体上の類似性からオオヤマネコと近縁関係にあるとされていたが、イエネコ系統に属することに議論の余地はない。300万年以上前にイエネコ系統内で分岐したと考えられており、おそらくクロアシネコが最も近い近縁種だが、遺伝子データは乏しい。

主に外見(特に個体群内および個体群間でばらつきのある体毛)の差異に基づき最大6亜種に分類される。大部分の亜種には十分な根拠があるとは考えにくく、亜種分類の分子解析が待たれる。インドやインドシナ半島などの農村地帯にすむイエネコはしばしばジャングルキャットに酷似しており、広範囲で交雑(飼育個体から知られる)が進んでいる可能性が高い。インドでは、野生のオスのジャングルキャットとメスのイエネコとの間に子どもが生まれた記録が少なくとも1件ある。

形態

イエネコ系統最大の種。背が高く足の長いすらりとした体型で、尾は頭胴長の3分の1程度とかなり短く、縞模様がある。生息地の西部と北部の個体は最も大型と考えられており、少数の標本に基づくと、イスラエルの個体の体重はインドのそれより43%重い。頭は小さめで、大きな三角形の耳には黒く短い房毛がある。房毛は目立たない場合もあるが、子どもでは一般によく目立つ。体の地色は一様で、通常は灰色、金色、または錆色を帯びた淡黄褐色から濃黄褐色。ぼんやりした縞か斑点がうっすらと入るが、無地の個体もいる。下肢と尾には比較的明瞭な黒っぽい斑点と縞がある。幼い子ネコは斑紋が目立つことが多く、出生時には全身がはっきりした黒っぽい斑点に覆われ、まもなく消失する。顔は頬と額に目立たない淡色の縞があり、白一色の鼻口部と顎が特徴。温帯地域にすむ個体はしばしば体色が鮮やかで斑紋も目立つ。生息地北端の記録によると、夏毛はオレンジ色からコーヒーブラウンまで幅があるが、冬毛は銀灰色。インドとパキスタンではメラニズムの黒い個体が報告されている。

類似種　背が高く脚がすらりとして尾が短いところは、インドからトルコにかけて生息地が重複するカラカルに似ているが、カラカルは耳によく目立つ長い房毛があり、ジャングルキャットと違って足と尾に斑紋がない。若いジャングルキャットはヨーロッパヤマネコや野生化したイエネコに間違われることがよくある。ジャングルキャットは白い鼻口部が特徴的。

分布と生息環境

ベトナム、中国南部からトルコ西部、エジプトにかけての広い範囲に断片的に分布。分布の中心はアジア南部で、インド、バングラデシュの全域とスリランカの大部分、さらにはパキスタンからミャンマーまでのヒマラヤ山麓に生息する。インドシナ半島では中国南部からタイ・カンボジア南部に分布するが、その中間に大きな空白があり、絶滅したか、個体数がごく少ないか、単に生息が確認されていないかのいずれかと考えられる。アジア南西部と中部では、トルコからカザフスタン南部、アフガニスタン西部、イラン南部にかけて断片的に分布。アフリカではエジプトの地中海沿岸、ナイルデルタからアスワンまでのナイル峡谷沿い、ナイル川西部に点在するオアシスにのみ生息する。

「ジャングルキャット」という名前に反して、樹木の密生する環境を避け、林冠が閉鎖した森林にはおそらく

下:大型のオス。ジャングルキャットの特徴である長い足と縞模様の入った短い尾がよくわかる。オスはメスより肩高が高く、がっしりしている。

右：ジャングルキャットは水の中でも悠々自適。パワフルに泳ぎ、浅瀬にすむさまざまな魚などを捕食する。

1頭も生息していない。沼地、湿地、沼沢、海岸の近辺の、水が豊富で植生の密な葦原、草原、低木地を強く好むため、別名の「沼地ネコ（Swamp Cat）」「葦(あし)ネコ(Reed Cat)」のほうがふさわしい。乾燥地(エジプト、イラン南部など）のオアシスと峡谷、湿林内の整地されたエリアや草原、点在する低木の茂みなどにも暮らす。インドシナ半島では、河川、氾濫原などの水源が点在する落葉樹林と開けた森林を中心に生息。人為的に改変された環境でも、水と隠れ場と獲物があれば生きていける。齧歯類が多く集まるサトウキビ畑、水田、灌漑牧場などの農地にすみ、人間と密接な関わりを持っていることもある。さまざまな養殖池の周辺や、特に灌漑用水路のある開けた林業プランテーションにも暮らしている。生息環境の標高は0mから2400m（ヒマラヤ山麓）。

食性と狩り

体重1kg未満のハツカネズミ、大型ネズミ、アレチネズミ、スナネズミ、トビネズミ、ハタネズミ、ジリス、モグラ、トガリネズミなどの小型哺乳類とマスクラット（生息地の一部に導入され、最大で体重2kg)、野ウサギが主な食物。インド西部の半乾燥地域（サリスカ国立公園のトラ保護区）にすむジャングルキャットは、1頭で年間1095～1825頭の小型齧歯類を食べると推定されている。比較的がっしりした体格から、時にはヌートリア（体重5～9kg）などの大きめの哺乳類を襲うこともあるが、ロシアでは大人のヌートリアに撃退されたところを観察されている（ジャングルキャットの年齢や大きさは不明)。生後間もないガゼルやアキシスジカを襲うこともあり、大人のジャングルキャットが広い囲いの中で飼育されている大人に近いマウンテンガゼルを殺したこともある。カスピ海西岸ではイノシシの子どもが獲物として報告されているが、これは死骸をあさった可能性が高く、襲うとすれば、生後間もない子どもが付き添いもなく放置されている場合だけだろう。鳥類は2番目に重要な獲物で、小型の種（特にキガタヒメドリ、ヒバリ)、水鳥、シャコ、キジ、クジャク、ヤケイ、ノガンなどが含まれる。ウズベキスタンではヨーロッパチュウヒを捕食した記録がある。爬虫類、両生類やさまざまな魚類も食べ、タジキスタンでは、獲物の乏しい冬にヤナギバグミの実を大量に食べたと記録されている。家禽も捕食し、小型の家畜を殺したとされることもある。これはありうることだが、記録の信憑性は低い。

狩りは水際や浸水した植生など、主に地上の密生した茂みで行う。泳ぎはうまく、開放水域を長く泳いで小島や葦原(あしはら)に渡り、水中の魚や水鳥を盛んに捕食する。マスクラットを（ビーバーの巣に似た）植物を積みあげた小さな塚から掘り出したという報告もある。狩りは昼夜を問わず行うが、人間の影響を受けない地域では明け方・夕方と日中の活動が活発。死肉も好

下：野生化したイエネコとしばしば混同されるが、この若いオスはすでに大きな耳と白っぽい鼻口部という特徴を備えている。

み、人間のしかけた罠にかかった動物を運び去ったり、他の肉食動物（キンイロジャッカル、ハイイロオオカミ、インドライオン、トラなど）が殺した獲物をあさったりする。

行動圏

ほとんど知られていない。テレメトリーや長期観察に基づく調査はないが、限られた情報によると、ネコ科特有の空間行動パターンに従っているようだ。大人は単独で行動し、ネコ科の特徴であるにおいによるマーキングと声によるコミュニケーションを利用していることから、独占的なコアエリアを維持していると考えられる。イスラエルで偶然観察された例では、オスの行動圏はオスより体の小さい数頭のメスの行動圏と重複していた。

個体数密度の正確な推定データはないが、アジア南部の生息に適した環境ではありふれた野性ネコである。

繁殖と成長

野生の繁殖についてはほとんど知られていない。季節繁殖すると考えられており、観察記録の多くが存在するエジプト、中東、生息地北端（カザフスタンからロシア南部）などの極端な気候の生息地ではこの説の信頼性は高い。記録によると、これらの地域では主に11～2月に交尾し、12～6月に出産する。飼育下の妊娠期間は63～66日。産仔数は通常2～3頭だが、ごくまれに6頭生まれることもある。

生後8～9カ月で独立し、飼育下ではメスは生後11カ月、オスは生後12～18カ月で性成熟する。

死亡率　自然死の記録はほとんどないが、時には自分より大型の肉食動物に殺されることがあるようだ。キンイロジャッカルはジャングルキャットの大部分の生息地に高密度で存在し、子どもの脅威となっている可能性がある。パキスタンで発見されたジャングルキャットの死体は、大きな死んだインドコブラに巻きつかれており、長時間闘いを繰り広げた痕跡をとどめていた。人間とイヌは人為的な環境で頻繁にジャングルキャットを殺している。

寿命　野生では不明、飼育下では最長20年。

下：キジャディア鳥類保護区（インド、グジャラート州）のメスと3頭の子ネコ。ここは野生のジャングルキャットを長期間観察できる数少ない場所の1つ。

保全状況と脅威

広範囲に分布し、農地や人間の集落も回避しないため、アジア南部の農村部などではおそらく一番ありふれた野生ネコである。インドシナ半島、アジア南西部、中央アジアなどではあまり見られないか、非常に希少。かつてはよく見られたエジプトでも、現在の保全状況は定かでない。人間の近くで生きられるが、湿地の居住地や農地への急速な転換により脅威にさらされている。インドシナ半島とアジア南部の広い地域でこれに拍車をかけているのは、非常に広範囲の無差別な罠猟で、人間の近づきやすい開けた土地を好むジャングルキャットは特に被害に遭いやすい。生息地北部では毛皮目的で罠にかけられ、旧ソ連ではヌートリアやマスクラットの毛皮農場周辺で頻繁に狩猟される。家禽を襲うとして迫害を受けており、無差別な捕獲や毒殺が広く行われている農業地域では個体数が減少している。

ワシントン条約（CITES）附属書II記載。IUCNレッドリスト：低懸念（LC）。個体数の傾向：減少。

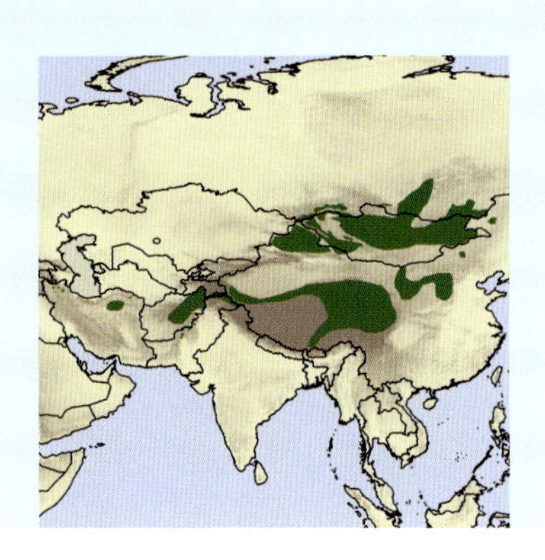

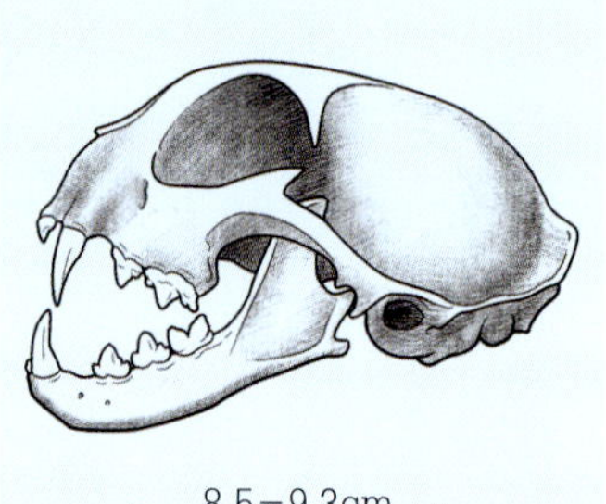

8.5−9.3cm

IUCNレッドリスト(2018):
近危急種(NT)

頭胴長 メス46−53cm、オス54−57cm
尾長 23−29cm
体重 メス2.5−5kg、オス3.3−5.3kg

マヌルネコ

学名 *Otocolobus manul* (Pallas,1776)

英名 Pallas's Cat

別名 Manul、Steppe Cat

分類

独特の形態と、イエネコ系統とベンガルヤマネコ系統の双方に近い遺伝子データに基づき、マヌル属の唯一の種に分類されている。最も近い近縁種重なり（とはいえ比較的遠い）はベンガルヤマネコであるといういくつかの証拠があり、ベンガルヤマネコ系統に分類されることが多いが、分類には依然として未解決の問題がある。

通常3つの亜種が認められているが、妥当性の評価にはさらなる分子解析が必要である。

形態

むくむくした毛とずんぐりした体型が特徴的な、うずくまったイエネコくらいの大きさの小型ネコ。独特の幅広の頭に平らな額と横長の顔、密生した頬毛、低い位置についた大きな耳が目立つ。顔には特有の2本の黒い縞があり、一般に縞の間の目から頬にかけての毛は白い。額には黒くて小さなはっきりした斑点がある。密生した体毛は銀灰色から赤褐色がかった灰色で、体にはほとんど斑紋がないか、かすかに縦方向の縞が入っている。冬毛は非常に長く密になり、霜で覆われたように見えるのに対し、夏毛はしばしば赤みを帯びた濃い色合いになり、斑紋も明瞭になる。尾はふさふさとして細かい縞があり、先端は黒い。マヌルネコの体色は、岩の多い開けた生息地で格好のカムフラージュになる。走ることには適応しておらず、脅威（離れた場所の捕食者など）を感知すると、動きを止め、地面に腹ばいになる。これは身を隠す効果的な方法だ。体重は季節による変動が大きく、モンゴルでは無線機付き首輪を装着したメスの体重が晩夏（7月～9月）の子育て後に平均23%減少し、一旦回復した後、冬の終わり（2月～3月）に再び減少した。オスの体重は冬間近の交尾期（11月）にピークに達し、3月の交尾期終了までに平均22%減少した。

類似種　非常に特徴的なネコで他の種とは混同されにくいが、ハイイロネコはおそらく例外で、中国中央部でのみ生息地が重複する。

分布と生息環境

ユーラシアの寒冷ステップ全域に広く断片的に分布する。主な生息地はモンゴルと隣接するロシア、および中国の大部分で、西に向かうにつれて分布はきれぎれになる。キルギスタン東部、カザフスタン東部、アフガニスタン北部にまたがる比較的広い連続的な地域と、パキスタン西部、インド北部、イラン北部のやや断片的な地域にも生息すると考えられている。アゼルバイジャンとトルクメニスタンでは生息地が非常に限られているか、断片的もしくは不確実。2012年、中国チベット高原の最南端生息記録地点から約100km南に位置するブータン（ワンチュク・センテニアル国立公園）と500km西に位置するネパール（アンナプルナ保護区）で初のカメラトラップ調査が行われた。調査結果によると、ヒマラヤ山脈に沿って連続的に生息している可能性が高い。

下：マヌルネコの毛皮は通常は淡灰色から濃灰色だが、特に中央アジアでは赤い変種も見られる。この個体は特に色鮮やかな例（飼育個体の写真）。

隠れ場のある寒冷で乾燥した環境、特に標高450～5073mの岩の露出した乾燥草原や低木ステップ、岩の多い半砂漠に生息。見通しのよい場所では捕食動物に狙われやすいため、身を隠す場所のある峡谷、岩だらけの斜面、植物に覆われた谷などを強く好む。チベット高原全域に見られる広大な短草原や低地の砂漠盆地のように視界を遮るものがほとんどない場所は回避するが、そうした場所の奥深くの季節川沿いで見られることもある。極寒の気候に高度に適応しているとはいえ、雪深い場所は苦手で、15～20cmの積雪に長期間覆われる地域にはいない。

食性と狩り

主に小型のウサギ類と齧歯類を捕食する。マヌルネコのどの生息地においてもナキウサギは特に重要な獲物で、おおむね食物の50%以上を占める。アレチネズミ、ハタネズミ、ハムスター、ジリス、若いマーモットも日常的に食べる。小型哺乳類に次いで重要な獲物はスズメ目の小型鳥類。その他に、野ウサギ、ハリネズミ、大型鳥類（モンゴルで報告された大型の猛禽を含む）、トカゲ、無脊椎動物なども食べることがある。モンゴルのイフ・ナルティーン・チュロー自然保護区で生後間もないアルガリを捕食したという記録も1件ある。生息地では家禽はほとんど飼育されておらず、家畜有蹄類を襲ったという現地住民の報告もないことから、家畜を捕食しているとしてもごくまれだろう。

マヌルネコは一日中活動するが、狩りをするのは主に明け方と夕方だ。そうすることで、獲物は活発に動き回るが捕食動物（特に日中活動するワシ類）や競合動物はあまり活動しない時間帯を最大限に利用できる。狩りのテクニックは、獲物の隠れ場の周辺を非常にゆっくりと音を立てずに這い回り、居場所を探り当てて接近する「ストーキング」、主に春と夏、長草や下生えの間を早足で歩くか小走りして齧歯類や小型鳥類を追い立てる「移動・追いたて」、特に冬に多用される齧歯類の巣穴での「待ち伏せ」の3通り。死骸（死んだ家畜を含む）をあさった記録もある。食物を隠す習性は知られていないが、仕留めた獲物はたいてい巣穴に持ち帰って食べる。

行動圏

唯一の本格的調査はモンゴル中部のフスタイン・ヌルウ国立公園で行われ、29頭に無線機付き首輪が取り付けられた。中国の青海省とロシアのダウルスキー国立自然保護区では、少数の個体に首輪を装着したテレメトリー調査が行われている。単独行動を好み、オス、メスともに固定的な行動圏を維持し、オスの広い行動圏（オス同士で重複）には1～4頭のメスの行動圏（相互の重複は少ない）が含まれる。少なくとも繁殖期には縄張りを保持するようで、オスはメスをめぐる争いによるとみられる傷を負っていることが少なくない。体の大きさに比べると行動圏はかなり広く、メスで7.4～125.2km²、平均23.1km²、オスで21～207km²、平均98.8km²（フスタイン・ヌルウ国立公園）。モンゴル中部にすむ大人のマヌルネコの中には、元の縄張りを離れて新たな行動圏を確立するものもいるが、これは獲物の得やすさや種内競争とは無関係なようだ。移動するのは8月～10月で、アカギツネやコサックギツネ、さまざまな猛禽類などの個体数が春から夏にかけての繁殖後にピークとなる時期と重なるため、おそらく捕食者の急増を嫌って新たな行動圏を

下：マヌルネコの体色は岩場のある開けた生息地に見事に溶け込み、視覚で狩りをするすばやい大型猛禽類やイヌ科動物から身を守る（飼育個体の写真）。

求めるのだろう。記録によると、大人の移動距離は直線距離で 18 ～ 52km。場所を探してぐるぐる動き回ったあるオスの移動距離は 2 カ月で 170km、面積は 1040km² に達したという。

個体数密度の正確な推定データはほとんどないが、その理由の 1 つは、どの地域でも生息がまばらで、調査が困難なためだろう。最も精度の高い推定値は 100km² 当たり 4 ～ 6 頭（フスタイン・ヌルウ国立公園）。ロシア南部で冬に行われた雪上トラッキング調査では 100km² 当たり 12 ～ 21.8 頭というきわめて高い数字が出ているが、この調査方法はマヌルネコの個体数密度推定に適しているとは言いがたく、データの扱いには注意を要する。

繁殖と成長

極端に厳しい環境に生息するため、野生での繁殖期は非常に限られている。交尾期は 12 月～ 3 月、出産期は 3 月末～ 5 月。発情期間は 24 ～ 48 時間ときわめて短い（飼育下）。妊娠期間は 66 ～ 75 日。産仔数は平均 3 ～ 4 頭で、飼育下ではまれに 8 頭産むこともある。

生後 4 ～ 5 カ月で独立し、オス、メスとも生後 9 ～ 10 カ月で性成熟する（飼育下）。モンゴルで生まれたメスの子ども 3 頭は生後 6.5 ～ 8 カ月で独立して、親の生活圏から 5 ～ 12km 離れた場所に定住し、3 頭とも生後 10 カ月で初出産した。

左：**身の危険を感じたときの最大の自衛手段は、見つからないよう地面に腹ばいになり、動きを止めてカムフラージュすること。**

死亡率　子どもの 68%は独り立ちする前に死亡し、大人が 3 歳まで生きられる確率は 50%（フスタイン・ヌルウ国立公園）。ほとんどが冬（1 月～ 4 月）に死亡している。死亡の最大の自然要因は捕食で、同公園で記録された死亡例の 42%は大型猛禽類（6 件）とアカギツネ（1 件）に襲われたことによるものだった。また、イヌと人間による殺害は 53%を占めていた。飼育下では、特に子ネコがトキソプラズマ症に感染しやすく、野生でもごくまれに感染記録があるが、大量死したという証拠はない。

寿命　野生では最長 10 年だが平均 5 年、飼育下では最長 11.5 年。

保全状況と脅威

マヌルネコは人口密度の低い人里離れた地域に生息するが、どの地域でも頻繁に見られることはなく、特定の環境と獲物に依存し、見通しのよい場所では苦もなく捕食される。このため、本来的に脅威に対して脆弱と考えられる。生息地の多くはモンゴル、中国、ロシアでの牧畜、農業、鉱業の拡大・強化により脅かされている。また中央アジアと中国では、家畜の病気を媒介し牧草を食い荒らすという理由でナキウサギとマーモットの個体数抑制を目的とした国家公認の大々的な毒殺キャンペーンが行われた結果、獲物が減少している。過去には毛皮目的の狩猟が盛んで、国際取引は 1980 年代にほぼ中止されたものの、現地（特に国内用途向けの狩猟が法律で認められているモンゴル）では狩猟が継続。国際取引の禁止にもかかわらず、中国ではモンゴル産のマヌルネコの毛皮が公然と取引されている。集落や遊牧民のキャンプの近辺では、オオカミやキツネのためにしかけた罠にかかって死亡する例が頻繁にあるほか、イヌに殺されることも多い。

ワシントン条約（CITES）附属書Ⅱ記載。IUCN レッドリスト：近危急種（NT）。個体数の傾向：減少。

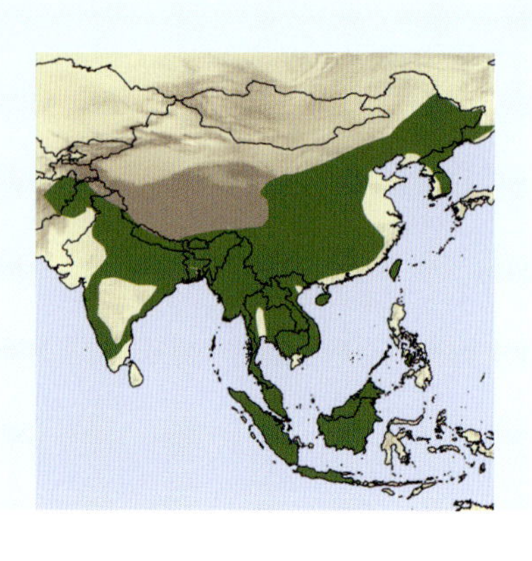

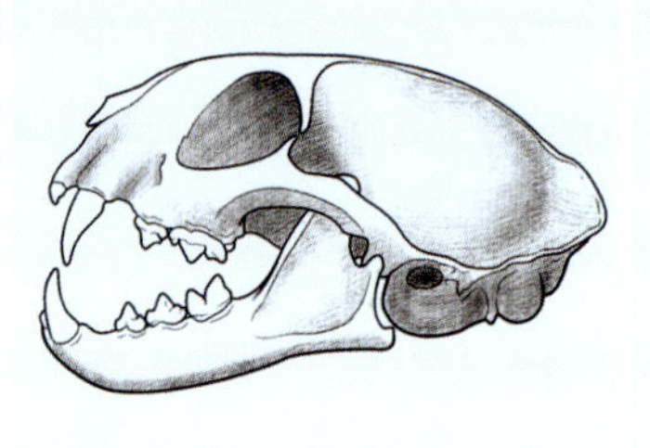

7.9－10.2cm

IUCNレッドリスト(2018):
低懸念（LC）（グローバル）
危急種（VU）（フィリピン）
近絶滅種（CR）（西表島）

頭胴長　メス38.8－65.5cm、オス43.0－75.0cm
尾長　17.2－31.5cm
体重　メス0.55－4.5kg、オス0.74－7.1kg

ベンガルヤマネコ

学名 *Prionailurus bengalensis* (Kerr, 1792)
英名 Leopard Cat

分類

ベンガルヤマネコ系統に位置する。最も近い近縁種はスナドリネコで、マレーヤマネコとも近縁である。

島しょ部に生息する7亜種を含む最大12の亜種に分類されているが、この分類には再検証が必要だ。数少ない遺伝子データに基づくと、アジア本土では、ロシア極東部、中国北東部、朝鮮半島、台湾、および日本の対馬と西表島にすむ北部亜種のアムールヤマネコ *P. b.euptilurus* と、アジア本土のその他すべての地域（後述するように、おそらくマレー半島を除く）にすむ南部亜種のベンガルヤマネコ *P. b.bengalensis*（基亜種）という、変化の大きい2亜種に分けられる。以前は独立した種として分類されていたが、現在その分類は誤りとされている個体群の代表例に、イリオモテヤマネコとアムールヤマネコがあり、現在はともに北部亜種のアムールヤマネコに分類されている。これに対し、クラ地峡より南のマレー半島、ボルネオ島、スマトラ島、ジャワ島、バリ島にすむベンガルヤマネコの個体群は、最近の遺伝子的証拠により、実際に独立した種であることが示されている（同じように、ウンピョウは最近、アジア本土のウンピョウとスンダウンピョウという2つの独立した種として分類され

アムールヤマネコ
イリオモテヤマネコ
本土の南部亜種

た。詳細は 184 ページ参照）。より広範囲のサンプルを用いた分析は、この問題（通常は亜種のヴィサヤヤマネコ *P. b. rabori* と見なされているフィリピンのベンガルヤマネコの分類を含む）の解決に役立つだろう。ベンガルヤマネコはイエネコと交雑しやすく、農村部では交雑した個体が野生化しているとの報告もあるようだが、物的証拠はない。

形態

生息地域や季節（北部の個体群の場合）により大きさと外見にかなり変化がある。最も小さい熱帯島しょ部の大人の個体は体重 1kg に満たない場合があるのに対し、北部では 7kg を超えるものもいる。ロシアでは、厳しい冬を控えて過食する晩夏から秋に体重が 8.2 ～ 9.9kg に達したという例外的な記録がある。色相の幅も著しい。アジア本土熱帯地域の個体は、体毛が黄色から黄褐色または赤褐色と色鮮やかで、よく目立つ斑紋も、大きな無地の斑点から、輪郭または中心部が濃黄褐色のロゼットや小さい斑点までさまざまだ。ボルネオやスマトラを含む島しょ部の個体は、くすんだ赤褐色から非常に濃い褐色までの幅広い地色に、小さくてとびとびの斑点やまだらがある。イリオモテヤマネコはかなり色が濃く、黒灰色で顔と腹部以外は斑紋の目立たない個体もいる。それとは対照的に、ロシア、韓国、中国の温帯地域に暮らすアムールヤマネコは、冬にはごく薄い赤灰色から銀灰色の長い毛が密生し、夏には錆褐色から灰褐色の毛に生え変わる。完全なメラニズムは発生しないが、黒っぽい大きな模様が広い範囲でつながった擬似メラニズムの個体が時おり記録されている。

類似種　濃色型は近縁種のスナドリネコに似ているが、スナドリネコのほうがはるかに大型でがっちりしている。ただし、生後間もない子ネコは見分けがつきにくいことがある。斑紋型のアジアゴールデンキャットとも混同される可能性があるが、アジアゴールデンキャットのほうがかなり大型で、先細の長い尾を持っている。

下：凍った湖の端の葦原で鳥を狩るアムールヤマネコ（韓国テアン郡）。

上：ベンガルヤマネコ系統のすべての種と同様、水と縁が深い。泳ぎの達人で、川や小さな湖は難なく泳いで渡り、浅瀬で頻繁に狩りをする。

下：このボルネオ島サバ州キナバタンガン川岸の個体のように、島しょ部では本土の個体ほど体毛の斑紋が鮮やかでない傾向がある。

分布と生息環境

アジアの小型ネコの中で最も広範囲に分布する。熱帯、亜熱帯、温帯アジアで見られ、生息地はロシア極東部、中国北東部、朝鮮半島から中国東部を経てチベット高原、ヒマラヤ山麓、さらに西はアフガニスタン中部までと、パキスタン北東部、ネパール、ブータンからインド南部まで、およびボルネオ島、ジャワ島、スマトラ島を含む東南アジア全域。ネコ科のどの種よりも島しょ部(海南島、台湾、フィリピンのパラワン諸島、パナイ島、ネグロス島、セブ島、西表島、対馬諸島など)に多くすみ、日本では唯一のヤマネコの固有種である。スリランカには元来生息しない。

低地の熱帯雨林から標高3254mにも達するヒマラヤ山麓（ネパール東部）の乾燥した広葉樹林と針葉樹林までのあらゆる種類の森林を含む、隠れ場のあるきわめて多様な環境に暮らす。生息地北部では、冬に降雪する冷涼な温帯林の植生で覆われた谷にすむが、雪の浅い場所に限られる。生息環境には、すべての種類の森林地帯、低木地、沼地、湿地帯、マングローブや樹木が繁った草原、低木と草原がモザイク状に混在する場所が含まれ、開けた草原、ステップ、植生のない岩場は避ける。伐採林やサトウキビ、アブラヤシ、コーヒー、ゴムの木、茶のプランテーションなど人間の手が加わった場所にも、隠れ場があれば耐えられる。齧歯類が多くすむ、人為的に改変された開けた場所では、高い個体数密度に達することもある。大都市圏に点在する生息に適した環境（北京の密雲ダム、野鴨湖自然保護区など）などでは、人間居住地のすぐそばで暮らしている。

食性と狩り

ベンガルヤマネコの食物は、無脊椎動物を中心とする非常に小型の獲物が主体。詳細な研究が行われた個体群の大部分は、さまざまなハツカネズミ、大型ネズミを重要な獲物としていた。そのほかにリス、シマリス、ツパイ、トガリネズミ、モグラなどの小型哺乳類も捕食する。それより大きめの野ウサギ、ラングール、ジャワマメジカ、イノシシといった哺乳類も食物として記録されているが、ほとんどは死骸をあさった可能性が高い。ロシアでは、生後1週間以内の有蹄類（ノロジカ、ニホンジカ、オナガゴーラルなど）を親が見張っていない状況で襲ったという記録がある。キジの大きさまでの鳥類や、爬虫類、両生類、無脊椎動物なども食べる。西表島ではトカゲ3種、ヘビ4種、カエル1種、大型コオロギ1種がイリオモテヤマネコの重要な獲物だ。これは人間に伴ってクマネズミが侵入するまで齧歯類が生息していなかったためだろう（クマネズミは現在、個体の体重×個体数の生物量ベースで最も重要な獲物となっている）。ベンガルヤマネコは家畜有蹄類には危害を加えないが、家禽は捕食し、鶏肉を餌にした罠で簡単に捕獲されるようだ。

精力的な万能ハンターで、主に地上の丈の低い茂みで狩りをする。軽々と木に登り、細い枝やヤシの葉状体の間で過ごすことにも慣れていることから、観察例

は少ないものの、樹上でも狩りをしている可能性が高い。同じベンガルヤマネコ系統の他のネコと同様、水が大好きで泳ぎがうまく、浅瀬で頻繁に両生類や無脊椎動物(淡水ガニなど)を狙う。狩りの行動パターンは、獲物の得やすさや自分より大型の肉食動物と人間の存在などにより、完全な夜行性から(一部の生息地での)昼も夜も動き回る周日行性までさまざまだ。

死肉も好み、洞窟内で死んだり落ちてきたりしたコウモリやドウクツアナツバメを食べたという報告がある。大型の獲物を隠す習性もあり、あるアムールヤマネコはコウライキジを低木の茂みに隠し、数回に分けて食べたという。

行動圏

ネコ科特有の社会・空間行動パターンに従っている。おおむね単独で行動し、固定的な行動圏を持ち、オスの行動圏は、オスよりも狭い1頭または複数のメスの行動圏と重複する。個体群によっては行動圏の規模に性差がほとんどない場合もある(タイのプーキエオ野生生物保護区など)。大人の同性の行動圏は、周辺部ではかなり重複し、コアエリアではほとんど重複しないが、プーキエオではコアエリアでも大幅な重複が見られる。行動圏の面積はメスで1.4〜37.1km²、オスで2.8〜28.9km²。ネコ科特有の尿マーキングや地面堀りなどの行動は見られるものの、縄張りをどの程度防衛するのかは不明。イリオモテヤマネコは実験用の餌場で互いに攻撃的になったが、これには人為的な状況が影響した可能性がある。

個体数密度の推定値としては、100km²当たり17〜22頭(インド・カンチェンゾンガ生物圏保護区内の亜熱帯・温帯ヒマラヤ森林)、同34頭(西表島)、同37.5頭(インドネシア・サバ州タビン野生生物保護区

左：ヒョウはベンガルヤマネコの捕食者として知られている。捕食が個体数に与える影響はあまりわかっていないが、毛皮採取や迫害というかたちでの人間による大量捕殺は、ほぼ確実に個体数減少を招いている。

下：ベンガルヤマネコは生息する地域のほとんどで、最も個体数が多く、人間が遭遇しやすいネコだ(飼育個体の写真)。

の低地雨林とそれに隣接するアブラヤシのプランテーション）などがある。

繁殖と成長

野生での繁殖についてはあまり知られていないが、入手可能な情報によると、生息地の大部分で季節繁殖し、温帯では特に季節性が強い。なかでもアムールヤマネコは出産時期が2月末～5月に限られるようだ。飼育下では年2回出産可能だが、野生ではおそらく年1回が普通。妊娠期間は60～70日。産仔数は1～4頭で、通常は2～3頭。

飼育下では生後8～12カ月で性成熟し、メスは最も早くて生後13カ月で出産する。

死亡率　大人の推定年平均死亡率は、人間の影響が少ない人里離れた保護区で8%（タイのプーキエオ野生生物保護区）、人間が近づきやすい保護区で47%（タイのカオヤイ国立公園）。保護区外の人間に近い地域では、死亡率はおそらくさらに高くなる。体が小さいため、時には自然界のさまざまな捕食者に殺されるはずだが、記録は少ない。捕食者として確認されているのはヒョウとイヌで、対馬ではイノシシが子ネコを襲っている可能性がある。東南アジアや中国の大部分などでは、多くの個体群で人的要因が最大の死因となっている。西表島と対馬の主な死因は交通事故で、それぞれ最低でも40頭（1982～2006年）と43頭（1992～2006年）が死亡している。

右：木登りがうまく、捕食者に脅かされたり追われたりすると、機敏に木の上に逃げ込む（飼育個体の写真）。

寿命　野生では不明、飼育下では最長15年。

保全状況と脅威

広範囲に分布し、適応力が高く、許容されれば人間の近くで暮らすこともできる。好適な環境（一部の人為的環境を含む）では高い個体数密度に達し、大半の生息地では最もありふれた野生ネコだ。しかし、アジアのネコ科で唯一、毛皮目的の狩猟が法律で認められており、生息地のうちもともと個体数密度が比較的低い温帯で大量に狩猟されている。1985～1988年には毛皮取引のために中国で40万頭も殺された。中国は1993年にベンガルヤマネコの国際取引を停止したが、推定によるとその時点で毛皮の在庫は実に80万頭分にのぼっていた。国際取引の停止により狩猟による脅威は弱まったようだが、中国では保護区以外での狩猟は現在も合法で、中国国内の毛皮倉庫にはベンガルヤマネコの毛皮が当たり前のように並んでいる。こうした乱獲の影響は明らかになっていない。アジアの亜熱帯・熱帯地域ではベンガルヤマネコの狩猟は違法だが、毛皮や肉を目的に、また家禽を襲われた報復として、広範囲で殺されている。ペットとしても狙われ、ジャカルタ、ジャワ、ベトナムの野生生物市場でしばしば売られている。多くの島しょ部では個体数が少なく、急速な開発の脅威にさらされている。西表島の個体数は約100頭で、中央部の低山帯では手厚く保護されているが、沿岸の低地では減少している。ワシントン条約（CITES）附属書I記載（バングラデシュ、インド、タイ）。IUCNレッドリスト:低懸念（LC）（グローバル）、近絶滅種（CR）（西表島）、危急種（VU）（フィリピン）。個体数の傾向：安定（グローバル）、一部の島では減少。

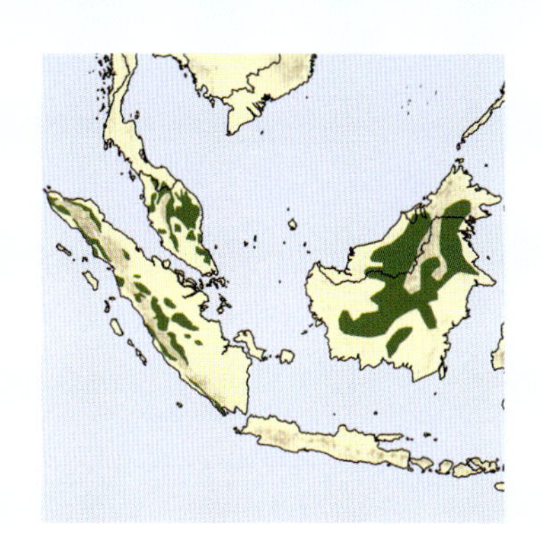

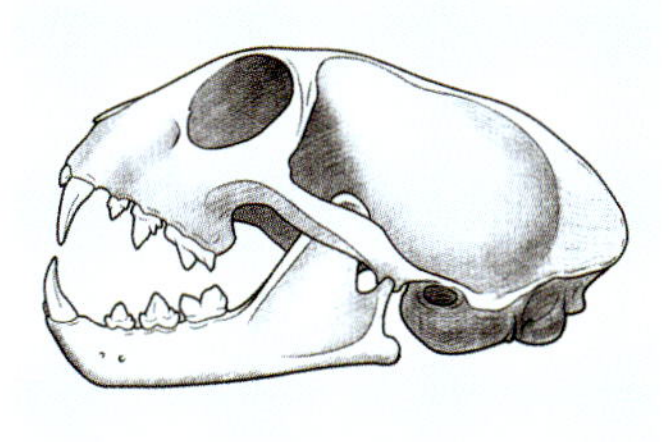

9−9.8cm

IUCNレッドリスト(2018)：
絶滅危惧種（EN）

頭胴長　メス44.6−52.1cm、オス 41−61cm
尾長　12.8−16.9cm
体重　メス1.5−1.9kg、オス1.5−2.2kg

マレーヤマネコ

学名 *Prionailurus planiceps* (Vigors & Horsfield, 1827)

英名 Flat-headed Cat

分類

　ベンガルヤマネコ系統に位置し、ベンガルヤマネコとスナドリネコに最も近いと考えられている。亜種分類はなされていない。

形態

　円筒形の胴体、短めの細い足、太くて短い尾が非常に特徴的な小型ネコ。頭は小さく、顔は前後に細長く、大きな目は中央に寄り、額は平らで、耳は小さく丸い。足の一部に水かきがあり、爪はさやが小さいので外に出ている。このため爪を引っ込めることができないとされるが、実際には他のネコと同じように出し入れできる。体色は白の混じった濃褐色で、頭にかけて徐々に明るい錆褐色に変わる。頬、眉、目の下は真っ白で、頬と眉間に入った濃い錆(さび)褐色の筋とのコントラストが鮮やか。体には柔らかい毛が密生し、足と腹部の薄い縞とまだらを除けばほとんど無地。尾にはかすかな縞が入ることがある。

類似種　他種との違いは一目瞭然。全体としてはサビイロネコに似ているが、両種の生息地は重複しない。非常に小型でがっちりしたイエネコに間違われる可能性がある。

分布と生息環境

ボルネオ島、スマトラ島、マレー半島にのみ分布している。タイ南端、タイ・マレーシア国境のプルトーデーン泥炭湿地林で記録があり、生息している可能性はあるが、1995 年以降、記録は途絶えている。2005 年にタイの野生動物売買業者から押収された 2 頭の子どもは、ペットとしての売買目的でマレー半島から密輸されたと考えられている。

マレーヤマネコは湿度の高い低地林と湿地に好んで暮らし、過去と最近の記録の 80％以上が標高 100m 以下、70％以上が大規模な河川や水源から 3km 以内で採取されたものだ。生息環境は原生林と二次林、泥炭湿地林、マングローブ、沿岸の低木林。二次林とアブラヤシのプランテーションでの生息が報告されていることから、生息地の改変にある程度耐えられるとみられるが、そうした環境での生息記録は信頼性が低いか非常に数が少ない。

食性と狩り

最も知られていないヤマネコの 1 つで、野生の生態はほとんど謎に包まれたままだ。独特の形態、行動、生息環境の嗜好から、浅瀬やぬかるんだ川岸での水中生物の捕食に適応していることがうかがえる。前足の水かきに加えて、歯も非常に鋭くて大きく（上顎(うわあご)の第一・第二小臼歯）、これらはすべりやすい獲物を押さえつけるための適応と考えられている。飼育下のマレー

下：メナングル川（ボルネオ島サバ州）の水際の茂みでカエル狩りをするマレーヤマネコ。

左：野生での狩りが観察されることはごくまれ。一部に水かきのついた足で浅瀬やぬかるんだ水際の獲物を探る。

ヤマネコは、水に興味を持って積極的に水に入り、アライグマのように前足を広げてプールの中の食物を探す。

数頭の死んだ野生個体の胃の内容物には魚と甲殻類が含まれていた。このほかに、飼育下ではハツカネズミや大型ネズミの首に噛み付いてすばやく殺し、野生では小型哺乳類、爬虫類、両生類を襲うことはほぼ間違いない。時には鶏小屋にしかけられた罠にかかって死ぬことから、家禽を殺すこともあるようだ。カメラトラップの画像の大半は夜間に撮影されたもので、おおむね夜行性と考えられる。

行動圏

無線機付き首輪を用いた調査が行われたことはなく、行動圏については知られていない。カメラトラップの画像にはほとんど常に単独で映っているため、他の小型ネコと同様、基本的には単独で行動し、専用に近い行動圏を長期的に維持している可能性が高いが、こうした空間行動パターンはいずれも未確認。

個体数密度は不明。東南アジアに生息するネコ科の中で、カメラトラップ調査での撮影枚数が突出して最も少なく、2009 年までに撮影された写真は、生息地が重複する他の野生ネコの数百枚から数千枚に対し、わずか 17 枚にすぎない。したがって、個体数密度はきわめて低いと推定されるが、カメラは通常、大型ネコをできるだけ多く撮影できるように設置され、マレーネコにとって最適な環境（水源の土手沿いなど）には合わせていないため、実際の個体数密度がカメラトラップ調査から推定されるより高い可能性はある。

繁殖と成長

野生ではまったく知られていない。飼育下の妊娠期間は 56 日で、メスの飼育個体の 3 件の出産データに基づくと産仔数は 1 ～ 2 頭。

死亡率　不明だが、非常に体が小さいため、おそらくさまざまな捕食者に狙われやすい。

寿命　野生では不明、飼育下では最長 14 年。

保全状況と脅威

わずか 107 件（2009 年時点）の物理的記録と目撃報告によってしか知られていない。希少性とサンプリングの偏りがその理由と思われるが、過去 10 年の大幅な調査活動拡大にもかかわらず、繰り返し記録された場所は、サバ州のデラマコット森林保護区、キナバタンガン野生生物保護区など一握りにとどまっている。生息地が急速に消失するなか、マレーヤマネコは分布が限定的で湿地林と密接な関わりを持つだけに、懸念は深刻だ。2009 年時点で、最適な生息地の 54 ～ 68％が人間により転用されていた（農作や林業のための森林湿地の伐採や水抜きなど）と推定される。魚類の乱獲や農鉱業による淡水汚染は生息地消失による個体数減少にさらに拍車をかけ、狩猟は局所的に強い影響を及ぼしている可能性が高い。マレーヤマネコの毛皮はサラワクのロングハウス（長屋式の高床住居）の室内にしばしば飾られている。時には生体（主に子ども）がペットとして売買されることもあるようだ。現在多くの専門家は、マレーネコを東南アジアの小型ネコの中で最も絶滅の危険が高い種と考えている。

ワシントン条約（CITES）附属書 I 記載。IUCN レッドリスト：絶滅危惧種（EN）。個体数の傾向：減少。

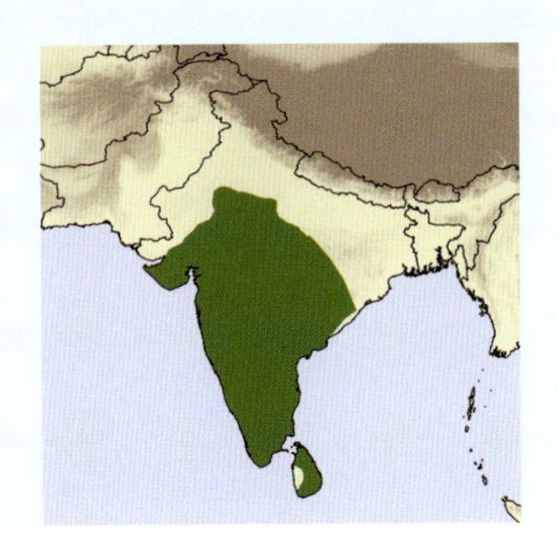

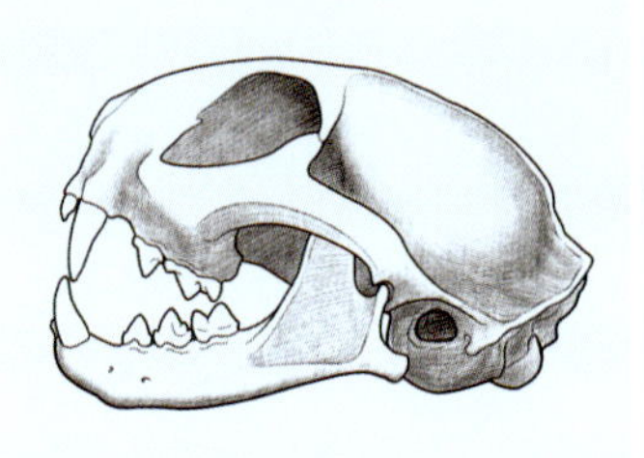

7.3−7.9cm

IUCNレッドリスト(2018):
近危急種(NT)

頭胴長 メス35−48cm
尾長 15−29.8cm
体重 メス1.0−1.1kg、オス1.5−1.6kg

サビイロネコ

学名 *Prionailurus rubiginosus*
(I.Geoffroy Saint-Hilaire, 1831)

英名 Rusty-spotted Cat

分類

ベンガルヤマネコ系統に位置する。系統内で早期に派生したと考えられており、そのため同じベンガルヤマネコ系統の他の3種(ベンガルヤマネコ、マレーヤマネコ、スナドリネコ)との関係は、3種相互の関係ほど近くない可能性がある。

スリランカの低地と高地の個体群を代表する2亜種と、インドの1亜種の、計3亜種が知られるが、いずれもまだ分子解析では確認されていない。

ルフナ国立公園(スリランカ)での1件の観察研究では、野生のサビイロネコが時々イエネコと交尾するとされているが、交雑個体が生まれているかは不明。

形態

ネコ科で最も小さい種の1つで、一見小型のイエネコに似ている。クロアシネコと体重は同じくらいだが、体のバランスはやや異なる。体毛はなめらかで短く、錆(さび)褐色から灰褐色。錆赤色から濃褐色の斑点が並び、首や肩、体側上部では連なって縞になっている場合がある。腹部は白または薄いクリーム色。尾はチューブ状でやや太く、かすかに縞が入り、先端は黒っぽい。

類似種 近縁種のベンガルヤマネコとインドの生息地の一部が重なるが、ベンガルヤマネコより小さく、斑紋もそれほど目立たない。非常に小型のイエネコと間違われやすい。

分布と生息環境

インドとスリランカの固有種。インド北部のネパールとの国境に位置するピリビット森林保護区とカタルニアンガート野生生物保護区で最近確認され、ネパールのバーディア国立公園では生息が強く推測される。

長い間森林にのみ生息すると考えられてきたが、広い環境に適応し、あらゆる種類の湿地林、乾燥林、竹林、樹木のある草原、乾燥低木地、低木地、植生のある岩地にすむことがわかってきた。常緑林にはほとんど生息していないようだが、スリランカの標高2100mまでの山地湿地林には暮らしている。隠れ場さえあれば、齧歯類や両生類の豊富な人為的に改変された環境（農地、茶プランテーション、林業プランテーションなど）にも耐えられ、カエル類が多数生息する

下：朝の太陽の下でひなたぼっこするのに選んだ見晴らしの良い高所は、獲物を探すのにも最適（インドのランザンボア国立公園）。

季節的に浸水するトウモロコシ畑や水田などで狩りもする。人間のすぐ近くの村の廃屋にすむことさえある。

右：このサビイロネコの顔にはコントラストの強い縞があり、斑紋の薄い体と比べるとよく目立つ（飼育個体の写真）。

食性と狩り

きわめて獰猛（どうもう）で非常に大きな獲物を襲うとされているが、これは人工的な環境に暮らす飼い慣らされた個体の観察を根拠としているようだ。たとえば、ペットとして飼われていた生後8カ月のサビイロネコが、体の大きさが自分の数倍もあるおとなしいガゼルの子どもの喉に噛み付いて窒息させ、人間が止めに入らなければ殺すところだったという報告例がある。しかし、野生でこうした攻撃をしかける可能性はきわめて低い。

食物として知られているのはインドスナネズミ、インドメクラネズミ、さまざまなハツカネズミ（特にインドハツカネズミ）などの小型齧歯類、小型鳥類、孵化（ふか）したての幼鳥、爬虫類、カエル類、無脊椎動物。放し飼いの家禽（ニワトリなど）を襲うことはあるが、鶏小屋に入ることは、あるとしてもまれだ。

狩りの目撃談から主に夜に地上で狩りをするとみられるが、木登りが得意なため、樹上でも狩りをしている可能性がある。狩りのテクニックとしては待ち伏せを多用し、木の枝、岩場などの高い場所に陣取って、地上の小さな獲物の音に耳を澄ます。低い枝から地上の獲物に襲いかかって狩りをした例が1件報告されている。トガリネズミを50m追跡して殺したという報告もある。狩りの様子を直接観察した数少ない記録によれば、小さめの獲物（インドスナネズミなど）は首に噛み付いて殺し、大きめの獲物（インドメクラネズミなど）は喉に噛み付き窒息させて殺す。

上：非常に敏捷で活動的なハンターで、反射神経を生かし、藪から飛び立った鳥を空中で捕まえる。

行動圏

徹底的な調査や無線機付き首輪を用いた調査は行われたことがないが、入手可能な情報によると、小型ネコ科特有の社会・空間行動パターンに従っているようだ。カメラトラップでは同じ個体が限られたエリアで複数回撮影されていることから、固定的な行動圏を維持していると考えられる。スリランカのオスは、典型的な縄張りパトロール行動として、低い枝や茂みに尿をスプレーしたり、植物に頬や胸を擦り付けたりしていた。行動圏の規模や個体数密度に関する情報はない。

繁殖と寿命

野生では不明、飼育下では季節繁殖する。野生で2組（インドとスリランカ）の同腹の子どもたちが見つかったのは、いずれも2月だった。妊娠期間は通常67～71日で、66日から79日まで幅がある。産仔数は1～3頭。

死亡率　不明だが、体が小さいため、自分より体の大きいさまざまな肉食動物（イヌ、フクロウ、ニシキヘビなど）に捕食されやすい。母親に連れられた2頭の子どものうち、1頭がインドコブラに殺されたところを観察されている（スリランカ）。サビイロネコは、身の危険を感じると木の上に逃げ込むことで知られる。

寿命　野生では不明、飼育下では最長12年。

左：インドコブラに子ネコを1頭殺され、残ったもう1頭を口にくわえて連れ戻すメス（スリランカ）。

保全状況と脅威

サビイロネコは希少と見なされている。過去10年の調査はこれまで考えられていたより分布が広範囲であることを示しているが、新しいデータから見ても、ありふれたヤマネコと言える地域はなさそうだ。人間とのかかわりが深い場所でかなり頻繁に見られ、体が小さく齧歯類の個体数抑制にも役立つだけに、人間が容認しさえすれば、人為的な環境で個体数を増やしていけるだろう。生息地の大部分で殺虫剤と殺鼠剤がかなり広く使用されていることは深刻な懸念要因だが、その影響は不明。しばしば交通事故で死亡し、飼いイヌや飼いネコに殺されることもある。スリランカでは、ヒョウを恐れる農村民に子どものヒョウと間違えられて殺されたことがある。家禽の脅威と見なされ、偶発的にせよ意図的にせよ殺されることがあるが、実際に家禽を殺すことはめったにない。インド西部と中部の農村民は、サビイロネコは家禽を捕食しないと考えている。

ワシントン条約（CITES）附属書Ⅰ（インド）、Ⅱ（スリランカ）記載。IUCNレッドリスト：近危急種（NT）。個体数の傾向：減少。

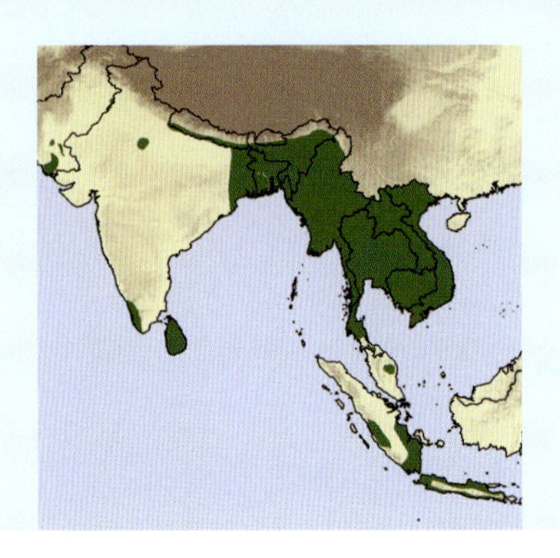

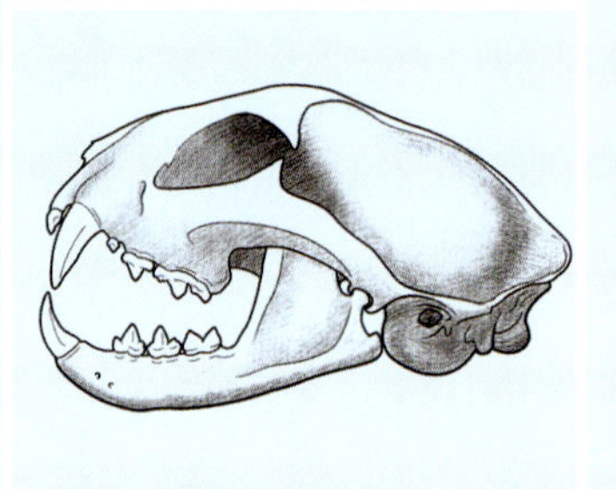

12.3−15.1cm

IUCNレッドリスト(2018):
危急種(VU)

頭胴長　メス57−74.3cm、オス66−115cm
尾長　24−40cm
体重　メス5.1−6.8kg、オス8.5−16.0kg

スナドリネコ

学名 *Prionailurus viverrinus* (Bennett、1833)

英名 Fishing Cat

分類

ベンガルヤマネコ系統に位置し、ベンガルヤマネコが最も近縁で、マレーヤマネコとも近い。ジャワ島の1亜種とその他の生息地（アジア本土とスリランカ）の1亜種の計2亜種が認められているが、この分類は確たる根拠のない古い記載に基づくもので、ジャワ島の個体群とアジア本土の個体群との間に形態学的な相違はない。最近の数少ない遺伝子データによると、クラ地峡の両側に暮らす個体群にわずかな差異はあるものの、サンプルが不十分なため明確な区別は難しい。

形態

ベンガルヤマネコ系統の中では群を抜いて大型で、筋骨たくましい体躯、すんぐりした足、短めの筋肉質の尾が特徴。がっちりした頭についた丸い小さな耳は、背面が黒く、中央に白い斑点が１つある。足には部分的に水かきがあり、大きな爪は引っ込めていても一部がさやの外に出ている。体毛は通常オリーブがかった灰色だが、濃い青灰色かあずき色を帯びていることもあり、腹部にかけて色が薄くなる。体には濃褐色か黒色の斑点があり、首から肩、背中にかけては、しばしばつながって細長い斑点か縞模様になる。バングラデシュ北東部のハイルハオール湿地帯では、アルビニズムの個体が見つかっている。

類似種　おそらく唯一混同されやすいのは近縁種であるベンガルヤマネコの濃色型の個体だが、スナドリネコよりはるかに小さくほっそりしている。生後間もない時期には両種の見分けがつきにくいことがある。

分布と生息環境

アジア南部・南東部全域の比較的広い範囲に細切れに分布する。主な生息地はネパール南部からインド北部にまたがる「テライ」と呼ばれる低地平原地帯、インド北東部・東部、バングラデシュ北東部、スリランカ島（広く分布しているもよう）。かつての生息地の多く、たとえばインダス谷やパキスタン、インド西部、そしておそらくインド北西部（かつて分布の中心だったラジャスタン州ケオラデオガナ国立公園での生息は現在不確実）では、最近絶滅したと考えられている。アジア南東部では、分布はきわめて断片的かつ縮小傾向にあり、個体群が確認されているのはタイとインドネシアのジャワ島のそれぞれ２～３カ所のみ。カンボジア、ラオス、ミャンマー、ベトナムでは最近の記録がほとんどなく、マレー半島、スマトラ島、台湾、および中国南西部での報告は誤りか信頼性が低い。

スナドリネコは沼地、葦原（あしはら）、テライの密生した草原

下：狩りをする野生のスナドリネコの観察例はまれで、狩り行動は生息環境を再現した場所で暮らす飼育個体の観察から推定される（飼育個体の写真、シンガポール動物園）。

右：前足の結束が緩く可動域の広い骨、指の一部についた水かき、さやから出た爪は、いずれもすべりやすい水中の獲物を捕らえやすくするための適応。

(ネパール)、河辺林、沿岸湿地、マングローブなどの湿地との結びつきが強い。水の豊富な地域(沼地、三日月湖、流れのゆるやかな川など)のそばの常緑林や乾燥林にも生息。養殖場や水田、大都市(インドのコルカタ、スリランカのコロンボなど)近辺の用水路沿いのような人為的環境で見られることもあるが、これらの地域で進められている急激な湿地の転換には耐えられない。スナドリネコの生息地の海抜は通常0～1000mだが、インドのヒマラヤ山麓では標高1525m地点の記録がある。

食性と狩り

スナドリネコの主な食物は水中生物で、魚類、甲殻類、軟体動物、両生類、湿地を好む爬虫類(ヒガシベンガルオオトカゲ、ヘビ)、半水生および湿地に暮らす齧歯類などが中心。ケオラデオガナ国立公園で採集された糞の70%から小型齧歯類が見つかった。前足はすべりやすい獲物の捕獲に適応しているが、それ以外に特定の獲物への適応はほとんど見られない。歯は頑丈で、多様な生物を捕食するネコの特徴を備えている。獲物として時には野ウサギ、コジャコウネコ、アキシスジカなども記録され、鳥類、特にカモやオオバン、渉禽類(しょうきんるい)も捕食する(水中で襲う場合もあるとみられる)。昆虫も糞に含まれていることが少なくないが、エネルギー所要量を満たすのにはあまり貢献していないようだ。家禽を襲うこともある。若い山羊や幼い子牛の捕食者と見なされることが多く、実際に小型の家畜を殺すだけの力もあるが、確かな証拠のある報告はほとんどない。人間の子どもを殺したという報告も根拠を欠くもので、可能性はきわめて低い。

右：タイ東岸のカオサムローイヨット国立公園の砂浜をパトロールする大人のオス。スナドリネコは淡水と海水の湿地に広い行動圏を持つ。

スナドリネコは泳ぎが抜群にうまく、狩りは水際で待ち伏せして獲物を襲うスタイルが中心。獲物を求めて水に入るのも平気で、浅瀬で精力的に狩りをしたり、完全に水に浸かって泳ぎながら魚を追いかけたりする。狩りは夜に行うと考えられているが、その根拠となっているカメラトラップの記録とテレメトリーのデータは、数が非常に少ないだけでなく、人間の活動が盛んでネコが日中の行動を避けがちな地域に偏っている。死んだ家畜を食べ(これが家畜キラーとしての風評をあおっているのだろう)、トラなどの大型肉食動物の死骸をあさることも知られている。

行動圏

ほとんどわかっていない。無線機付き首輪が用いられたのは、ネパールでの小規模な調査と、タイのカオサームローイヨート海洋国立公園で進行中の比較的大規模な調査のみ。後者では17頭に首輪が装着され(2014年10月現在)、より総合的なデータが得られる見込みだが、情報はまだ公表されていない。限られた情報によると、単独行動中心で、小型ネコ特有の社会・空間行動パターンに従っており、メスの狭い行動圏はオスの広い行動圏と重複する。テライの草原で行われた小規模なモニタリング調査では、行動圏の面積は2頭のメスが4～6km²、1頭のオス（ネパールのチトワン国立公園）が22km²。個体数密度の正確な推定データはない。

繁殖と成長

野生ではほとんど知られていない。飼育下では、妊娠期間は63～70日、産仔数は通常1～3頭（まれに4頭）。飼育下の13件の出産の平均産仔数は2.6頭だった。季節繁殖とされることが多いが、それを裏付ける証拠はほとんどない。野生でのごく少数の観察例でも1月から6月にかけて子どもの存在が記録されており、繁殖の季節性が弱いか、さもなければサンプル抽出に限界があったと考えられる。ある飼育下のメスは生後15カ月で性成熟した。

死亡率　自然死亡率の記録はない。生息環境から見て、主な捕食者は大型クロコダイルとパイソンだろう。モニタリング調査が行われた地域では、人間とイヌが死亡を招いた主因となっている。

寿命　野生では不明、飼育下では最長12年。

上：**この母子のように、頭をこすりつける動作はネコ科のすべての種が社会的な絆を深めるために用いる愛情に満ちた挨拶（飼育個体の写真）。**

保全状況と脅威

最近まで広範囲に分布する比較的ありふれたヤマネコと考えられていたが、熱帯アジア全域で湿地、氾濫原、マングローブの居住地と農地への転換があまりにも急激に進められた結果、ほとんどの生息地で個体数が激減。なかでも比較的最近マングローブと沿岸の生息地に魚とエビの養殖場が建設されたことで、脅威が広がっている。現存する生息に適した環境は、魚類の乱獲と汚染によりさらに脅かされ、人間による虐待がそれに拍車をかけている。虐待死は、家禽と家畜の捕食者と見なされたり、漁師に網から魚を盗むと疑われたり、他の動物のためにしかけた罠にかかったりするケースが主だが、まれに一部の地域で食肉目的で殺されることもある。生息する湿地は、高い人口密度のあおりを受けて、ほとんどが直接または間接の人為的脅威にさらされている。保全の見通しが最も明るいのは、ヒマラヤ南部の低地（主に保護区に生息）とスリランカ、そしておそらくサンダーバンズ（バングラデシュとインドの西ベンガル州にまたがるマングローブ群生地帯）とタイのごく少数の沿岸地域だろう。東南アジアの大半の生息地では絶滅の危機に瀕しているか既に絶滅した可能性が高く、見通しは厳しい。ジャワ島の孤立した個体群は深刻な危機にさらされているようである。

ワシントン条約（CITES）附属書II記載。IUCNレッドリスト：絶滅危惧・危急種（VU）個体数の傾向：減少。

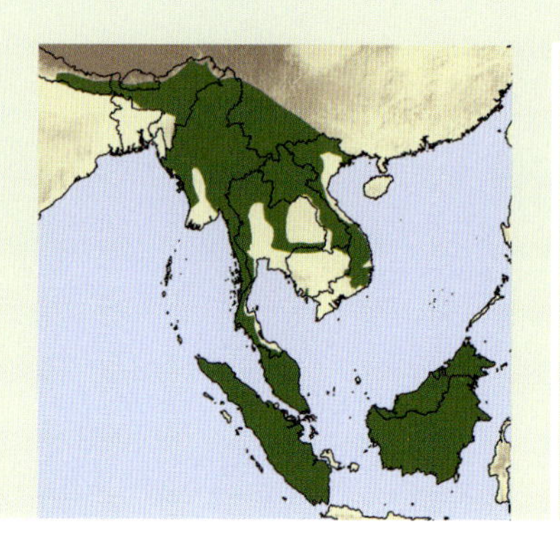

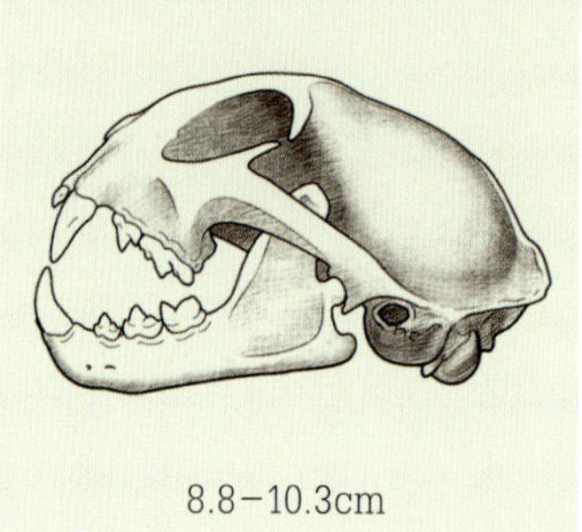

IUCNレッドリスト(2018)：
近危急種（NT）

頭胴長 45−62cm
尾長 35.6−53.5cm
体重 2.5−5kg

マーブルドキャット

学名 *Pardofelis marmorata* (Martin, 1837)

英名 Marbled Cat

分類

かつては表面的な形態上の類似性（斑紋の目立つ体毛、長い尾、大きな足と歯など）からウンピョウの近縁種と見なされていたが、遺伝子分析によりベイキャット系統に位置することが確実になった。同系統のベイキャットやアジアゴールデンキャットとの関係は、両種相互の関係より遠く、マーブルドキャットは単独で1つの属を形成する。アジア本土の個体群と、スマトラ島・ボルネオ島の個体群は、実際には互いに近縁の2つの独立した種であるという証拠が増えてきている（本土のウンピョウとスンダウンピョウの例と同様）。

形態

大型で胴長のイエネコくらいの大きさだが、密生した柔らかい毛に覆われているため大きく見える。ふさふさした尾は頭胴長を超えることもあるほど長く、野外の観察では非常に特徴的。歩くときやくつろぐときには、独特のややアーチ形の姿勢をとり、尾は体と一直線に水平に伸ばす。頭は小さめで丸く、顔は幅広で短い。丸い耳の背面には中央に白い斑が1つある。樹上で長い時間を過ごすせいか、足先は大きくて幅が広い。体毛の地色は灰色がかった淡黄褐色から黄褐色、赤褐色まで幅があり、よく目立つ斑紋は、黒っぽい縁取りのある大きなまだらが脚のあたりで細かい斑点に変わる。尾には黒っぽい無地の大きなまだらが並び、先端近くで輪状の縞となる場合もある。まれにメラニズムの個体が見られ、スマトラ島のブキ・バリサン・セラタン国立公園ではカメラトラップで鮮明な写真が1枚撮影されている。

類似種　小型のウンピョウによく似ているが、マーブルドキャットはもっと小さく、頭もそれほどがっしりしていない。斑紋も、ウンピョウのように輪郭の濃い一つ一つがはっきりしたまだらとは異なる。

分布と生息環境

ヒマラヤ山脈の南、ネパール東部からインド北部、ブータン、中国南西部にかけての幅の狭い熱帯域と、インドシナ半島のミャンマー北部からマレー半島、ボルネオ島、スマトラ島までの断片的地域に分布する。バングラデシュ北端部に分布している可能性もあるが、確実な記録はない。

ヒマラヤ山麓の標高0mから3000mまでの未撹乱の常緑林、落葉林、熱帯林を中心に、森林にのみ生息。人為的に撹乱された季節浸水する泥炭林（インドネシアのカリマンタン中部に位置するサバンガウ国立公園の泥炭林など）にも個体数密度は低いが生息し、二次林や伐採林でも暮らせるが、人為的に改変された環境が準最適と言えるのかは不明。アブラヤシのプランテーションのように著しく転換された環境での生息記録はない。

食性と狩り

最も研究が遅れているネコ科の種の1つで、生態はほとんど知られていない。無線機付き首輪で調査されたのはタイのプーキエオ野生生物保護区にすむ大人のメス1頭のみで、追跡期間はわずか1ヵ月だった。形態学的に見て、かなりの時間を樹上で過ごしている可能性が高い。軽々と木に登り、頭を下にしてすばやく下りることができ、鳥を追い回すなどして樹上で狩りをする姿も短時間目撃されているが、捕食は観察されていない。カメラトラップ調査では地上を動き回ることも実証されており、地上と樹上の両方で狩りをしているようだ。

下：タワウヒルズ国立公園の低地雨林（マレーシア領ボルネオ島サバ州）で撮影された野生のマーブルドキャット。

食物の大半は、齧歯類、鳥類、爬虫類、両生類など、樹上と地上の脊椎動物が占めているとみられ、飼育下ではリス、大型ネズミ、鳥、カエルを好んで食べる。大きな歯（特に犬歯）は大型の獲物を襲う力があることをうかがわせ、タイでは少なくとも自分と同じくらいの体重の若いファイヤールトンを殺そうとしていた例がある。死肉食性の有無は不明だが、飼育下の個体は死肉を受け付けなかった。

カメラトラップ調査では多くの写真が日中に撮影されているものの、サンプル数は少なく、無線機付き首輪を装着したメスは夜間に活動していた。このため、活動パターンは大型ネコや人間の存在によって変化すると考えられる。

右：**木登りの名手で、樹上で狩りをしていることはほぼ確実。木の梢で鳥とおそらくは霊長類も捕食しているようだ。**

行動圏

ほとんど知られていない。大人のペアが時折目撃されるため、オスとメスが長期的な関係を築くとの見方もあるが、カメラトラップの写真に写っている大半が単独の大人で、ネコ科特有の単独行動中心の空間行動パターンに従っていると推測される。タイで無線機付き首輪により追跡されたメスが1カ月の調査期間に利用していた行動圏の面積は5.3km²。

個体数密度の推定データは存在しないが、カメラトラップ調査ではまれにしか撮影されず、アジアの野生生物市場でもほとんど見かけないことから、個体数密度はそもそも低いのだろう。ボルネオ島では本土より個体数密度が高い可能性がある。

繁殖と成長

ほとんど知られておらず、飼育下の限られた情報しかない。妊娠期間は66～82日で、飼育下での2件の出産例の平均産仔数は2頭。飼育下の生後メスは21～22カ月で性成熟する。

死亡率　不明。捕食者として考えられるのは大型ネコとイヌだが、記録は確認されていない。

寿命　飼育下で最長12年。

保全状況と脅威

本来的に希少とみられること、森林に依存していることから、分布地域全域で広がっている生息地消失に対して特に脆弱と思われる。東南アジアでは、森林の伐採や居住地と農地（特にアブラヤシのプランテーションなど）への転換により、世界で最も急速に森林破壊が進行している。野生生物市場での取引はまれだが、毛皮や体の一部を狙った乱獲は、生息地消失とあいまって深刻な脅威になっている可能性がある。そのほかに、家禽の捕食者と目されて殺されることもある。

ワシントン条約（CITES）附属書I記載。IUCN レッドリスト：近危急種（NT）。個体数の傾向：減少。

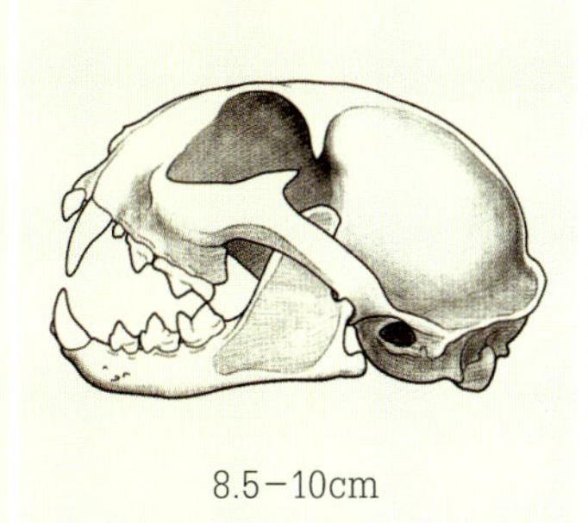

8.5−10cm

IUCNレッドリスト(2018):
絶滅危惧種(EN)

頭胴長 53.3−67cm
尾長 32.0−39.1cm
体重 2kg(衰弱したメス)

ベイキャット

学名 *Catopuma badia* (Gray, 1874)

英名 Bay Cat

別名 Bornean Bay Cat

分類

ベイキャットはアジアゴールデンキャットの近縁種。かつてはアジアゴールデンキャットのボルネオ島の小型亜種と見なされていたが、遺伝子分析により別の種であることが確認され、この2種でアジアゴールデンキャット属を形成する。両種は、ボルネオ島が大陸から切り離されるよりはるか昔の490万〜530万年前に共通の祖先から分岐した。近縁種のマーブルドキャットとともにベイキャット系統を形成する。

形態

大型で胴長のイエネコと同じくらいの大きさで、尾が長い。小形でほっそりしたアジアゴールデンキャッ

右：ベイキャットと近縁のアジアゴールデンキャットはともに尾の下面の毛が真っ白で、体色とのコントラストが鮮やか。幼い子どもが薄暗い森で母親の後をついて歩く際に旗のような役割を果たしている可能性がある。

トに似ており、体格に合った小さめの丸い頭は、やや低い位置に丸っこい耳がついている。錆(さび)赤色から赤褐色の色鮮やかな型と、体色が薄くなる腹部との境目あたりに赤っぽい下毛が混じる灰色型の2つがある。両者の間には相互移行が見られ、博物館の少数の標本では赤色型が圧倒的多数を占めるのに対し、カメラトラップで撮影した写真では赤色型と灰色型は半々。体の斑紋は、額と頬の縞と、体の上半分と下半分の境目に沿ったかすかな斑点のみ。耳の背面は黒色で、白い斑点はない。尾は下面が真っ白で、上面の先端が黒く、野外の観察でよく目立つ。

類似種　生息地の重なるネコ科のどの種とも似ていない。似ているアジアゴールデンキャットは、ボルネオ島には分布しない。

分布と生息環境

ベイキャットはボルネオ固有種。これまで低地の密生林や標高800m以下の河辺林と密接な関係があるとされてきたが、過去10年のカメラトラップ調査により、許容可能な生息環境はそれよりもかなり広い可能性があることがわかった。マレーシア領ボルネオ島の

下：野生ネコの中で最も希少で撮影されることが少ない種の1つ。タワウヒルズ国立公園の低地雨林で撮影された大人のオス（マレーシア領ボルネオ島サバ州）。

標高 1451 ～ 1459 m のクラビット高原でカメラトラップにより 2 枚の写真が撮影された（2010 年）ことから、高地の林に一般に知られているよりも広く分布しているとみられるが、調査が行われた地域はほんの一部にすぎない。極端な低地の湿地地帯には生息していないもようで、サバ州キナバタンガン川下流域とカリマンタン州サバンガウの泥炭湿地林で実施された集中的な調査では見つからなかった。カメラトラップ調査によると、人為的な林でも少なくともある程度は生き延びられる可能性が高く、伐採されたばかりの二次林と人為的に攪乱（かくらん）された林業プランテーションがモザイク状に混在する環境で撮影記録がある。ただ、アブラヤシのプランテーションでの調査では見つかっていないため、生き延びるには比較的密生した森林が必要なようだ。

上：主に地上で狩りをし、ヤマウズラ、キジなど陸上採食する鳥類が重要な獲物とみられる。

食性と狩り

最も研究が遅れているネコ科の種の 1 つで、生態はほとんど知られていない。食物は小型脊椎動物が大半を占めているもよう。2003 年に 2 頭のベイキャットが動物商のキジ飼育園で罠にかかったことから、家禽を捕食している可能性はあるが、被害の訴えはほとんどない。

カメラトラップ調査では昼夜を問わず撮影されているものの、傾向としては日中が多く、おそらくスンダウンピョウを避けると同時に、獲物（重要な獲物の 1 つとみられる昼行性の陸生鳥類など）の活動時間に合わせていると考えられる。狩りは主に地上で行うようだ。

行動圏

不明。カメラトラップの写真に写っているのがほとんど単独の大人であることから、ネコ科特有の社会・単独行動中心の空間行動パターンに従っていると推測される。

カメラトラップ調査でまれにしか撮影されないため個体数密度は低いとみられる。たとえばサバ州東部の 4 地点では、4 年間のベイキャットの撮影回数が 25 回だったのに対し、スンダウンピョウは 1000 回を超えていた。行動圏の規模や個体数密度に関する情報はない。

繁殖と成長

繁殖に関する情報はない。本書の執筆時点でベイキャットの飼育例はなく、飼育下でも繁殖例はない。

死亡率　捕食者として考えられるのはスンダウンピョウと、おそらく大型爬虫類（アミメニシキヘビ、イリエワニなど）、イヌだが、記録は知られておらず、捕食例は少ないようだ。

寿命　不明。

保全状況と脅威

希少とみられること、森林に依存していることから、保全見通しに懸念がある。森林のアブラヤシのプランテーションなどへの転換は深刻な脅威と見なされている。ベイキャットの希少性と価値は動物商の知るところで、それが違法な罠猟による圧力を高めている。

ワシントン条約（CITES）附属書Ⅱ記載。IUCN レッドリスト：絶滅危惧種（EN）。個体数の傾向：減少。

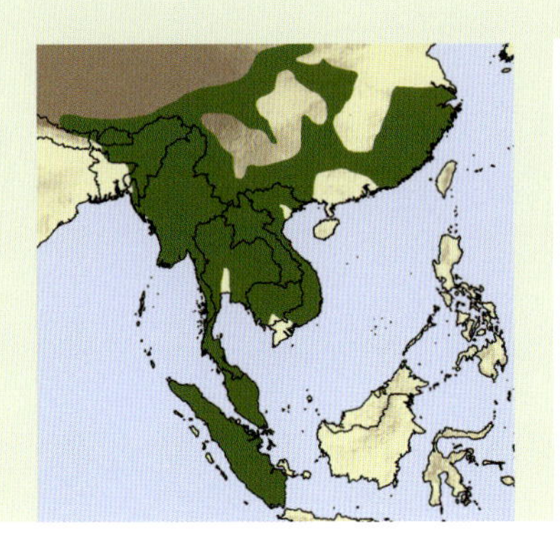

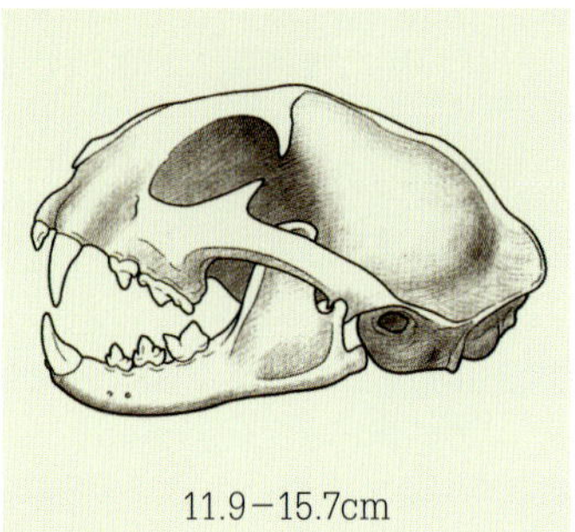

11.9－15.7cm

IUCNレッドリスト(2018):
近危急種(NT)

頭胴長 メス66－94cm、オス75－105cm
尾長 42.5－58cm
体重 メス8.5kg、オス12－15.8kg

アジアゴールデンキャット

学名 *Catopuma temminckii*
(Vigors & Horsfield, 1827)
英名 Asiatic Golden Cat
別名 Temminck's Golden Cat

オセロット型
(*tristis* 型)

分類と系統

近縁種のベイキャットとともにアジアゴールデンキャット属に分類される。かつてはベイキャットと同じ種と考えられていたが、遺伝子分析により、約490万～530万年前に共通の祖先から分岐した別の種であることが実証された。マーブルドキャットを加えた3種でベイキャット系統を形成する。以前近縁とされていたアフリカゴールデンキャットは近縁ではない(「形態」の項参照)。

主に体毛の差異に基づいて3亜種に分類されているが、精密な遺伝子分析により否定される可能性が高い。

形態

がっちりした体格の中型ネコで、尾はやや長くほっそりしている。体毛は一般に金褐色から鮮やかな錆(さび)褐色だが、淡黄褐色から濃いコーヒーブラウン、濃い青灰色まで幅がある。単一色の個体は、顔のはっきりした縞と胸、腹、足の内側の斑点以外、ほぼ斑紋がないが、一部の個体は薄い地色に不明瞭なまだらがあり、うっすらとした大理石か流水のような模様を呈している。ブータン、中国、ミャンマーでは、淡灰色の地に濃色で縁取られた大きな赤褐色の斑点が入る「オセロット」型(独立した亜種に分類されていたときの亜種

名にちなんで *tristis* 型とも呼ばれる）が報告されている。完全なメラニズムの個体も存在。黒い個体以外は、尾の下面が真っ白で、上面の先端が黒っぽい。

類似種　ベイキャットは小型のアジアゴールデンキャットによく似ているが、両種の生息地は重なっていない。オセロット型と外見が近いマーブルドキャットは、体が比較的小さく、チューブ状の非常に長い尾に特徴がある。アフリカゴールデンキャットは見た目が非常に似ているが、近縁種ではなく、生息地も重複していない。

分布と生息環境

ヒマラヤ南斜面に沿ったネパール東端からブータン南部・インド北東部までと、中国南部・南東部分布全域、バングラデシュ南東部、東南アジアの大部分およびスマトラ島に分布。ボルネオ島には分布していない。

主な生息環境は低地と高地の雨林、乾燥した落葉林、常緑林、山地林などの森林。密生した低木地、

左：全身黒の個体だけでなく、濃い青灰色や濃いコーヒーブラウン（「冷褐色」型と呼ばれることがある）の個体もある（飼育個体の写真）。

下：単色型とオセロット型の中間の、不明瞭なまだらのある大理石（または流水）模様のゴールデンキャット。この個体がカメラトラップで撮影されたマレーシアのエンダウロンピン国立公園とその周辺では比較的よく見かける。

上：このメスのように、転がる動作はたいてい交尾に関係している。メスは転がることで交尾の用意ができていることをオスに知らせる。交尾後にも派手に転がる理由は定かではないが、よく言われるように受精を促すためではなさそうだ。

低木地と草原がモザイク状に混在する地域、および高地の笹林と草原または低木シャクナゲ林と草原がモザイク状に混在する高地などの比較的開けた場所でも生息が記録されている。二次林や人為的に攪乱された森林にすむこともあり、時には集落近くの開けた農作地、小規模な断片的林分、アブラヤシやコーヒーのプランテーションなどで目撃されたり殺されたりもする。しかし、そうした記録はごくわずかで、大幅に改変された環境に永続的に暮らすことはない。生息地の標高は通常0～3000mだが、ブータンのヒマラヤ斜面（3738m）とインドのシッキム州（3960m）でも生息記録がある。

食性と狩り

アジアの多くの小型ネコと同様、総合的調査の対象になったことがなく、食性についてはほとんど知られていない。獲物として確認されているのは小型から中型のさまざまな脊椎動物。齧歯類が主な食物とみられ、各種のハツカネズミ、大型ネズミ、リスが獲物として記録されている。これまでに確認されている中で最大の獲物はダスキールトン（約6.5kg、マレーシアのタマンネガラ国立公園）。同じ調査では、マメジカ、アジアフサオヤマアラシ、鳥類、ヘビ、トカゲを捕食したという。

アジアゴールデンキャットの体つきはたくましく、ホエジカなどの中型有蹄類や、幼いウシやスイギュウくら

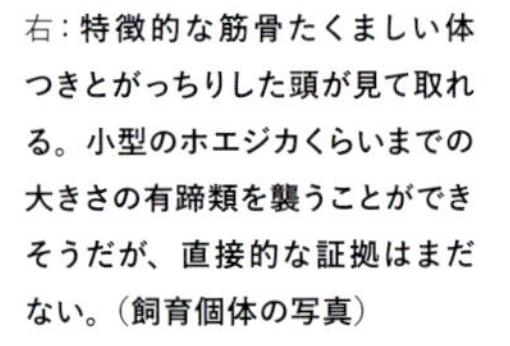

右：特徴的な筋骨たくましい体つきとがっちりした頭が見て取れる。小型のホエジカくらいまでの大きさの有蹄類を襲うことができそうだが、直接的な証拠はまだない。（飼育個体の写真）

いまでの大きさの家畜を殺せると言われているが、家畜殺しについての真偽のほどは疑わしい。確認されている家畜殺しの記録は、家畜の死骸のそばにいたアジアゴールデンキャットを撃った人々の話に基づいているが、実際には死骸をあさっていたと思われる。家禽は時々襲うことがある。

活動は周日行性のようで、カメラトラップの写真と無線機付き首輪を装着した2頭の記録によると、インドネシア、マレーシア、ミャンマー、タイのさまざまな環境で、夜よりも日中や夜明けと夕暮れにやや活発に活動していた。狩りは主に地上で行うと考えられているが、木登りが得意なことから、樹上でも獲物を捕らえている可能性が高い。

上：**木を引っかく目的は、同種に対して縄張りのしるしを残すことと、爪を研いで手入れすることの2つ。はがれた爪の破片がマーキングされた木に埋まっていることがある。**

行動圏

首輪で追跡調査されたことがあるのはわずか3頭で、このうち2頭の大人のデータ（タイのプーキエオ野生生物保護区）は、ネコ科の典型的な単独行動中心の空間行動パターンに従っていることを示している。オスの行動圏（7.7km²）はメス（32.6km²）より大きく、両者はかなりの部分が重なっており（オスの行動圏の約半分がメスの行動圏の78%と重複）、オスの行動圏は複数のメスの行動圏の全部または一部を含んでいるようだ。同じ2頭の一日の平均的な移動距離はメスが900m～1.3km(乾季)、オスが2.1～3km(雨季)で、最大移動距離はメスが3km、オスが9.3km。

個体数密度の正確な推定データはない。タイの14の保護区では、カメラトラップによる撮影回数が81回とウンピョウ（79回）と肩を並べ、ネコ科の6種の中ではヒョウ、トラ、ベンガルヤマネコに次いで4番目に多かった。

繁殖と成長

野生では知られていない。飼育下では季節繁殖し、妊娠期間は78～81日。産仔数は通常1頭で、まれに2頭、例外的に3頭生まれることもある。飼育下の32件の出産のうち、29件は1頭、3件は2頭。

飼育下では生後18～24カ月で性成熟し、最高齢出産したメスは14.5歳だった。

死亡率　ほぼまったく知られていない。捕食者として考えられるのはトラとヒョウ、そしておそらくウンピョウとドール。人間が死亡の最大の要因のようだ。

寿命　野生では不明、飼育下では最長17年。

保全状況と脅威

生息地全域に広がっている森林減少と密猟の脅威にさらされているが、保全状況と脅威の度合いはほとんどわかっていない。多くのカメラトラップ調査が実施されているにもかかわらず、バングラデシュ、カンボジア、中国、インド、ネパールでの記録は非常に少ない。タイ、ブータン、インドネシア（スマトラ島）、ラオス、マレーシア、ミャンマー、ベトナムには比較的広く分布。主に縄張り内で行動するため、罠や猟犬を使った狩猟の犠牲になりやすく、大型哺乳類が絶滅した地域では、たとえば食肉目的（バングラデシュ南東部のチッタゴン丘陵地帯）などでしばしば狙われる。毛皮は中国とミャンマーで盛んに取引され、狩猟は大きな脅威になっているようだ。家禽を襲うとして殺されることもある。

ワシントン条約（CITES）附属書Ⅰ記載。IUCNレッドリスト：近危急種（NT）。個体数の傾向：減少。

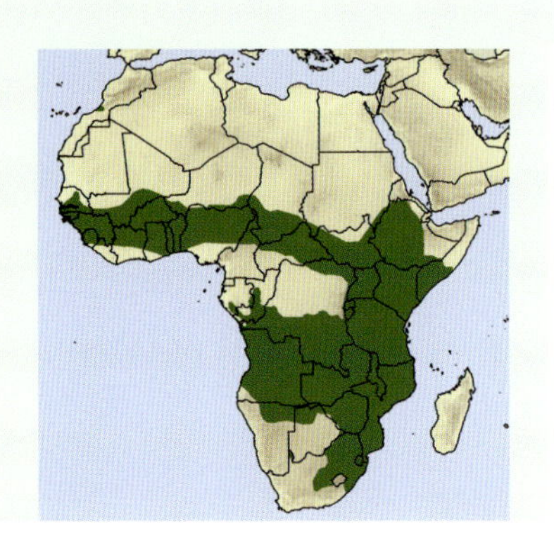

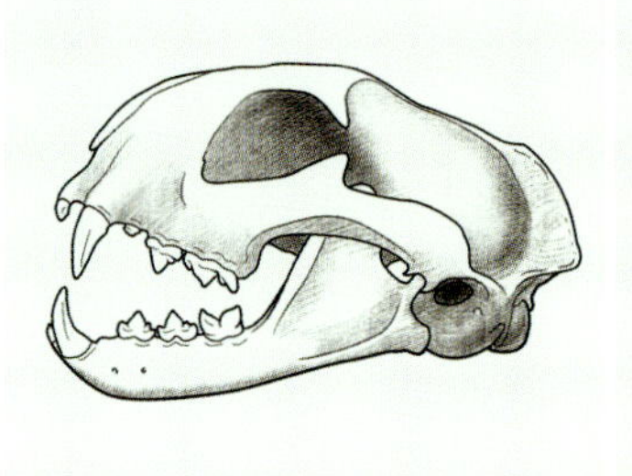

10.5－14cm

IUCNレッドリスト(2018)：
低懸念（LC）（サハラ砂漠以南のアフリカ）
近絶滅種（CR）（アフリカ北部）

頭胴長　メス63－82cm、オス59－92cm
尾長　20－38cm
体重　メス6－12.5kg、オス7.9－18kg

サーバル

学名 Leptailurus serval
(Schreber, 1776)
英名 Serval

分類

独特の形態に基づき、サーバルのみでサーバル属を形成する。分子解析によりアフリカゴールデンキャット、カラカルと近縁であることが示された。この3種で形成するカラカル系統は、約850万年前に明確な系統として分岐した。系統発生の観点からサーバルを*Caracal serval*に分類変更すべきであるとする専門家もいる。

サーバルは現在7亜種に分類されているが、個体差がかなり大きい体色と斑点の相違を主な根拠としているため疑問がある。近絶滅種（CR）に指定されているアフリカ北部の亜種キタアフリカサーバル*L. s. constantinus*は、サハラ砂漠南部の個体群から分離して以来長い時間が経過しており、最も信頼性が高い。

形態

背が高くほっそりした中型ネコで、脚が非常に長く、尾は頭胴長の3分の1前後と短い。頭は小ぶりで、特大のパラボラアンテナのような耳が目立つ。地色は淡黄褐色から金黄色で、腹部にかけて薄くなり、全身を覆うはっきりした黒い斑点は、首から肩と足では細長いまだらとなる。「サーバリン」または「小さな斑点のあるサーバル」として知られる、黄褐色から淡黄褐色の地色にかすかな細かい斑点の入る形態型は、かつては独立した種と見なされていたが、単なる色変種。サーバリンの個体は主にアフリカ西部と中部のサバンナから雨林への移行帯などで知られ、最近ではウガ

下：サーバルの耳は、体の大きさとの比較でネコ科最大。ケニアに暮らすこの大人のメスのように、くつろいでいるときは左右の耳が頭の中央でほぼくっついた状態になる。

右：**サーバルが樹上で観察されることはまれだが、必要に迫られれば木登りもお手の物。密生した茂みがない場所で人間や捕食者に狙われると、樹上に逃げ込む。**

ンダのキバレ国立公園でも１件記録がある（2013年）。メラニズムはエチオピア、ケニア、タンザニアの高湿度の高原の個体群では珍しくないが、時には乾燥サバンナ林（ケニアのツァボ国立公園とアンボセリ地区）や雨林とサバンナがモザイク状に混在する場所（ガボン南東部のバテケ高原、中央アフリカ共和国南東部のシンコ川盆地）でも見られる。バテケ高原やシンコ川盆地のように、同じ個体群に３つの型（斑点、サーバリン、黒色）すべてが発生することもある。

類似種　サーバルは非常に特徴的で、他のネコとは混同されにくい。サーバリンには黄褐色で斑点がないカラカルに似た個体がいる。サーバルの毛皮はチーターと間違われることがある。

下：**サーバルのメラニズムは主に赤道から南北５度以内で見られ、その他の地域ではほとんど記録がないが、その理由は不明。**

分布と生息環境

アフリカ固有種で、アフリカ南部・東部全域に広く

分布するほか、西部にも断片的に分布し、北部には遺存種の個体群が生息する。コンゴ盆地とサハラ砂漠には元来分布しない。

生息環境は、特に川辺、沼地、葦原（あしはら）、氾濫原に近い、あらゆる種類のサバンナ林、草原、乾燥林または湿地林。赤道直下の密生した雨林には生息しないが、森林とサバンナがモザイク状に混在する場所や林に点在する開けた土地では見られる。完全な砂漠や半砂漠には生息しない。乾燥地では水路沿いに暮らし、ごくまれに乾燥地の内部にも定住する。その例として、1990年には南アフリカのカラハリ・トランスフロンティア公園内のカラハリ砂漠で記録がある。モロッコ沿岸（およびおそらくはアルジェリア）の遺存種の個体群は、湿地が点在する乾燥した低木地に生息。アフリカ東部では標高3850mまでの高山・亜高山の荒地、竹林、草原にすむ。齧歯類が高密度で生息することの多い農地には暮らせるが、見通しが良く隠れ場がまったくない単一栽培農地は回避する。コーヒー、バナナサトウキビ、ユーカリ、マツのプランテーションで生息記録がある。

食性と狩り

丈の高い草原での小型哺乳類の狩りに特化。ネコ科の中で相対的に最も長い脚を持ち、同等の体格のカラカルより肩高が10～12cm高い。そのおかげで、超高感度の巨大な耳で隠れている獲物の音を探りながら、まるで竹馬に乗っているかのように丈の高い草の中を静かに効率よく動き回る。

詳細に調査された個体群では、齧歯類とトガリネズミが食物の少なくとも4分の3を占め、南アフリカのクワズルナタル中原の農地ではその割合が93.5%に達している。獲物はヤブカローネズミ *Otomys* spp.、マストミス *Mastomys* spp.、クサマウス *Lemniscomys* spp.、クリークネズミ *Pelomys* spp.、アフリカコビトハツカネズミ、ナイルサバンナネズミなど、体重10～200gの種が最も多く、やや大型の齧歯類として、ジリス、アフリカアシネズミ、トビウサギ、ウサギ類（主にケープノウサギとアカクビノウサギ）も捕食することがある。

オウゴンチョウ、セッカ、クイナ、ヒバリ、コウヨウチョウ、ハタオリドリなど草原にすむ小型鳥類は齧歯類に次いで重要な獲物だ。ザンビアの調査（ルアンベ国立公園）では、バンケンがしばしば食物として挙げられていた。ホロホロチョウ、クロハラチュウノガン、サギ、コウノトリ、フラミンゴなどの大型鳥類も捕食する。

右：**アオハシコウにアクロバット的攻撃をしかけるサーバル。コウノトリなどがユーラシアからアフリカへ渡ってくる季節になると大型鳥類の捕食が増える。**

環境によっては爬虫類と両生類も食べ、湿地ではカエル類が食物のかなりの部分を占める。節足動物、特に昆虫（イナゴ、バッタ、コオロギ）と淡水ガニは好んで食するが、食事摂取量に占める割合は総じてごく小さい。まれに小型肉食動物（シママングース、ケープジェネットなど）、体重7kgまでの若い有蹄類（トムソンガゼル、オリビ、ダイカー）、猛禽類（メンフクロウ、ザンビアで記録がある未確認のハヤブサなど）を襲うこともある。セレンゲティ国立公園では、ヨコスジジャッカルの子どもを親に追い払われる前に殺したところを観察されている。

家畜を襲うことはまれだが、家禽や若い羊と山羊は見張りがいなければ殺すことがある。植物は重要で、草（おそらく嘔吐を誘発するため）と栽培種のバナナやアボカドは時々食物として記録されている。

狩りは主に夜間か明け方と夕暮れに地上で行う。樹上で狩りをすることは少なく、通常は逃げる獲物を追いかける場合に限られるが、まれに巣の中のひなや木の割れ目の爬虫類を探ることもある。寒冷な天候下や幼い子どものいるメスの場合、また人間の迫害を受けない地域では日中の狩りが一般的で、人間の近くではおおむね夜行性となる。

狩りの際にはゆっくりと動き、しばしば立ち止まって耳をそばだてる。ほとんどの獲物は聴覚で居場所を探り当てる。獲物を見つけたら、アーチ形のハイジャンプ（最大で高さ1.5m、幅3.6m）で急襲。前脚をすばやく伸ばして獲物を強打し、なめらかな動きで一気に押さえ込んで、場合によっては気絶させる。飛び立った鳥や昆虫は飛行中に捕らえ、大型の鳥は、全速力でダッシュしてから2mを超えることもある高い垂直ジャンプで飛びつき、引きずり下ろす。齧歯類は巣穴から「釣る」こともある。報告例では、塞いであるメクラネズミの巣の入り口を引っかき、中からネズミを引っ張り出したという。

ほとんどの獲物は頭か首への正確な一噛みで殺す。即座に殺せる小さい獲物に特化しているため、頭骨は華奢（きゃしゃ）で、顎（あご）は比較的細い。パフアダー、モザンビークドクフキコブラのように危険なヘビは、頭をすばやく連打して十分に気絶させ、安全を確保してから頭に噛み付く。大型の鳥は食べる前に羽をむしり、野ウサギのような大きめの哺乳類は皮をはぐこともある。

自然保護区になっているタンザニアのンゴロンゴロ・クレーターのように手厚く保護された最適な環境では、狩りは約50%の確率で成功する。子ネコをつれたあるメスの成功率は62%だった。日中と夜間で成功率に差はないが、獲物の内容は得やすさによって変わる。たとえば、夜の狩りではトガリネズミのような夜行性の種が一般的な獲物だ。平均すると、24時間に15～16回獲物を殺し、1km移動するごとに約1.9～2.5回殺している。ンゴロンゴロ・クレーターでの観察に基づくと、大人のサーバルは年間4000頭の齧歯類と260匹のヘビ、130羽の鳥を捕食する。死肉を食べることはめったにないが、珍しいケースとして、死骸をめ

下：狩りのテクニックは他の齧歯類専門ハンターと共通点が多い。特徴的なアーチ形のハイジャンプはキツネの多くの種が齧歯類に飛びかかる様子に類似し、衝撃を与えた瞬間に鉤爪のついた足で爆発的に強打する攻撃はフクロウにそっくりだ。

ぐってセグロジャッカルや単独行動のブチハイエナに立ち向かうところが観察されているほか、ケニアでは、ライオンが殺したシマウマを、近くでライオンが眠っているすきにこっそり食べている姿を目撃されている。

行動圏

無線機付き首輪を使ったサーバルの調査はほぼ例がなく、空間行動パターンはほとんどわかっていない。これまでのところ、ンゴロンゴロ・クレーターに生息する個体の4年にわたる調査（首輪は装着せず）で得られた情報が最も包括的な情報だ。サーバルは通常、単独で行動し、縄張り意識が強いが、大人のサーバルは同種には比較的寛容なようで、つがいのペアはしばしば移動や狩りを共にする。大人の行動圏は互いにかなり重複するものの、好戦的な対立はほとんどないもよう。大人のオスが若いオスを追いかけて攻撃することはあるが、死亡や重傷の報告はない。ンゴロンゴロ・クレーターの個体の行動圏はメスが1.6～9.5km²、オスが3.7～11.6km²（首輪を装着していなかったため最小推定値）。南アフリカのクワズルナタルで無線機付き首輪を用いて行われた調査では、メス2頭の行動圏が15.8～19.8km²、オス1頭が31.5km²だった。

個体密度は比較的高く、手付かずの湿地がある南アフリカの農地では100km²当たり6～8頭（ドラケンスバーグ中原）。ンゴロンゴロ・クレーターの最適環境では、長期間続く多雨期の個体数密度推定値が100km²当たり41頭にも達しているが、厳密な手法に基づいたデータとは言えない。

繁殖と成長

繁殖には弱い季節性があるようだ。一年中繁殖するが、出産のピークは齧歯類が急増する雨季前後で、アフリカ南部では11月～3月、ンゴロンゴロ・クレーターでは8月～11月に当たる。妊娠期間は65～75日。

下：写真の生後3カ月の子どもは自分でも時々小さい獲物を殺せるが、まだ完全に母親に頼って生きている。

右：生後8週の子どものサーバル。幼いサーバルはあらゆる捕食動物に狙われやすい。母親の狩りについていくにも幼すぎるため、母親は子どもを厚い茂みの近くか、その他の隠れ場に置いていく。

産仔数は通常2～3頭で、例外的に6頭生まれることもある（飼育下で過去に1例のみ）。

飼育下では、メスは生後15～16カ月、オスは生後17～26カ月で性成熟。飼育下のメスは14歳まで出産でき、野生では11歳で出産した記録がある。子どもは生後6～8カ月で独立し、生後12～14カ月まで母親の行動圏にとどまることが多い。

死亡率　捕食者として知られているのはヒョウ、ライオン、ナイルワニ、イヌ。ゴマバラワシがサーバルの子どもを捕食した例もある。マサイマラでは、メスがゴマバラワシから子どもを守ろうとして失敗している。そのほかに大型猛禽類、セグロジャッカル、ブチハイエナ、アフリカニシキヘビが子どものサーバルを捕食している可能性が高いが、確認された例はない。

寿命　野生では最長11年（メス）、飼育下では最長22年。

保全状況と脅威

現在もサハラ砂漠の南部に広く分布し、比較的よく見かける。元の分布地の北部、西部、南端部の大部分では絶滅したか、遺存種が生息するのみとなっている。モロッコとおそらくはアルジェリア北部の沿岸部にごく少数の個体が生き延びているだけのアフリカ北部では、近絶滅種（CR）に指定。チュニジアでは絶滅したが、アフリカ東部の個体を使ってフェイジャ国立公園に再導入された。生息地が拡大している地域も少数ながらあり、たとえば南アフリカ中部では、農地開発と人工水源の造成に伴い徐々に移入・定着しつつある。アフリカ中部の赤道直下に位置する森林帯周縁では、森林伐採とその結果としてのサバンナ拡大の恩恵に浴している可能性もある。

生息地の減少とそれに関連して生じる人間による迫害は最大の脅威だ。アフリカの湿地と草原サバンナは、人間の利用に供するために切迫した状況に置かれている。水抜き（湿地など）、野焼き、過放牧は生息に適した環境と齧歯類の両方を枯渇させる。サーバルは、十分な隠れ場と水があり、かつ農主に存在を容認されれば、農場でも生きていける。しかし、家畜や家禽を襲って大問題を引き起こすことはほとんどないにもかかわらず、無差別の虐待により日常的に殺されている。現地、特にアフリカ北東部、アフリカ西部のサヘルベルト、南アフリカではサーバルの毛皮が盛んに取引され、毛皮や体の一部は呪物や伝統医療の用途でも人気がある。南アフリカのナザレ・バプティスト・チャーチ（シェンベ派）の信者の間では、儀式用のケープとして、高価なヒョウの毛皮の代わりにサーバルの毛皮が広く用いられている。コンゴ共和国やガボン、そしておそらく農村住民が野生動物の肉に依存しているその他のアフリカ中部・西部諸国では、食肉目的でも狩猟される。サーバルのスポーツ・ハンティングは、分布地域のうち10カ国（生息が確認されていないアルジェリアを含む）を除くすべての国で合法的に行われている。

ワシントン条約（CITES）附属書Ⅰ記載。IUCNレッドリスト:軽度懸念（LC）（サハラ砂漠以南のアフリカ）、近絶滅種（CR）（アフリカ北部）。個体数の傾向：安定。

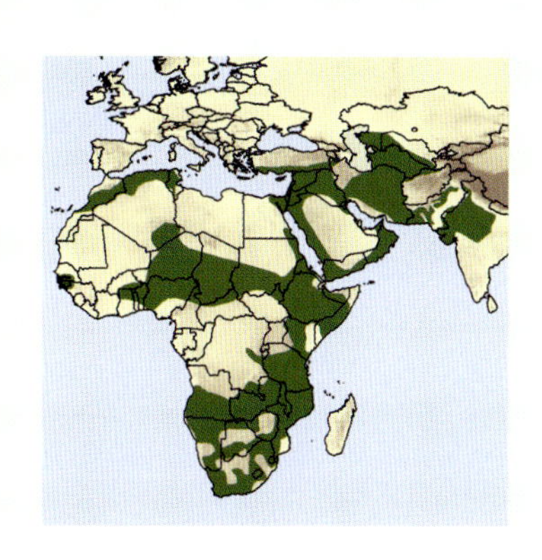

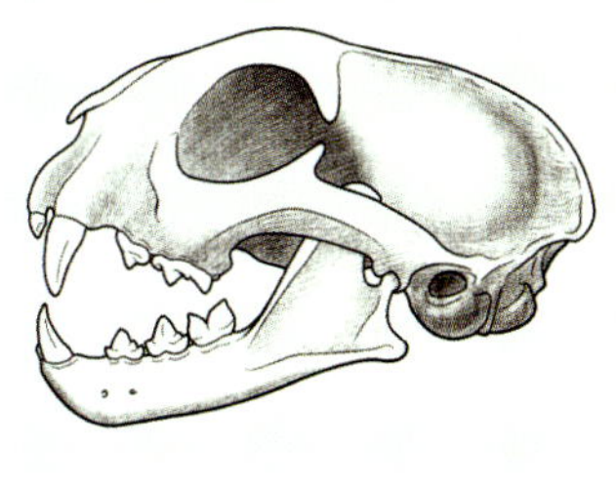

11−15cm

IUCNレッドリスト(2018):
低懸念(LC)

頭胴長 メス61−103cm、オス62.1−108cm
尾長 18−34cm
体重 メス6.2−15.9kg、オス7.2−26.0kg

カラカル

学名 *Caracal caracal* (Schreber, 1776)

英名 Caracal

分類

以前は形態上の類似性からオオヤマネコ属に分類されていたが、表面上似ているだけで近縁関係はなく、「アフリカオオヤマネコ」「砂漠オオヤマネコ」という別名は誤りである。現在は最も近い近縁種であるアフリカゴールデンキャットとともにカラカル属に分類され、サーバルを加えた3種で、約850万年前に分岐したカラカル系統を形成する。

カラカルは主に体色のわずかな差異に基づいて、アフリカの7亜種、中東・アジアの2亜種の、計9亜種に分類されるが、個体差が大きく、妥当性に疑問がある。

形態

強靭な体格の中型ネコで、尾は後足のかかとに届く程度と短め。やや長い筋肉質の後脚によって、特に大人のオスは後半身が高く見える。がっしりした頭についた、よく目立つ大きな耳は、黒い背面に大量の白い斑点があり、非常に長く黒い房毛が生えている。房毛の役割は不明だが、コントラストの強い顔の模様とともに、カラカル同士の視覚によるコミュニケーションを高めていると推測される。体色は薄い砂褐色またはピンクがかった淡黄褐色から鮮やかなレンガ色で、腹部は色が薄い。乾燥した地域の個体は総じて淡色で、右：際立った特徴である耳の房毛の役割は不明。高周波数音を耳の中に送る助けをしているという説があるが、科学的に検証されたことはない。（飼育個体の写真）。

中東ではごく薄い砂色の個体も見られる。斑紋はほとんどなく、一部の個体で腹部にかすかな斑点かまだらがある程度。非常に濃いチョコレート色の個体がまれに発生するが、完全なメラニズムは例外的で、ケニアとウガンダの全身黒の標本3頭が知られている。イスラエルには濃灰色で、しばしば四肢だけ色の異なる形態型が存在する。

類似種　カラカルは非常に特徴的。アフリカのアフリカゴールデンキャットに一見似ているが、分布地域はほとんど重なっていない。アフリカ西部・中部のサバンナではサーバルの無地の「サーバリン」の個体と混同される可能性がある。オオヤマネコに似た外見はアジアの分布地域で混乱を招くかもしれないが、ユーラシアオオヤマネコと分布が重複するのはタジキスタン南西部からイラン北東部、トルコ南東部にかけて細長い帯状に点在する数カ所のみ。

下：短草原で獲物の後をつけるカラカル（ケニア、マサイマラ国立保護区）。

分布と生息環境

完全な砂漠と雨林地域を除くアフリカの大部分、トルコ南部と中東（アラビア半島内陸を除く）、カスピ海東岸からインド中部までのアジア南西部に分布。

幅広い環境に適応し、他の中型ネコよりも比較的開けて乾燥した環境に暮らせる。あらゆる種類の乾燥疎開林、乾燥林、草原、沿岸の低木地、半砂漠、乾燥した丘陵または山岳地帯を好む。エチオピア高原など特定地域の常緑樹林と山地林、特に比較的開けた土地に囲まれた森林に暮らし、アラビア半島やナミブ、サハラなど見通しの良い完全な砂漠地帯は回避するが、非常に乾燥した地域の奥にある岩だらけの場所、残丘、水路には生息する。アフリカ中部・西部の赤道直下の林にはすまず、コンゴ盆地を取り囲む、森林からサバンナへの幅の広いモザイク状の移行帯にもほとんど見られない。標高としては、モロッコのアトラス山脈の2260mや、例外的にエチオピア高原の3300mまで生息記録がある。隠れ場さえあれば牧畜地や農作地にも暮らせ、ユーカリやマツのプランテーションで生息が報告されている。

食性と狩り

筋肉隆々の長い後脚を生かした爆発的ダッシュと驚異的な垂直ジャンプを武器とする恐るべきハンターで、同等サイズのサーバルに比べ、前足が巨大で爪がよく発達し、頭骨、歯、側頭筋と咀嚼筋（獲物を噛むのに使う）が非常に頑健。こうした適応は、自分の体重の4倍までの大型哺乳類を倒す並外れた能力を反映しているが、実際に大型の獲物を専門に襲う個体群はほとんどない。通常は体重5kg未満の小型哺乳類を頻繁に捕食し、不足分を補うために、時々体重50kgまでの比較的大型の獲物を襲う。

食物に占める哺乳類の割合は69.8%（南アフリカのウエストコースト国立公園）から93～95%（南アフリ

下：カラカルは他の中型ネコよりも比較的開けた乾燥した環境に生息する。写真の個体は湧き水で育った草とスゲが格好の隠れ場となるナミビアのエトシャパンの周縁で撮影された。

カのマウンテンゼブラ国立公園)。南アフリカのケープ州ではケープハイラックス、齧歯類、クリップスプリンガー、リーボック、グリスボック、スタインボック、マウンテンリードバック、スプリングボック、ダイカーが最も重要な獲物だ。カラハリ・トランスフロンティア公園(南アフリカ)ではトビウサギ、ソウゲンアレチネズミ、カローネズミ、ヨスジクサマウスが食物の60%近くを占める。トルクメニスタンではトライノウサギ、オオスジネズミ、さまざまな種のトビネズミが最も重要な獲物。記録にある最も大型の獲物には、大人のブッシュバック、メスのインパラ、若いクーズーなどがあり、サハラとアジアでは1～2歳のバーバリシープ、ドルカスガゼル、コウジョウセンガゼルが獲物として記録されている。

小型肉食動物も状況によっては捕食し、確認された最も大型の種はセグロジャッカルとアカギツネ。カラハリ・トランスフロンティア公園では食物の10%をオオミミギツネ、ケープギツネ、キイロマングース、リビアヤマネコ、ゾリラが占めている。イスラエルでは時折捕食する獲物としてイエネコとエジプトマングースが報告されている。

哺乳類に次いで重要な獲物は鳥類で、ホロホロチョウ、シャコ、ウズラ、ヤマウズラ、サケイ、ノバト、ハト、小型のスズメ目などが代表的。アフリカオオノガン、インドクジャクといった比較的大型の種も襲い、糞からはダチョウも見つかっている。大人のダチョウをどのくらいの頻度で殺すのかは不明だが、寝ている1羽を捕食したという信頼できる記録が1件ある。ゴマバラワシ、ソウゲンワシ、アフリカソウゲンワシなどの大型猛禽類を殺すことはまれで、夜にねぐらにいるところを狙うケースがほとんどだ。

大型ヘビやオオトカゲくらいまでの大きさの爬虫類も捕食し、ウエストコースト国立公園では爬虫類が食物の12～17%を占めるほか、時には両生類、魚類、無脊椎動物も捕食する。甲虫はカラハリで採集した糞の約4分の1で見つかっているようだが、実際の食物摂取量に占める割合はごく小さい。

小型の家畜も、見張りなしで放牧され、かつ野生の獲物が少ない場合などに襲う。南アフリカの農地では家畜が食物の3.6～55%を占める。家禽も好んで捕食する。

狩りは基本的に夜間と明け方・夕暮れに行う。比較的涼しい時期には日中の狩りが多くなるが、その主な理由は、農作物の収穫量が減少して獲物の密度が低下するか、好みの獲物が日中活動することだ。たとえばカラハリでは、食物を昼行性のカローネズミに大きく依存している。人間の迫害を受けにくい場合にも、日中活動する傾向が強まる。

ほとんどの狩りは地上で行うが、木登りがうまく、木の高いところに止まっている鳥を捕食していることから、樹上での狩りの能力も実証されている。獲物は主に視覚と聴覚で探り当て、5m以内の距離までそっと後をつけるか、待ち伏せして急襲するスタイルが一般的。カラハリでは、カラカルの足跡から狩りの過程を再構築した結果、狩りの3分の2でまったく獲物を尾行せず、待ち伏せして獲物が近づいてから追いかけるか、見つけた途端にいきなり追跡を開始するケースが

下:アラビア半島の個体群は長期的な存続が危ぶまれる沿岸地域の山地と砂漠のみに生息。この個体はイエメンのハウフ保護区で撮影された。

大部分だった。

カラカルのラストスパートは爆発的で、しばしば中型までのネコで最速とされるが、信頼できるデータはない。獲物の追跡距離は最長で379mという記録があるものの、通常は小型の獲物で平均12m、大型の獲物で56mとこれよりはるかに短い（カラハリ）。運動神経は抜群で、静止状態から少なくとも2mの高さまでジャンプでき、走りながらであれば長さ4.5mのジャンプが可能だ。飛んでいる鳥を捕らえる能力は有名で、時には1回のあざやかなジャンプで数羽の鳥を落とすこともある。この能力が買われ、かつてアジアのさまざまな文化圏で飼い慣らされた。

小型の獲物は頭か首に噛み付いて殺し、有蹄類は喉に噛み付いて窒息させる。多くの場合それと同時に、獲物の腹か胸を後足の爪で激しく引っかき、死骸に深い特徴的な爪跡を残す。カラハリなどでは、リビアヤマネコを殺す際に首と喉の2カ所を噛んだ例が観察されているが、これはおそらく獲物の防御姿勢に応じて体勢を変えているためだろう。

狩りの成功率はほとんど知られていない。カラハリでの足跡のトラッキングによると、10％の確率で獲物を殺しているが、この手法では死骸の残らない小さい獲物の捕食率が低くなる可能性が高い。同じ調査では、大型の獲物の狩りの成功率は20％だった。平均すると、1.6km移動するごとに1回狩りを試み、16.3kmごとに1回獲物を仕留めている。インドのサリスカのトラ保護区では、カラカルが年間2920～3285頭の齧歯類を食べていると推定されている。

大型の獲物は厚い覆いをして隠し、4～5晩もかけて食べる。比較的大きめの獲物の場合、遠くまで引きずって運ぶことは少なく、その場で食べるか、数メートル先に隠す場所があればそこまで動かす。大型動物の大きな骨は食べないため、軟組織や小骨と軟骨を食べ尽くした後の、全身が関節でつながった有蹄類の骸骨をしばしば置き去りにする。

死肉も好んであさり、セグロジャッカルなど他の動

下：**2頭のセグロジャッカルの必死の防御を振り切り、オオミミギツネの死骸を奪うカラカル（南アフリカ、カラハリ・トランスフロンティア保護区）。**

物から盗むこともある（逆にセグロジャッカルに盗まれることもある）。サウジアラビアではラクダとガゼルの死骸が重要な食物源であり、南アフリカの沿岸地域ではミナミアフリカオットセイの死骸をあさる。殺した獲物を木の上に運ぶ様子がごくまれに観察されるが、これは他の肉食動物から横取りされる危険が迫っている場合だろう。

行動圏

生態の調査は進んでいないが、イスラエルと南アフリカでの無線機付き首輪による調査で得られたわずかな情報は、ネコ科特有の社会・空間行動パターンを示している。それによると、大人のカラカルはおおむね単独で行動し、固定的な行動圏を維持する。通常、行動圏のコアエリアは専用だが、周辺エリアは他の個体と大幅に重複する。においによるマーキングや地面掘りなど、縄張り防衛のためとみられる行動をとる。大人（特にオス）の顔や耳には、同種同士の衝突で負ったとみられる広範囲の傷がしばしば見られる。

行動圏は広いが、テレメトリーのデータは比較的乾燥した生息地（行動圏が広いと想定される）に偏っている。記録された最小の行動圏は中湿性の南アフリカ西ケープ州沿岸地域のもので、メスが3.9～26.7km²、オスが5.1～65km²。イスラエルの

下：生後6カ月前後の2頭の子ども。あと3～6カ月母親のもとにとどまってから独り立ちする（ケニア、マサイマラ国立保護区）。

アラババレーではメスが平均57km²、オスが平均220km²、カラハリのごく少数の地点のデータでは、メスが平均67km²、オスが平均308km²で、ナミビア中部の3頭のオスが使用していた行動圏は211.5～440km²だった。サウジアラビアで首輪を装着して11カ月調査した大人のオスは865km²の行動圏を使用し、選好するコアエリアらしきものはなかったという（サウジアラビアのハッラ溶岩地帯保護区）。

個体数密度については信頼性の高い推定データが乏しいが、齧歯類が豊富で、競合する大型肉食動物が存在しない小規模な保護区では、100km²当たり約15頭に達している（ポストバーグ自然保護区）。

繁殖と成長

気候が穏やかな地域では一年を通して繁殖し、季節性は弱い。出産のピークは南アフリカでは10月～2月、アフリカ東部では11月～5月。極端な気候の地域では季節性が顕著になる場合がある。発情期間は1～6日で、その間はオスとメスが一緒に行動する。記録によると、最大3頭のオスが交尾の準備ができたメスと行動を共にし、3頭とも交尾したという。妊娠期間は68～81日。産仔数は通常2～3頭で、例外的に6頭出産することもある。

生後9～10カ月で独立し、その後、メスは親元にとどまり、オスは親元を離れるという、典型的なネコ科の活動パターンに従うようだ。イスラエルのあるオスは60km離れた場所に移動し、カラハリの若いオスは5カ月間に100km以上移動した後に銃で撃たれた。オス、メスとも生後12～16カ月で性成熟。ある飼育下のメスは18歳で出産した。

死亡率　自分より大型の肉食動物（主にライオンとヒョウ）に殺されることがある。子どものカラカルは、セグロジャッカルに襲われた記録があるほか、それ以外のさまざまな捕食動物に襲われやすいようだ。オスによる子殺しは起きているが、具体的な状況は不明。

寿命　野生では不明、飼育下では最長19年。

上：**無防備な場所では腐食動物に獲物を盗まれやすい。守ろうと反撃するが、自分よりはるかに大きいブチハイエナにはたいてい奪われてしまう。**

保全状況と脅威

広範囲に分布し、アフリカ南部と東部では比較的よく見られる。アフリカ中部・西部・北部では希少種もしくは遺存種だが、大規模な保護区では保全状況は比較的良好なもよう。中東とアジアでは、分布範囲は広めながら、個体数密度はおそらくすべての地域で低く、人為的な脅威がこれに拍車をかけている。このため、アジアの大部分の生息地では絶滅の危機にあると見なされている。生息環境の悪化、獲物の減少、人間による迫害は、アフリカ中部・西部・北部とアジアの大部分で深刻な脅威となっている。畜産農場では盛んに狩猟が行われ、特にナミビアと南アフリカの保護区以外の場所では「問題のある動物」と見なされることが多く、無制限に殺されている。それでも南アフリカでは、おそらく環境が生息に最適で獲物も手に入りやすいうえに、大型の肉食動物もいないことから、個体数が比較的よく持ちこたえており、絶滅の可能性は低そうだ。長距離を移動できるため、慢性的な迫害によって生じた生息環境の隙間をすぐさま埋めることもできる。アフリカ東部と南部の大部分の地域では、カラカルのスポーツ・ハンティングがほとんど制約なしに行われている。

ワシントン条約（CITES）附属書Ⅰ記載（アジア）、Ⅱ記載（アフリカ）。IUCNレッドリスト：低懸念（LC）。個体数の傾向：不明。

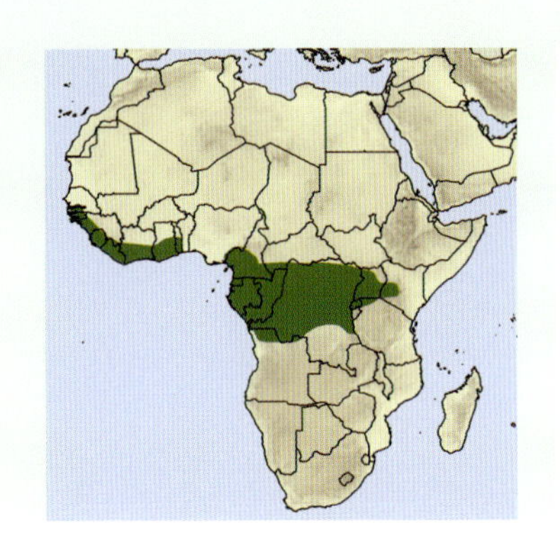

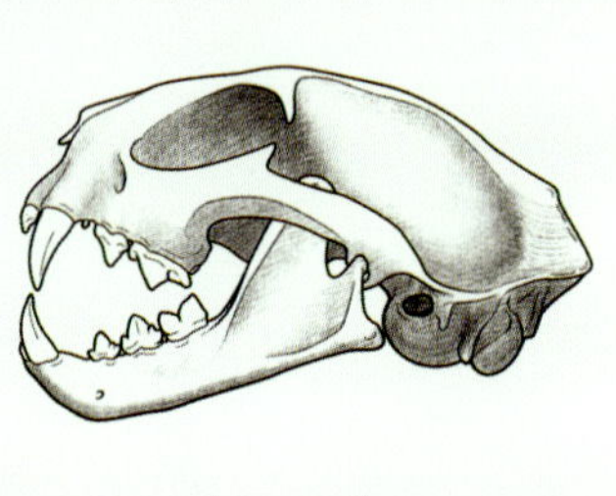

12.6－14.6cm

IUCNレッドリスト (2018):
危急種 (VU)

頭胴長 61.6–101cm
尾長 16.3–37cm
体重 メス5.3–8.2kg、オス8–16.0kg

アフリカゴールデンキャット

学名 *Caracal aurata* (Temminck, 1827)

英名 African Golden Cat

分類

アフリカゴールデンキャットはかつて、表面的な身体上の類似性からアジアゴールデンキャットと同じグループに分類されていたが、分子解析により近縁ではないことが明らかになった。最も近い近縁種はカラカルで、約190万年前に分岐したと推定され、両種がカラカル属に分類される。サーバルともやや遠いが関係があり、これら3種で約850万年前に分岐したカラカル系統を形成。アフリカゴールデ

赤色型

灰色型

ンキャットは現在、ナイジェリアのクロス川西部の１亜種と、コンゴ共和国のコンゴ川東部の１亜種の、計２亜種に分類されるが、この分類は主に体毛の表面的な差異に基づくもので、分子解析による確認が必要である。

形態

がっちりした体格の中型ネコで、尾は後足のかかと下にちょうど届く中程度の長さ。頭は比較的どっしりして顔は短く、鼻口部は大きく、丸い耳は背面が灰黒色。出生時には、耳にカラカルと祖先が同じであることを物語るような小さい房毛が生えていることがある。房毛は２～３カ月で消え、成長した個体には見られない。体色にはかなり幅があるが、赤みを帯びた褐色と灰色の２つの型に大別される。それぞれの型の中で、赤色型では砂褐色から赤褐色、灰色型では銀灰色から青灰色とさらにばらつきがあり、両者の間で相互移行するため、型の数に混乱が生じている。同腹の子どもに両方の色が出ることもある。斑点も大きなロゼット状のものから薄いそばかすのようなものまでさまざまで、

左：大きな鼻口部が特徴的な、小型のヒョウに似た横顔。現地でも「ヒョウの息子」「ヒョウの弟」と呼ばれる（飼育個体の写真）。

下：分布地域の大半で、アフリカの雨林にすむ唯一の大型ネコであるヒョウと生息地が重なる。この写真が撮影されたウガンダのキバレ国立公園のようにヒョウが消滅した場所では、アフリカゴールデンキャットが肉食動物の頂点に君臨する。

上：**アカコロブスを襲うアフリカゴールデンキャット。最近ビデオトラップでこうした攻撃が撮影され、自分よりはるかに体重の重い獲物を狙うことが確認された。**

腹部以外は斑紋がまったくない個体もいる。分布地域の西部（ガボンなど）では斑点の個体差が大きいが、広範囲に斑点のあるものが比較的多い。東部（ウガンダなど）では個体差が小さい傾向があり、薄い斑点が一般的。メラニズムの個体はコンゴ共和国、リベリア、ウガンダで低い頻度で(全個体の10%未満)記録され、標高の高い場所で最も多いようだ。同じ個体の体色が途中で変化することはなく、変化するという誤解は、病気になった飼育個体の赤みがかった体色が灰色に変わり、その直後に死亡したという疑わしい報告から生まれたものらしい。色自体は変わらないが濃くなる例は、飼育個体の加齢に伴う現象として報告されている。

類似種　外見はアジアゴールデンキャットに近いが、野生の分布は重複しない。カラカルもやや似ているが雨林には生息しないため、分布が重なるのはアフリカゴールデンキャットの生息範囲の6%に満たない境界線地域（中央アフリカ共和国南部など）のみである。

分布と生息環境

赤道直下のアフリカの固有種。乾燥したダホメ・ギャップによりアフリカ西部と中部に分断された2つの個体群が存在する。西(アルバータイン)リフトバレーの東には生息するが、東（グレゴリー）リフトバレーの東での報告は未確認。

海岸から標高3600mまでの湿潤林（竹林、山地林、亜高山林、モザイク状森林など）との関わりが深い。通常は避けるような比較的見通しのよいサバンナ地帯でも、川沿いの林地を選べば定住できる。木の密生したサバンナやサバンナと林がモザイク状に混在する環境にも生息し、モザイク状の地域の開けたサバンナを横切る姿が時折目撃されている。

人為的に改変された環境の一部、たとえば森林内のバナナのプランテーション、最近伐採されて放棄され下生えが再生した場所などにも耐えられる。

食性と狩り

食性についてはアフリカにすむネコ科の種の中で最も知られておらず、わかっている情報は主に糞の分析によるものだ。最も重要な獲物は体重5kgまでの小型哺乳類で、さまざまなハツカネズミ、大型ネズミ、リス、アフリカフサオヤマアラシと、トガリネズミ、ハネジネズミなどの食虫動物が主体と考えられている。林にすむ小型のレイヨウ（特にブルーダイカー）も捕食し、一部の地域では重量で小型哺乳類を上回る割合を占めている可能性がある。キノボリサンゼンコウや小型霊長類(ガラゴなど)、さらにはグェノンとコロブス(ともに4～6kg）くらいまでの大きさの比較的大型の霊長類も襲う。数少ない狩りの目撃報告によると、地上でサイクスモンキーを殺したという。ウガンダのキバレ

国立公園で2014年に撮影された2枚のカメラトラップの記録には、殺したばかりの若い大人のアカオザルを運ぶアフリカゴールデンキャットと、地上で採食していたアカコロブスに見事な攻撃をしかけた小型のアフリカゴールデンキャット（おそらく大人のメス）がそれぞれ写っていた。後者は自分よりかなり大きい大人サル1頭を捕らえたものの、結局は逃げられた。カワイノシシも食物として記録されているが、自分で殺したのか死骸をあさったのかは不明（カワイノシシが襲われやすいのは若い個体のみ）。

小型哺乳類に次いで重要な食物は鳥類で、シャコ、ホロホロチョウなどの大型陸鳥が中心。記録は非常に少ないが、さまざまな爬虫類・両生類も食べることは間違いなく、ガボンで採集された205個の糞のうち11個に爬虫類のうろこが含まれていた。

見張りがいなければ家禽も襲うとみられるが、取材を受けたガボンとウガンダのキバレの農村民はアフリカ

左：**アフリカゴールデンキャットは木の密生した日中でさえ薄暗い環境に生息する。主に開けた場所にすむネコ科の種に比べ、森林に暮らす種は夜間の視力が抜群に良い。**

下：**ガボンのイヴィンド国立公園近くの伐採コンセッション地域で撮影された赤いアフリカゴールデンキャット。中程度の量の斑点がある。ネコの邪魔をせずに確実に撮影できるよう、通り道に沿ってカメラトラップ（背後に1台見える）が設置されている。**

上：ネコ科の多くの種と同じように、道路や小道を通って盛んに移動し、獲物を探したり目立つ木や茂みにマーキングしたりする。

ゴールデンキャットの仕業とは考えていないと語っている。イヌを除けば最大の肉食動物となっているキバレ国立公園周辺部では小型の山羊を襲った犯人にされることがあるが、確実な証拠はない。

狩りは主に地上で行い、カメラトラップ調査によると、昼夜を問わず活動し、明け方、真昼、夕方前から夕暮れ時に最も活発になる。

くくり罠にかかった動物の死骸をあさることがあり、ワシが殺した獲物を林床であさるとも考えられている。

行動圏

カメラトラップの画像の大部分が単独行動する大人であることから、ネコ科の典型的な空間行動パターンに従っており、オスの行動圏は数頭の大人のメスの行動圏の全部もしくは一部を含んでいると考えられている。大人は道路や整備された小道を通って移動するのを好み、目立つ場所に尿マーキングしたり糞を残したりする。これらはともに典型的な縄張り行動だ。行動圏の規模については信頼できる推定データがない。

個体数密度の唯一正確な推定データはガボン中部での調査に基づくもので、食肉目的の狩猟がある程度行われている成熟した非保護林の100km²当たり3.8頭から、手厚く保護された未撹乱林の同16.2頭まで幅があった（イヴィンド国立公園）。

繁殖と成長

野生ではほぼまったくわかっていない。妊娠期間の唯一の記録は飼育下のもので、75日。飼育下の3件の出産例では、いずれも産仔数は2頭で、生後約6週で離乳した。

飼育下の個体はメスで生後11カ月、オスで生後18カ月で性成熟する。

死亡率　ほとんど知られていない。捕食者として確認されているのはヒョウ。

寿命　野生では不明、飼育下では最長12年。

保全状況と脅威

アフリカゴールデンキャットは本来的に希少と見なされているが、最近のカメラトラップ調査によると、生息に適した環境（二次林、選択伐採林を含む）では個体数密度が中〜高水準にあるようだ。かつて考えられていたより森林の改変への耐性が高いとはいえ、隠れ場は不可欠で、開けた土地への転換とそれに伴う本来の獲物の急減は、分布範囲の大半、とりわけ端の地域で最も深刻な脅威となっている。野生動物の肉を目的としたアフリカ西部と中部での狩猟は獲物の種に甚大な影響を及ぼしており、一部の地域ではアフリカゴールデンキャット自体も誤って、あるいは食肉や呪物としての取引目的で、頻繁に殺されている。

ワシントン条約（CITES）附属書II記載。IUCNレッドリスト：危急種（VU）。個体数の傾向：減少。

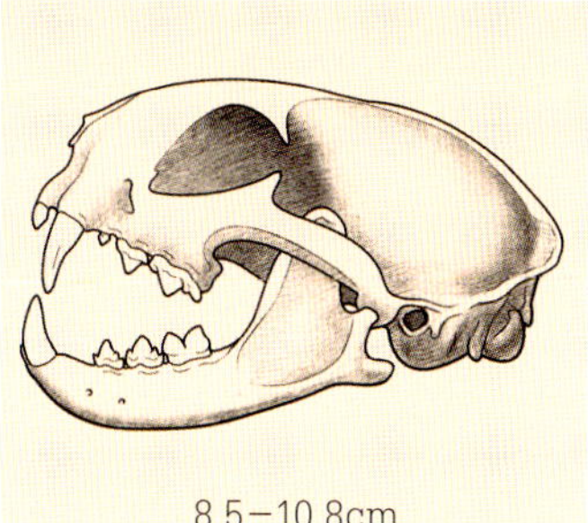

8.5−10.8cm

IUCNレッドリスト(2018):
低懸念(LC)

頭胴長 メス43−74cm、オス44−88cm
尾長 23−40cm
体重 メス2.6−4.9kg、オス3.2−7.8kg

ジョフロイキャット

学名 *Leopardus geoffroyi* (d'Orbigny & Gervais, 1844)

英名 Geoffroy's Cat

分類

オセロット属に分類される。最も近い近縁種はコドコドで、共通の祖先から100万年以内前に分岐した。両種はかつてパンパスキャットとともにコドコド属に分類されていたが、現在は近縁種のタイガーキャットとともにオセロット属を形成することが確認されている。

ジョフロイキャットは、最近独立した種として認められたサザンタイガーキャット *L. guttulus* と分布の重なるブラジル南部で交雑している。両種は進化上、非常に近い関係にあるため、同地域では交雑が活発で、多くの雑種が生まれており、現在も交雑が続いている。

ジョフロイキャットは最大4亜種に分類されるが、暫定的な遺伝子分析によると分子的な差異はほとんどない。

形態

右：好奇心に満ちた表情のジョフロイネコ（ボリビア中部、アンデス）。窮地に陥った小さな動物が立てるキーキーした音をまねたカメラマンに興味を引かれている。

南米の温帯地域にすむ小型ネコの中では最大で、大形のイエネコと同じくらいの大きさになる（ごく少数の個体の測定体重に基づくとアンデスキャットは同等の大きさと思われる）。オスの体重はメスの 1.2 ～ 1.8 倍。体の大きさは生息地ごとに大きく異なり（しばしば報告されているような、北から南に向かって増加する明らかな地域的連続差異ではない）、獲物の得やすさと関係している可能性がある。捕獲された比較的少数の個体によれば、平均体重はウルグアイでメス 3.1kg、オス 3.7kg、チリのトレスデルパイネ国立公園でメス 4.1kg、オス 5kg、アルゼンチンのカンポスデルトゥユ野生生物保護区でメス 4.2kg、オス 7.4kg。体毛の色は鮮やかな黄褐色から淡い黄土色、銀灰色まで幅があり、南の個体は総じて色が薄く、北では鮮やかな黄褐色か赤みがかった色が一般的。体全体に筆で一塗りしたような濃褐色か黒色の小さな斑点があり、首から胸と下肢ではつながって細長いまだらに変わる。尾には小さい斑点と 8 ～ 12 本の細い縞があり、縞は黒っぽい先端に向かって徐々に太くなる。メラニズムはウルグアイ、ブラジル南東部、アルゼンチン東部などでは珍しくないが、その他の生息地では一般にまれ。

類似種　外見は近縁種のコドコドに非常によく似ているが、コドコドのほうがはるかに小さく、総じて体色が鮮やかで、ふさふさした尾に特徴がある。生息地はコドコドの分布地域の東端（アルゼンチン南部のロスアレルセス国立公園、チリのプジェウエ国立公園など）でのみ重複。

下：このオスの顔にある傷跡は、おそらく他のオスと縄張りをめぐって衝突した際に負ったもの。ネコ科の多くの種では、死に至る争いこそ少ないが、縄張りを持つ大人の顔に年齢と共にこうした傷跡が増えていき、特に年老いたオスはしばしば傷跡が目立つ。

分布と生息環境

ボリビア中部からパラグアイ西部、ブラジル南東端、ウルグアイを経て、アルゼンチンの大半からチリのマゼラン海峡までの範囲に生息。分布はアンデス山脈東部で止まり、そこからチリ南部までアルゼンチンとの国境に沿ってわずかに伸びる。

生息環境は亜熱帯と温帯のあらゆる種類の低木地、林地、乾燥林、半乾燥低木林、パンパス、湿地帯、山地の塩砂漠など幅広く、標高も0mからアンデスの3300mまでさまざま。開けた草原にもすむが、森木や低木地が点在する場所や植物の繁茂した湿地帯でよく見られる。熱帯雨林や温帯雨林には生息しない。低木林と草原がモザイク状に点在する大牧場のような、隠れ場のある人為的に改変された環境にも暮らす。針葉樹のプランテーションにも、原生の植生が残るものを中心に生息する。アルゼンチン中部のエルネスト・トルンキスト州立公園で無線機付き首輪を取り付けられたジョフロイキャットは、野生化した馬の存在によって劣化した自然の草原を避け、公園外の外来種の生い茂った林地で主に行動していた。パンパスの農地の廃屋を隠れ場として利用していたと記録されている。

食性と狩り

多種多様な生物を捕食するジェネラリスト。小型脊椎動物が食物の78〜99%を占めるが、食物の内容は地域や獲物の得やすさによって異なる。大半の個体群では、クサマウス、コメネズミ、ヌマネズミ、テンジクネズミなど体重200〜250gまでの小型齧歯類とスズメ目の小型鳥類がほとんどで、小型鳥類の捕食は飛来期の春から夏にかけて増加する。季節や場所によっては比較的大型の獲物が中心になり、導入されたヤブノウサギ（2.5〜3.2kg前後）は多くの地域で重要な獲物になっている。野ウサギは、ジョフロイキャットの体が大きいチリ南部では食物の半分以上を占めるが、それほど大きくない地域ではその割合は小さく、たとえばアルゼンチンのリウエ・カレル国立公園では2%にすぎない。

沿岸潟（アルゼンチンのマルチキータなど）では平均体重1.3kgの大型水鳥が最も重要な獲物で、ナンベイヒメウ、カオジロブロンズトキ、オオバン、カモなど12種を捕食し、時には比較的大型のチリーフラミンゴやカモハクチョウも襲う。水鳥は個体数がピークになる春に最も重要な獲物となり、鳥類が移動して個体数が減少する夏から秋には小型齧歯類と野ウザキの比重が高まる。

生息地全域で、ヌートリア（導入種）、ムツオビアルマジロ、ケナガアルマジロ、キノボリヤマアラシ、小型のオポッサム、小型爬虫類、両生類、カニ、魚類、無脊椎動物（主に甲虫で、エネルギー摂取量に占める割合はごくわずか）なども偶発的に捕食する。

家禽もしばしば襲うが、ブラジル南部などで食物として記録されている羊は、おそらく死骸をあさったものだろう。

狩りは基本的にどの生息地でも夜行性から薄明薄暮性で、夕暮れが近づくと活発になり、午後9時から午前4時までがピーク。リウエ・カレルとその周辺地域では、2003年に著しい干ばつに見舞われて獲物が急減し、無線機付き首輪を装着したジョフロイキャットはおそらく食物を求めて主に日中に活動したが、干ばつが終息すると夜行性から薄明薄暮性の狩りのパターンに戻り、記録された活動の93%を午後8時から午前6時までの時間帯が占めた。

狩りはほとんど地上で行い、植生に隠れた齧歯類と鳥を探す。木登りの名手だが、樹上の狩りが観察されたことはない。泳ぎも得意で、湿地で狩りをし、水際でヌートリア、ヌマネズミ、鳥類、カエル、魚類を捕らえる。沿岸潟では、水鳥のコロニーの周縁にある浅瀬の密生した茂みから水鳥のねぐらに攻撃をしかける。

大型の獲物は隠す習性があり、チリではヤブノウサギの死骸をナンキョクブナの木の上に運ぶところを2回観察されている。またアルゼンチンでは、メスがアカノガンモドキを4m先の木の上に運ぼうとして失敗

左：**野生のケイビーは首に噛み付いて殺す。これはすべてのネコが小型の獲物を殺すのに使う効果的なテクニックだ。大型の獲物は首もその分太くがっちりしているため、通常は喉に噛み付いて窒息させる。**

し、結局その死骸を自分でも使っている巣穴に隠した。

行動圏

単独で行動する。オスの行動圏はメスより大きく、1頭のオスの行動圏は通常、複数のメスと重複する。無線機付き首輪を用いた一部の追跡データでは、行動圏は固定的なものではなく、簡単に放棄して放浪していたが、これはおそらくモニタリング調査された時期にたまたま極度の生態学的ストレスにより頻繁な個体の入れ替わりが生じていたためで、たとえばリウエ・カレル国立公園では、2006年の長期化した干ばつ期に特定された個体のうち、2年後に発見されたのはわずか11%だった。これに対し、トーレス・デル・パイネ国立公園では大人のメスが同じ行動圏を3年間維持し、子どもの頃に一度捕獲された若いメスは2年後も同じエリアにいた。

縄張りをどの程度防衛するのかは不明だが、行動圏のマーキングには精を出す。ネコ科には珍しく、特定の木の上に糞を置き去りにし、それを何度も繰り返して人目につく糞の山を築くのがジョフロイキャット特有のマーキングだ。たとえば、トーレス・デル・パイネで採集された325個の糞の93%は樹上の高さ3～5mの糞の山にあったもので、多くの場合、太い幹から出ている数本の枝が山の土台になっていた。糞の山は地面に築くこともある。アルゼンチンの5つの保護区では、排便場所の47.6%が木の上、38.1%が主に小道沿いの地面で、残りが巣の中だった。

行動圏の面積はメスが平均1.5～5.1km²、オスが2.2～9.2km²で、最も広い行動圏は攪乱(かくらん)された環境（アルゼンチン東部から中部の、農地と森林がモザイク状に混在する地域）で報告されている。無線機付き首輪を装着した個体の一日の移動距離は、手厚く保護されているアルゼンチンのパンパスでメスが平均583m（最大1774m）、オスが平均798m（最大

下：マーゲイ、オセロットなど亜熱帯にすむその他のネコの毛皮ほど鮮やかな斑紋はないが、ジョフロイキャットもかつては斑点のある毛皮を目的に大量に殺された。現在は分布地全域で完全に保護されているとはいえ、毛皮取引のための違法な狩猟は続いている（飼育個体の写真）。

左：排泄場所に糞を溜めて糞の山を築くという、他のネコにはないユニークな習性がある。さらに珍しいのは、そのほとんどがナンキョクブナなどの木の上にあることだ。近縁のパンパスキャットとオセロットも排泄場所を利用することが知られているが、ジョフロイキャットほど一般的ではなく、場所もほとんどが地上だ。

1942m)、農地と森林がモザイク状に混在する攪乱された地域でメスが平均680m（最大2859m)、オスが1213m（最大3704m)。河川は行動の制約要因にはならず、チリで無線機付き首輪を装着したメスは行動圏内の幅30mの流れの速い川を日常的に渡り、2頭の若いオスは親元から離れる際に同じ川を泳いで渡った。

個体数密度は推定で100km²当たり4頭（極端な干ばつと獲物不足の時期のアルゼンチンのパンパス）から同45～58頭（アルゼンチンのエスピナルの大牧場)。アルゼンチンの低木地で100km²当たり139頭という非常に高い推定データがあるが、過大評価と思われる。

繁殖と成長

野生ではほとんど知られていないが、冬の寒さが厳しい分布地域の南部では季節繁殖すると考えられており、数少ない観察によると出産時期は12月～5月。飼育下では一年を通して繁殖し、分布地域の北部では季節性を裏付ける証拠はない。飼育下での妊娠期間は62～78日、産仔数は1～3頭。野生のメスは、アルマジロなどが作ったと思われる巣や密生した茂み、そしておそらくは樹洞（じゅどう）（大人のジョフロイキャットは間違いなくねぐらとして利用している）を巣として利用する。

子どもは生後約6カ月で大人と同じ大きさ（体重は少ないが）に成長するが、性成熟は飼育下で生後16～18カ月と小型ネコにしては驚くほど遅い。

死亡率 捕食者としてはピューマが知られ、クルペオギツネに襲われたとみられる例も1件報告されている。深刻な干ばつとそれに伴う獲物の急減は、飢餓と寄生虫保有量の増加を引き起こして死亡率を著しく高めることが実証されている。調査された地域では、一般に人間とイヌが死亡の最大の要因となっている。

寿命 野生では不明、飼育下では最長14年。

保全状況と脅威

広く分布し、一部の著しく攪乱された土地を含む幅広い環境で見られる。良好な環境では高密度に達し、生息地の大部分でありふれたネコと見なされている。しかし、脅威は十分に理解されているとは言えない。1970年代と1980年代を通じて毛皮目的でおびただしい数が殺され、特にアルゼンチンからは1976年から1980年までに少なくとも35万頭分の毛皮が輸出された。大量に取引されたのは個体数が多かったからでもあるが、そうした取引は持続不能だったことは明らかで、一部の地域では個体数が減少し、絶滅した。斑点のあるネコ科動物の毛皮の国際取引は1980年代後半に中止され、もはや大きな脅威ではなくなっているものの、国内での（違法な）毛皮の利用が継続している地域もある。現在の最大の脅威は生息地の転換で、たとえば単一栽培の農地に改変されれば、ジョフロイキャットといえども生息できない。そのほかに、交通事故に遭ったり、イヌに襲われたり、家禽を襲ったために人間に殺されたりすることもしばしばあり、いずれも人為的な環境改変ですでに圧力を受けている個体群への脅威を高めている。アルゼンチンの2カ所の保護区（カンポス・デル・トゥユ国立公園とリウエ・カレル国立公園）のジョフロイキャットは、同国内の肉食動物で発生しているさまざまな病気と寄生虫への曝露検査で陽性だったが、個体や個体群への影響は認められなかった。

ワシントン条約（CITES）附属書I記載。IUCNレッドリスト：低懸念（LC)。個体数の傾向：減少。

タイガーキャット

サザンタイガーキャット

IUCNレッドリスト(2018):
危急種(VU)

頭胴長　メス43−51.4cm、オス38−59.1cm
尾長　20.4−42cm
体重　メス1.5−3.2kg、オス1.8−3.5kg

タイガーキャット

学名 *Leopardus tigrinus*
(Trigo, Schneider, de Oliveira, Lehugeur, Silveira,Freitas & Eizirik, 2013)
英名 Northern Oncilla

サザンタイガーキャット

学名 *Leopardus guttulus* (Schreber, 1775年)
英名 Southern Oncilla

別名 Little-spotted Cat、Tiger Cat

6.8−8.5cm

分類

タイガーキャットとサザンタイガーキャットはオセロット属に分類され、進化上、オセロット系統の他のネコと興味深い関係にある。2013年までタイガーキャットは1つの種と見なされていたが、最近の遺伝子分析により、少なくとも10万年前に分岐した、2つの近縁の隠蔽種(いんぺいしゅ)であることが明らかになった。ブラジル北東部のタイガーキャット *L. tigrinus* は、ブラジル南部のタイガーキャット（現在は独立した種サザンタイガーキャット *L. guttulus* と考えられている）とは区別され、おそらくアマゾン盆地と南米北部の個体群もサザンタイガーキャットとは異なる。

この2つの種の生息地はブラジル中部で重複するが、交雑はしないとみられている。サザンタイガーキャットは野生でジョフロイキャットと交雑する。タイガーキャットはジョフロイキャットとは交雑しないが、パンパスキャットとは過去に交雑した証拠がある。中南米のその他の地域の個体群はこの分析には含まれていなかった。それ以前のサンプル調査によると、コスタリカの個体群はブラジル南部の個体群とは異なっており、現在は独立した亜種のチュウベイタイガーキャット *L. tigrinus oncilla* と見なされているが、今後の調査で新たな姉妹種が確認される可能性がある。

形態

中南米の熱帯にすむ野生ネコの中で2番目に小さく、ほっそりした華奢（きゃしゃ）な体は、大きさとプロポーションが若い痩せたイエネコと同じくらい。体毛は薄いものから濃いものまで幅のある黄褐色か黄土色で、黒色か濃褐色の斑点もしくは小さいロゼット（中心部はコーヒーブラウンか赤みをおびた色）が整然と並んでいる。最近認められた2つの種は外見が酷似しているが、どちらかと言えばタイガーキャットのほうがサザンタイ

下：外見で、特に首から上で2種を見分けることは非常に難しい。ほとんどが500g以下のごく小さな獲物に適したこぢんまりした頭は共通している（飼育個体の写真）。

ガーキャットより色が薄く、ロゼットが小さい傾向がある。メラニズムの個体が記録されている。

類似種　マーゲイと非常に混同されやすいが、マーゲイのほうが大きく斑紋が鮮やかで、尾が明らかに長い。

分布と生息環境

ベネズエラ北部からボリビア南部、パラグアイ東部、ブラジル南端部、アルゼンチン北端部までの範囲に分布。2つの種は、ブラジル中部に（可能性としてはサザンタイガーキャットが生息するとみられるボリビアにかけて）境界があるようだ。コスタリカ中部の高地とパナマ北西部に分断された個体群がいる（第3の種の可能性がある中米の亜種チュウベイタイガーキャット）。

両種はあらゆる種類の森林、林地、湿性・乾燥サバンナ、乾燥低木林、沿岸地域の砂浜の低木林など幅広い環境にすむ。生息地の標高は0～3200mで、例外的に3626m（コスタリカ）から4800m（コロンビア）にも暮らす。中米では標高1000m以上のオーク主体の雲霧林や屈曲した森林にしか生息しない。ブラジルでは、タイガーキャットは主に開けた乾燥地にすむが、サザンタイガーキャットは主に森林に生息しているとみられている。アマゾン盆地の低地雨林には不思議なことにまったくかほとんど見られないが、これはサンプル抽出に問題があるためかもしれない。

放牧地、プランテーション、モザイク状の農地、大都市近郊など、人間の近くの悪化した環境でも、植物の密生した隠れ場さえあれば暮らしていける。

食性と狩り

獲物は体重100～400gの非常に小さいものが中心で、1kgを超える獲物は記録されていない。代表的な獲物は、小型齧歯類、トガリネズミ、小型オポッサム、小型鳥類、爬虫類など。無脊椎動物は糞からしばしば見つかるが、エネルギー摂取にはほとんど寄与していない。ブラジル北東部のカーティンガと呼ばれる半乾燥地帯では、齧歯類の個体数密度が低いため、

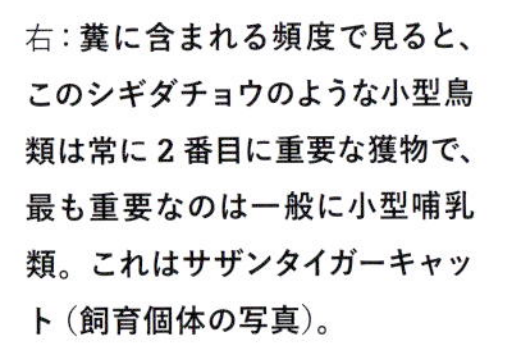

右：**糞に含まれる頻度で見ると、このシギダチョウのような小型鳥類は常に2番目に重要な獲物で、最も重要なのは一般に小型哺乳類。これはサザンタイガーキャット（飼育個体の写真）。**

昼行性の中型トカゲ（アミーバトカゲや小型のイグアナ）が食物の大部分を占める。

狩りの直接の観察報告は少ないが、獲物の内容から、主に地上で夜間と明け方・夕暮れに狩りをし、獲物の活動状況（そしておそらくはあまり遭遇したくないオセロットの存在の有無）に応じてある程度柔軟に適応していると推測される。昼行性の爬虫類に依存しているカーティンガでは、日中の活動が比較的多くなる。家禽を襲うことはめったにない。

行動圏

単独行動を好むネコ科の典型的な空間行動パターンに従っているとみられるが、生態はほとんどわかっていない。行動圏の規模が推定されたのは、ブラジルのサバンナと、農地と森林がモザイク状に混在する環境にすむ計8頭の個体のみで、メスが0.9〜25km²、オスが4.8〜17.1km²。

カメラトラップによる個体数密度の推定データは、アマゾンの低地林が100km²当たり0.01頭、その他の地域が同1〜5頭で、中南米にすむ他の小型ネコよりも本来的に希少と考えられる。オセロットがいない地域では個体数密度が100km²当たり15〜25頭に達し、これは競争や捕食のリスクがないためだろう。

繁殖と成長

野生では不明。飼育下の個体から得られたわずかな情報によると、妊娠期間は62〜76日で、産仔数は通常1頭、まれに2頭。

死亡率　ほとんど知られていないが、オセロットに大人が1頭殺された記録が件ある。また、ブラジルのメス1頭がネコのフィラリアで死亡している。人為的に改変された環境ではイヌに襲われる例が多いようだ。

寿命　飼育下では17年生きたメスがいるが、野生では間違いなくこれよりかなり短い。

下：**求愛期間中のタイガーキャットのペア。メスは前半身を低くして尻を高く持ち上げるロードシスの姿勢をとり、受け入れ準備ができていることを合図する。野生での交尾の観察記録はないが、ネコ科特有のパターンに従うと想定されている。**

保全状況と脅威

大半の地域ではカメラトラップの撮影頻度が非常に低く、本来的に希少と見なされている。生息地の減少が最大の脅威。人為的に改変された環境にすむ個体群もいるが、特に中米やコロンビアとベネズエラのアンデス山脈の森林では密生した茂みが不可欠で、森林の農地転換により局地的に絶滅している。毛皮取引のための狩猟も、1973〜1981年に輸出が禁止されるまで横行した。現在も毛皮の国内取引は続いている。特定地域での毛皮目的の狩猟、イヌによる捕食、家禽を襲ったことに対する報復、交通事故での死亡は、人間のそばで暮らす個体群に影響を及ぼしているようだ。

ワシントン条約（CITES）附属書I記載。IUCN レッドリスト：危急種（VU）。個体数の傾向：減少。

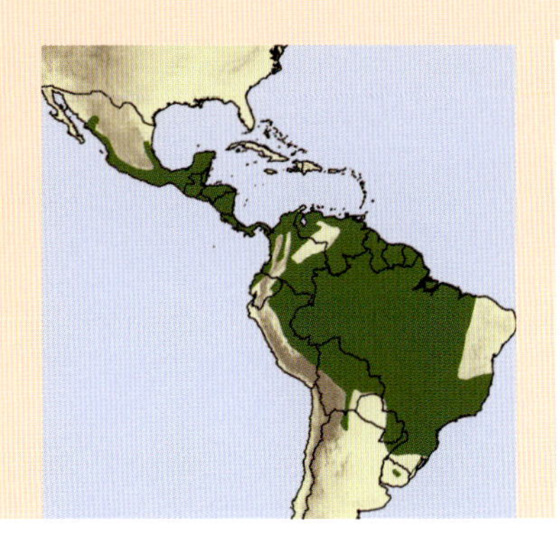

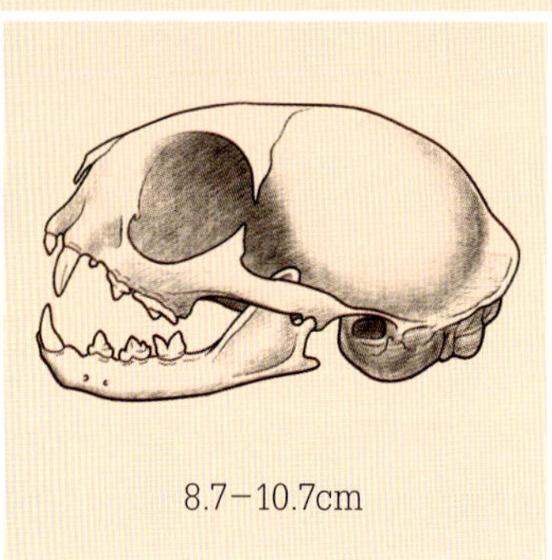

8.7−10.7cm

IUCNレッドリスト(2018)：
近危急種（NT）

頭胴長　メス47.7−62cm、オス49−79.2cm
尾長　30−52cm
体重　メス2.3−3.5kg、オス2.3−4.9kg

マーゲイ

学名 *Leopardus wiedii* (Shinz, 1821)

英名 Margay

別名 Tree Ocelot

分類

オセロット属に位置し、最も近い近縁種はオセロット。遺伝学的多様性が大きく、アマゾン川で隔てられる南米北部と南米南部、およびメソアメリカ（メキシコからパナマにかけて遺伝的差異の小さい地域的連続変異を示す）の3つの明確な個体群に分けられる。これにより示唆される亜種分類は3亜種。現在、最大10の亜種が挙げられているが、その大半は根拠が乏しい。

形態

痩せたイエネコくらいの大きさで、ほっそりした華奢（きゃしゃ）な体にチューブ状のふさふさした長い尾を持つ。前脚はがっしりしてたくましく、広がった指は非常に大きい。小さな丸い頭に大きな耳がつき、飛び抜けて大きな目がよく目立つ。

体毛は密生して柔らかく、地色は灰色がかった淡黄褐色から黄土色、黄褐色、シナモン色で、腹部にかけて徐々にクリーム色か白色に変わる。くっきりした大きな濃色のロゼットと斑点があり、頭から首、背中ではつながって細長い筋となる。

類似種　オセロット、タイガーキャット、サザンタイガーキャットと混同されやすく、生後間もない子どもは見分けが困難な場合がある。マーゲイはオセロットよりかなり小さいが、最も大きいマーゲイと最も小さいオセロットは同じくらいの体重。タイガーキャットやサザンタイガーキャットに比べると、マーゲイは総じて大きく、斑紋が目立つ。最も人目を引く特徴は、驚くほど大きな目と、体の大きさの割に非常に長い尾、特大サイズの前足。

分布と生息環境

メキシコ北部のシナロア州・タマウリパス州からアルゼンチン北部、パラグアイ東部、ウルグアイ北西部までの中南米全域に分布。米国では1850年頃にテキサス州イーグルパスのリオグランデ川沿いで採集された標本が唯一の記録で、同地の乾燥した環境はマーゲイの一般的な生息環境とはほど遠いことから、ペットから放された個体だった可能性がある。

森林に依存し、亜熱帯にすむネコ科の中で最も森林との関係が深いが、その条件内で、標高0～1500mの低地熱帯林から山地の雲霧林まで、あらゆる種類の常緑林と落葉林に暮らすことができ、まれに標高3000mのアンデス山脈にも生息する。ブラジルのカーティンガの半乾燥有棘サバンナやウルグアイの乾燥サバンナのように、乾燥林とサバンナがモザイク状に混在する場所の、木に覆われた飛び地や拠水林にも暮らす。二次林、森林とプランテーションがモザイク状に混在する土地、著しく攪乱された環境の森林区画でも見られる。人為的に改変された環境でも、コーヒー、ココア、ユーカリ、マツのプランテーションのように植物が密生していれば耐えられるが、サトウキビ、大豆などの農園や牧草地のように見通しの良い場所には生息できない。

食性と狩り

目を見張るほどアクロバティックな木登りの名手で、いくつかの身体的な適応により、おそらくネコ科の種の中で最も樹上の生活に適している。幅広の足には可動性の高い指と、結束の緩い中足骨、大きな爪があり、後足の足首は内側に180度回転する。非常に長い筋肉質の尾は、バランスを保つのに役立つ。頭を下にして木から下りたり、前足で何かをいじりながら後足で逆さにぶら下がったり、逆さのまま枝伝いにすばやく動き回ったりすることが可能で、しかもすべて高速だ。

食性に関する記録や直接の観察報告は限られているが、きわめて敏捷な小型霊長類などを樹上で捕食している証拠は豊富にある。しかし、ほとんどの獲物が陸生であることから、マーゲイの狩りも主に地上で行われる。獲物の大半は体重200g未満で、ホソカヤマウス、ポケットマウス、トウマウス、オオミミキノボリネズミ、リスなどの小型齧歯類とトガリネズミ、小型有袋類（マウスオポッサムなど）などが代表的。比較的大型の獲物には、ミナミオポッサム、テンジクネズミ、アグーチ、パカ、ブラジリアン・ラビットなどがある。

獲物としてよく挙げられるナマケモノ、オマキザル、キノボリヤマアラシはオセロットの誤認によるもので、これらの種は子どもであればマーゲイに狙われる可能性があるが、証拠は非常に少ない。コスタリカのグア

下：飛び抜けて大きな目が特徴で、しばしば混同されるオセロットに比べ、顔に占める目の面積がはるかに大きい（105ページの写真と比較されたい）。また、通常はオセロットより目の色がいくらか濃い。

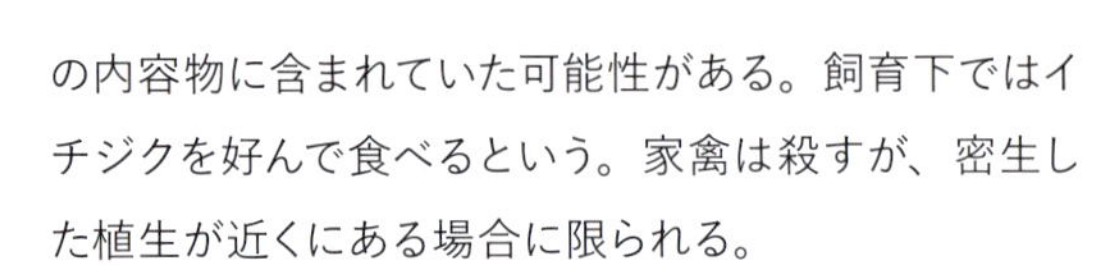

右：しなう蔓を伝ってすばやく動き回り、どんなに幅の狭いところでも、ほぼ逆さまになって高速で移動する。

ナカステ州では、マーゲイがメキシコキノボリヤマアラシの死骸を食べているところを邪魔された例があり、この獲物はマーゲイが自分で殺した可能性がある。タマリンとマーモセットは捕食し、飼育個体が半自然環境でアカテタマリンを捕らえたところや、ブラジルのアマゾニアで野生のマーゲイがフタイロタマリンの狩りに失敗したところが観察されている。現地住民は、マーゲイが大人のタマリンの気を引くために子どものタマリンの声を真似ると考えており、最近の科学的報告で確認されたようだが、信頼性には疑問がある（現地住民はジャガー、ピューマ、オセロットが獲物の声を真似るとも報告しているが、証拠はない）。

その他の一般的な獲物としては、スズメ目の小型鳥類、ホウカンチョウ類（シャクケイ、ヒメシャクケイ）、トカゲ、カエルなどがある。ブラジルに点在する大西洋岸森林での調査活動中に、マーゲイのメスと２頭の子どもがかすみ網で捕獲されたコウモリを襲っていることから、コウモリも獲物と見なしうる。無脊椎動物も頻繁に捕食するが、おそらくエネルギー摂取にはほとんど寄与していない。糞のサンプルからしばしば見つかっている果物は、果実を常食する獲物の胃か嗉嚢（そのう）の内容物に含まれていた可能性がある。飼育下ではイチジクを好んで食べるという。家禽は殺すが、密生した植生が近くにある場合に限られる。

狩りをするのは主に夜間で、ピークの時間帯は午後９時から午前５時だが、ブラジルで無線機付き首輪により調査した１頭のオスは周日行性のパターンを示した。

マーゲイは地上でも樹上でも自在に活動できるが、無線機付き首輪を装着した２頭（ブラジルのメスとベリーズのオス）は主として地上で動き回っており、地上で陸上と樹上の両方の獲物を探していたと推測される。この２頭は昼間は樹上で休んでいた。狩りの観察例はごく少数だが、ウルグアイでは地上から垂直方向に２ｍジャンプして木に止まったシャクケイを捕らえ、ブラジルの大西洋岸森林では、竹木立の中で高さ６ｍま

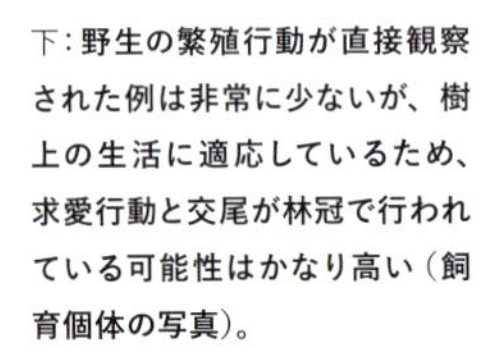

下：野生の繁殖行動が直接観察された例は非常に少ないが、樹上の生活に適応しているため、求愛行動と交尾が林冠で行われている可能性はかなり高い（飼育個体の写真）。

で20分間鳥を追いかけたが、失敗している。

行動圏

調査は進んでおらず、ベリーズ、ブラジル、メキシコで無線機付き首輪を装着したごく少数の個体の調査が行われた程度。単独で行動し、ネコ科の典型的なマーキングによって行動圏の境界を定める。行動圏の規模としては、メキシコのエルシエロ生物圏保護区のオスで1.2～6km²、ベリーズの大人に近いオスで11km²、ブラジルの大人に近いオスで15.9km²というデータがある。エルシエロの行動圏が小さいのは、生息条件が良く、大型肉食動物が存在せず、手厚い保護も受けているためだろう。メスの行動圏については推定データが非常に少ないが、ブラジルの亜熱帯林と農地がモザイク状に混在する地域で首輪を装着したメスは、20km²の行動圏を利用していた。エルシエロでは首輪を装着した4頭のオスの行動圏が大幅に重複しており、行動圏をどの程度防衛するかは不明。長距離を速いペースで移動でき、ベリーズの大人に近いオス（おそらく親元から離れようとしていた）の移動距離は、1時間に最大1.2km、一日平均6.7kmだった。このオスは常に高さ7～10mの絡まった蔓（つる）やコフネヤシの幹で休憩し、日中は休憩しながら2～3時間おきに地上を移動した。

カメラトラップ調査に基づくとオセロットより個体数密度は低そうだが、正確な推定データはほとんどない。オセロット、ピューマ、ジャガーがいるメキシコ中部の保護区（シエラナンチティトラ自然保護区）のマツとオークに覆われた山地林では、100km²当たり12.1頭と推定されている。

繁殖と成長

野生では不明。飼育下では、妊娠期間が長く、産仔数が少なく、体の大きさの割に驚くほど繁殖率が低い。繁殖の時期は限られている。妊娠期間は76～84日。メスはネコ科にしては珍しく1対の乳首しかなく、通常、産仔数は1頭（ごくまれに2頭）。

生後約8週で離乳し、メスは生後6～10カ月で性成熟するが、野生での初出産は2～3歳とみられる。

死亡率　ほとんど知られていない。

寿命　飼育下で24年だが、野生では間違いなくこれよりかなり短い。

上：2頭出産するのはごくまれで、ほとんどの場合は1頭。この傾向はオセロット、タイガーキャット、サザンタイガーキャットなどオセロット系統の他のネコにも共通する。

保全状況と脅威

マーゲイは森林への依存度が高い。ブラジルの森林と農地がモザイク状に混在する地域など、かなり撹乱された環境でも生息が記録されることがあるが、森林の転換や分断化への適応度は低いと考えられており、これが最大の脅威となっている。アマゾン盆地のような大規模な森林地帯以外では、個体群は分断され、多くの地域で個体数が減少している。繁殖能力が驚くほど低いために、個体数減少からの回復や以前の生息地への再定着の能力も限られている。それに加えて、マーゲイより大型ではるかに適応能力のあるオセロットの存在が、個体数に大きな影響を及ぼしているとみられている。斑点のある毛皮が大流行した時期には乱獲され、1976年から1985年までに最低12万5547頭の毛皮が合法的に輸出された。幸いなことに、現在ではマーゲイの毛皮の国際取引は全面的に禁止されているが、国内での利用を目的とした違法狩猟は今でも時々行われている。家禽を襲ったために迫害されたり、時にはペット用として子ネコが捕獲されることもある。違法取引と人間による殺害は、生息環境がすでに圧力を受けている地域でマーゲイの個体群に深刻な影響を及ぼしている可能性が高い。

ワシントン条約（CITES）附属書I記載。IUCNレッドリスト：近危急種（NT）。個体数の傾向：減少。

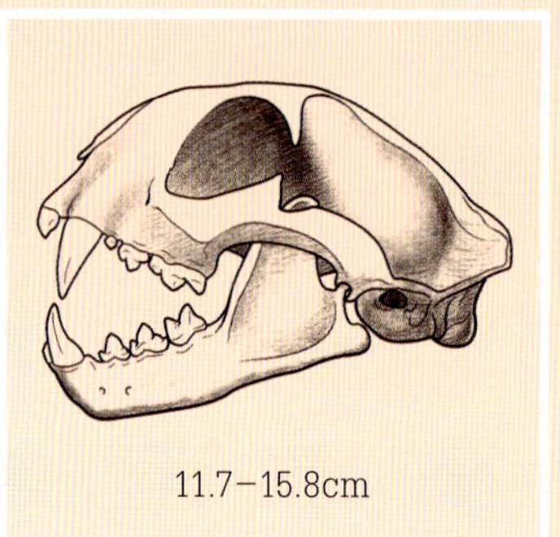

11.7−15.8cm

IUCNレッドリスト(2018):
低懸念(LC)

頭胴長 メス69−90.9cm、オス67.5−101.5cm
尾長 25.5−44.5cm
体重 メス6.6−11.3kg、オス7.0−18.6kg

オセロット

学名 *Leopardus pardalis* (Linnaeus, 1758)

英名 Ocelot

分類

オセロット属(およびオセロット系統)に分類され、最も近い近縁種はマーゲイ。分布地域内での遺伝学的多様性が大きく、(1) アマゾン川により北部のすべての個体群から隔てられている南米南部、(2) 南米北部のうちパナマ東部、ブラジル北西部、ベネズエラ、トリニダード(そして標本調査は行われていないがおそらくはコロンビア)、(3) 南米北部のうちブラジル北部とフランス領ギアナ(スリナムとギアナでは標本調査は行われていない)、(4) 中米とメキシコ——の4つの明確な個体群に分けられる。これにより示唆される亜種区分は4亜種。現在、最大10の亜種が挙げられているが、その大半は根拠が乏しい。

形態

中南米にすむネコ科の種の中では3番目に大きく、最も小さい大人の体重は大型のイエネコとほぼ同じ。屈強な体格で四肢はずんぐりしており、チューブ状の尾は短めで、通常は地面に届かない（例外もある）。頭はがっちりして鼻口部が特に大人のオスで大きく、丸い耳は背面が黒色で中央に白い斑点がある。どっしりした足は、前足が後足よりかなり大きい（これが「太った手」などを意味する現地名の由来）。

体毛は密生して柔らかく、地色はクリーム色がかった黄褐色から黄褐色、シナモン色、赤褐色、灰色まで個体群内および個体群間で幅があり、腹部は白い。斑紋は鮮やかで、黒色の単色か中心の抜けた斑点、縦縞、中心が錆褐色のロゼットなどがさまざまな組み合わせで体を覆う。下肢には通常、単色の斑点かまだらがあり、尾は先端が黒く、完全または不完全な黒い輪状の縞が入る。

類似種　マーゲイによく似ているが、一般にマーゲイよりはるかに大型でがっちりした体格で、尾が短いのが特徴。生後まもないうちは、オセロット、マーゲイ、タイガーキャット、サザンタイガーキャットは見分けが困難な場合がある。

分布と生息環境

トリニダード（2014年よりカメラトラップで生息を確認）とベネズエラのマルガリータ島を含む、メキシコ

下：すべてのネコには感度の高いヒゲがあり、暗い場所やまったくの暗闇で動く助けになるほか、噛み付いた瞬間の獲物の動きに即座に反応するのにも役立っている。ネコの体のあちこちには、感度の低い上毛に混じって別のタイプの長い触毛もまばらに生えている。

北部からブラジル南東部、アルゼンチン北部までの中南米全域に分布。チリには生息せず、ウルグアイでの生息は現在不確実だが、同国との国境間際のブラジルには生息する。かつては米国南部のアリゾナ州からアーカンソー州、ルイジアナ州までの地域に生息していたが、現在では繁殖可能な個体群はテキサス州南端の2カ所の分断された地域（ラグーナ・アタスコサ国立野生生物保護区とウィラシー郡）に合計60～100頭が残るのみとなっている。2009～2013年にはアリゾナ州南部のフアチュカ山脈、サンタリタ山脈、コチセ郡で少なくとも4頭のオスの写真が撮影された。

密生した有棘（ゆうきょく）低木林、低木林、樹木の茂ったサバンナ草原、マングローブ、湿地と林地がモザイク状に混在する環境、あらゆる種類の乾燥林と湿性林など多様な環境に生息するが、いずれの場合も密生した茂みを強く好み、同等の大きさのボブキャットなどのようにあらゆる環境に適応できるわけではない。密生した植生と獲物さえあれば、人為的に改変された環境にも耐え、二次林や広い低木の茂みがある農地（休耕地など）に生息する。通常、見通しの良い開けた環境は避けるが、茂みに近い牧草地や草原では、特に夜間に積極的に狩りをする。生息地の標高は通常0～1200mで、まれに3000mにも生息する。

食性と狩り

体は筋肉質で、大きくてパワフルな前足、がっしりした頭骨と大きな犬歯、強い咬合力（こうごうりょく）をもたらす発達した矢状稜（しじょうりょう）と力強い頬骨弓（きょうこつきゅう）を備える。こうした適応により、ナマケモノ、コアリクイ、ホエザル、クビワペッカリーの子ども、オジロジカの子どもなど大型の獲物を倒すことが可能。大人のマザマジカを食べた記録もある(死骸をあさったのかは不明)。それにもかかわらず、過去の調査に基づき、体重600g未満の非常に小型の哺乳類を主食にしていると見なされてきた。実際の食性

下：オセロットの体の大きさは生息地により異なるが、しばしば報告されているような南北の連続的変異ではない。大きさの主な決定要因は生息環境で、雨林にすむ個体が最も大きく、乾燥した環境（低木地、シャパラル、乾燥林など）にすむ個体が最も小さい。

はこの両極の中間あたりに位置するようだ。

多くの個体群では中型脊椎動物が最も重要な獲物で、アクシ、アグーチ、パカなどの大型齧歯類、オポッサム、アルマジロのほかに、大型爬虫類（特に体重約3g のグリーンイグアナ）が含まれる場合もある。これに加えて非常に小型の齧歯類を頻繁に殺して食物を補うが、頻度の割にはエネルギー摂取量への寄与は小さい。食性は臨機応変で、獲物のカテゴリーの相対的重要度は地域や種の得やすさによって変わる。平均すると最も大型の獲物を捕食しているのはパナマのバロコロラド島の個体で、ホフマンナマケモノ、ノドチャミユビナマケモノ、アグーチを主な食物とし（食物に占めるこの 3 種の割合は 33%で、ブラジルの大西洋林の 0%、ブラジルのイグアス国立公園の 10.7%を大きく上回る）、パカ、グリーンイグアナ、ハナジロハナグマも食べる。

その他の比較的一般的な獲物には、リス、ウサギ、ケイビー、キノボリヤマアラシ、小型霊長類（タマリン、リスザルなど）、鳥類（シギダチョウ、シャクケイ、キツツキ、ノバトなど）などがある。魚類、両生類、甲殻類などの水生・半水生の獲物も好んで食べることから、浸水した土地でも生息可能なようだ。非常に適応力が高く、得やすさによって選ぶ獲物を変える。たとえば、ベネズエラのリャノス（浸水サバンナ）では、雨季になると大型の陸生ガニが豊富になるため、これを大量に捕食する。

このほか、小さい獲物をほぼ手当たり次第に捕食し、コウモリ、トカゲ、ヘビ、小型カメ、カイマン（おそらく孵化（ふか）したばかりの子ども）、節足動物などが記録にある。食物として報告されている肉食動物は比較的少なく、最も一般的なハナグマとカニクイアライグマ以外には、オリンゴ、キンカジュー、カニクイイヌ、タイラ、ヒメグリソン、マーゲイ、タイガーキャットの記録がそれぞれ 1 件ずつある程度。爬虫類と鳥類の卵も食べる

下（左・右）：**ネコは生息地を動き回りながら、狩りのチャンスを敏感に捉える。狙う獲物の所在に確信が持てないこのオセロットは、後足で立って様子をうかがった後、音を立てずに近くの木に登り、さらに情報を集めてから狩りの判断を下す。**

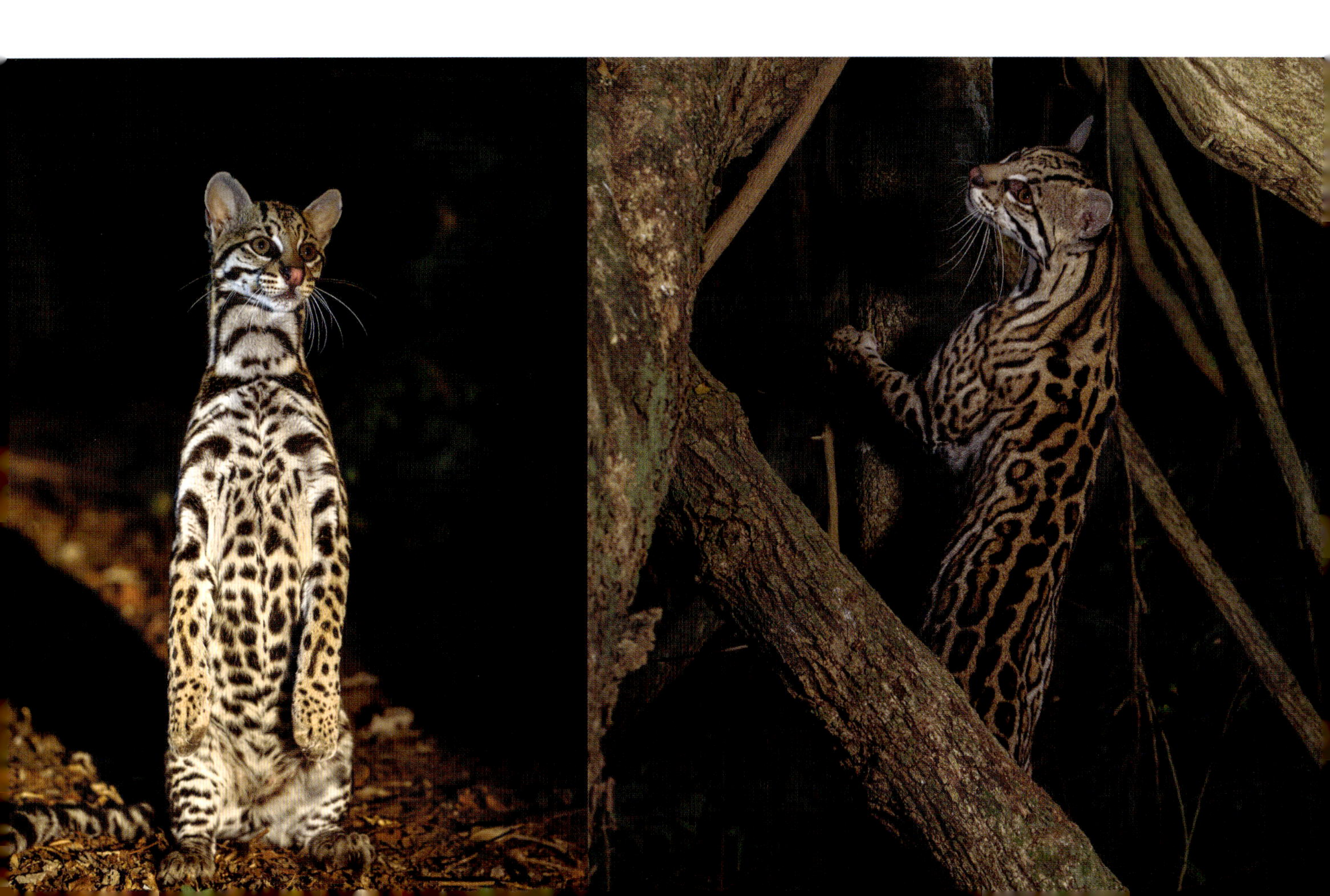

右：オセロットは、パナマのバロコロラド島で排便のため地上に降りてきた最も無防備な状態のナマケモノを殺すところを観察されている。ナマケモノは、林冠ではカムフラージュと有名なゆっくりした動きのために非常に見つけにくいが、それでも木の上でオセロットに捕まることがある。

ことがある。

共食いの記録は、飼育下でのごくまれな例のみ。家禽は時々殺すが、その他の家畜を襲った記録はない。

活動は日中のあらゆる時間に観察されているが、カメラトラップ調査によれば、明らかに夜間と明け方・夕暮れを中心に活動し、午後8時から午前6時までの間が最も活発。雲った涼しい日や雨季（たとえばベネズエラのリャノでは曇りの日が多くなる）は日中の活動が増える。無線機付き首輪を装着したペルーの母親は、おそらく自分と1頭の子どもの食物を確保するため、一日17時間狩りができるよう昼間の活動を増やしていた。

広範囲に分布し、多くの生息地で最も個体数の多いネコである割に、オセロットの狩りの直接観察例は意外なほど少ない。狩りは主に地上で行うが、木登りが得意で樹上の種が比較的しばしば食物に含まれることから、一部の獲物は樹上で捕食していると考えられる。オセロットが若いマントホエザルを木の上で襲った記録が1件ある（バロコロラド島）。

下：グリーンイグアナを殺すオセロット（パナマ、バロコロラド島）。詳細に調査された個体群では、イグアナがコスタリカ、パナマ、メキシコの少なくとも3つの森林で獲物のトップ3に数えられる。

狩りのテクニックは、静かに歩きながらあたりを見渡し、獲物の音に耳を澄ます方法と、待ち伏せする方法の2種類があり、この2つを組み合わせて用いる。待ち伏せでは、倒れた木などの高いところに最長1時間座り込み、獲物の居所が明らかになるのを待つ。主に密生した茂みのそばで狩りをするが、獲物が豊富で簡単に見つけ出せる小道沿いや川岸、海岸、開けた土地の周縁でも頻繁に獲物を探す。泳ぐのは得意で、大きな川をしばしば泳いで渡る。水深の深い所で狩りをするという証拠はないが、水際の浅瀬や、季節的に浸水するサバンナ（リャノス、パンタナルなど）のようにずぶ濡れになる場所では狩りをする。小型から中型のほとんどの獲物は首か頭骨に噛み付いて殺し、たとえば体重2～3kgのマダラアグーチ6頭が頭骨への一噛みで殺された記録がある（バロコロラド島）。

死骸は好んであさり、ブラジルのパンタナル南部では、釣り人のごみ捨て場に夜出かけていき、魚の内臓を食べるという。多くの場合、食物は木の葉や土で完全に覆って隠しておき、何夜かに分けて食べる。

行動圏

調査した地域では、単独で行動し、ネコ科特有の社会・空間行動のパターンに従っている。大人のオセロットは、専用のコアエリアと他の個体と大幅に重複する周辺エリアからなる固定的な行動圏を維持する。通常、オスの行動圏の面積はメスの行動圏の2～4倍。大人は行動圏を同性の同種から守るためにパトロールやにおいのマーキングを行い、時には死に至るほど激しく争うこともある。行動圏に定住する大人は、オス、メスとも自分の子どもが独り立ちした後に1年以上親の行動圏にとどまるのを容認する。こうした親子が日常的に関係を持っていることを裏付ける証拠もいくつかある。オセロットは狩りやその他の日常の活動は主に単独で行うが、ほとんどのネコ科の種と同様に、顔見知り同士は日常的に交流しているようだ。見なれない移入者は、行動圏の定住者（特にオス）の攻撃を受けるおそれがあり、親元を離れた若いオセロットの死因の1つになっている。たとえばテキサス州では、行動圏を求めてさまよっていた2頭がそこに定住していた

下：アマゾンミドリインコを捕らえたオセロット。ミネラルを得るために粘土層の壁に集まっていたところを空中で叩き落とした（ペルー、タンボパタ国立保護区）。

オスに殺された（1983年から2002年までの29頭の死亡の7%に相当）。

ラジオテレメトリーによる行動圏の面積推定はアルゼンチン、ベリーズ、ブラジル、メキシコ、ペルー、ベネズエラ、米国で行われており、同等の大きさの他のネコ科に比べるとかなり小さい。最も小さいのは季節的に浸水するサバンナ（ブラジルのパンタナルとベネズエラのリャノス）、最も大きいのはセラードと呼ばれる乾燥したサバンナ（ブラジルのエマス国立公園）。オスの行動圏（平均5.2～90.5km²）は複数のメスの比較的小さい行動圏(平均1.3～75km²）と重複する。

調査されたほぼすべての例で、個体数密度は他の小型ネコより高く、良好な環境ではきわめて高い水準に達している。推定データには、ベリーズの熱帯マツ林の100km²当たり2.3～3.8頭、ブラジルの大西洋林の同13～19頭、ベリーズの熱帯雨林の同26頭、ボリビアのチャコからチキターノまでの乾燥林の同52頭などがある。

繁殖と成長

意外なことに繁殖率は低い。妊娠期間がかなり長く、産仔数がきわめて少なく、出産の間隔が長いため、メスが生涯に産む子どもの数はわずか5頭前後と、大型ネコとほぼ同じか、やや少ない。繁殖は時期が限られ、妊娠期間は79～82日。産仔数は1～2頭で、飼育下では1頭が普通だが、3頭という記録もまれに見られる。

子どもの成長は遅く、生後17～22カ月で独り立ち

下:すべてのネコと同様、オセロットも爪とぎ、放尿、排便など縄張りを示すさまざまなマーキングで同種に情報を残す。時に共同の排泄場所（たとえば小さな観察所のコンクリートの床）を利用することも知られている。

し、2～3歳まで親の行動圏にとどまることがある。親元からの独立は、ネコ科に典型的なパターンに従い、オスがメスより遠くに移動するようだが、データ（特にメス）は限られており、モニタリング調査では大半が定住する前に死亡している。親の行動圏からの移動距離は2.5～30km。テキサス州では、（モニタリング調査した9頭のうち）生き残った6頭が親の行動圏から2.5～9km離れた場所に定住した。

死亡率　ほとんどの個体群では死亡率のデータが存在しない。テキサス州の個体群の年間平均死亡率は、行動圏に定住する大人の個体で8%、親元から移動する大人に近いの個体で47%と幅がある。この個体群の死亡の45%は主に交通事故などの人為的な要因によるもので、自然要因による死亡は35%だった（残りは原因不明）。捕食動物として知られるのはジャガー、ピューマ、イヌ。ボアコンストリクターとアメリカアリゲーターに大人のオセロットが殺された記録がそれぞれ1件ある（テキサス州）。大型のアナコンダとカイマン、そしておそらくオウギワシにも襲われやすいようだ。無線機付き首輪を装着したテキサスのオセロット1頭は、ガラガラヘビに噛みつかれて死亡した。

寿命　野生では不明、飼育下では20年。

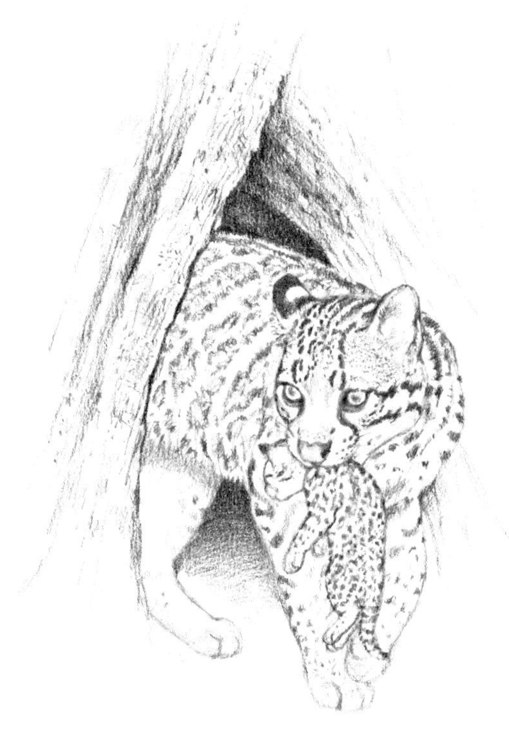

左：**オセロットは広く分布し、多くの生息地でよく見かけるが、繁殖についてはあまり知られておらず、野生の子ネコの生存率はほぼ不明。**

保全状況と脅威

分布範囲は広く、さまざまな環境に生息し、高い個体数密度に達することができる。生息地の大部分では、保全状況に懸念のないありふれたヤマネコと見なされている。かつての分布地域の周縁部、特に米国南部、メキシコ北部・西部、ブラジル東部・南東部の大半、ウルグアイ、アルゼンチン北部では生息地の消失が進み、すでに絶滅したか遺存種として生息。現在の生息地の大部分では、広範囲で連続的もしくは準連続的に分布しているが、植物の密生した環境に依存し、繁殖能力も極めて低いため、人為的な圧力に弱く、脅威が後退した後も個体数の回復や再定住が望みにくい。生息環境の破壊は、違法な狩猟とともに個体数減少の主因となっている。かつては斑点のある毛皮の需要を満たすために乱獲され、1960年代と1970年代には年間14万～20万頭の毛皮が中南米から輸出された。1989年に毛皮の国際取引が違法となり、狩猟もすべての生息国で禁止されたが、現在も娯楽のために、あるいは毛皮の国内での違法取引や海外への密輸の目的で、かなり広範囲で狩猟が行われている。オセロットはイヌを使って木の上に追い込めば容易に撃つことができ、特に大牧場などではこの方法が広く用いられている。家禽を襲ったことへの報復としてしかけられた罠（他の動物のためにしかけられた場合もある）にかかり殺されることもしばしばある。オセロットの主な獲物のパカ、アグーチ、アルマジロなどは、生息地全域で非常に広範囲に狩猟され、オセロットの最も重要な獲物であるオジロジカとトゲオイグアナは食肉目的で乱獲されるなど、人間がオセロットと獲物をめぐって競合している可能性もある。

ワシントン条約（CITES）附属書I記載。IUCNレッドリスト：低懸念（LC）。個体数の傾向：減少。

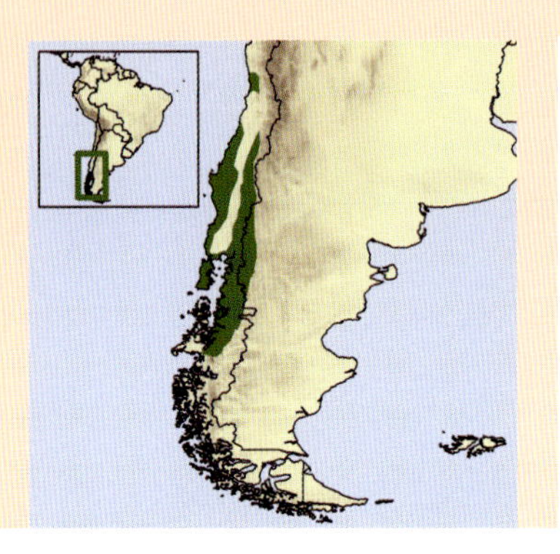

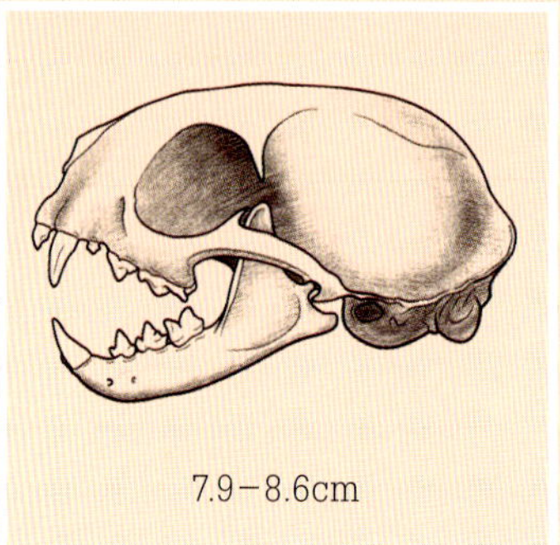

7.9−8.6cm

IUCNレッドリスト(2018):
危急種(VU)

頭胴長 メス37.4−51cm、オス41.8−49cm
尾長 19.5−25cm
体重 メス1.3−2.1kg、オス1.7−3kg

コドコド

学名 *Leopardus guigna* (Molina. 1782)

英名 Guiña

別名 Guigna、Kodkod、Chilean Cat

分類

オセロット属に分類される。最も近い近縁種はジョフロイキャットで、共通の祖先から100万年以内前に分岐した。両種はかつてパンパスキャットとともにコドコド属に分類されていたが、現在は近縁種のタイガーキャットとともにオセロット属を形成するとの見方が一般的である。

わずかな形態学的差異と遺伝学的差異により2亜種に区分される。チリ南部に生息する基亜種コドコド *L. g. guigna* は比較的大型で体色が明るく、チリ中部に生息する亜種チリコドコド *L.g. tigrillo* は体色が比較的薄い。

形態

北中南米に生息するネコ科の種の中で最小。体は小作りで、短めの脚と太くてふさふさしたチューブ状の尾を持つ。灰褐色から鮮やかな錆(さび)褐色の体毛には筆で一塗りしたような濃色の小さな斑点があり、背中から首にかけてはつながって太い点線状となる。頭は小さくて丸く、こぢんまりした顔は、頬の濃い縞、眉のような縦筋、目の下から鼻口部の輪郭に沿って流れる濃い筋がよく目立つ。この特徴から、一見するとピューマの子どもに顔が似ている。メラニズムは珍しくなく、四肢が（黒色ではなく）赤褐色で斑紋が明瞭な個体もいる。チリ南部の 2 地点では、捕獲した 24 頭のうち 16 頭が黒色だった。

類似種　外見上はジョフロイキャットに非常によく似ているが、ジョフロイキャットのほうが大きく、頭がどっ

左：ラグーナ・サンラファエル国立公園のメラニズムの子ネコ。同公園の個体群は分布地域南端のタイタオ半島に生息し、他の個体群とは東側の広い氷原で隔てられている。

下：この大人のメスはチリ中部に生息する比較的大型で色の薄い亜種 *L. g. tigrillo*（飼育個体の写真）。

しりしており、尾はコドコドほどふさふさしていない。両種はコドコドの分布地域東端部（アルゼンチン南部のロスアレルセス国立公園、チリのプジェウエ国立公園など）でのみ共存する。

分布と生息環境

中南米にすむネコ科の種の中で分布地域が最も狭く、チリ中部・南部（チロエ島を含む）に限られ、それ以外にはアルゼンチン南西端のチリとの国境に隣接する地域にわずかに生息するのみ。

密生した温帯雨林とナンキョクブナ林、とりわけチリ南部のバルディビアン森林（コリウエ竹の密生した茂みと低層のシダが特徴）との関連が深い。チリ中部では、温帯林、林地、密生した低木地からなるマトラルと呼ばれる環境に主に暮らす。生息環境の標高は、好適条件下で0mから1900～2500m（高木限界）。耕作地のような開けた土地や丈の低い植生域（茂みに向かう途中で横切る断片的なものを除く）は常に避ける。二次林、森林に覆われた峡谷（きょうこく）、著しく改変された地域の海沿いの細長い森林地帯には生息し、小さい森林区画やプランテーション（ユーカリ、マツなど）にも、原生林に近く、密生した低層植生さえあれば、暮らしていける。

食性と狩り

主な獲物は非常に小型の齧歯類（特にオリーブナンベイヤチマウス、ケナガナンベイヤチマウス、チリネズミ、オナガコメネズミ）と非常に小型の有袋類（ゆうたいるい）（体重16～42gのチロエオポッサムなど）、鳥類とそのひな(ムナフオタテドリ、クロアカオタテドリなどのほとんど飛ばない種とハリオカマドドリ、フォークランドツグミ、ナンベイタゲリなどの地上で採食または営巣する種)。小型爬虫類と昆虫も食べるが、エネルギー摂取量に占める割合は比較的小さい。

下：チリ南部ラ・アラウカニア州のバルディビアン雨林にすむ野生のコドコド。やや小型で色が比較的鮮やかな南部基亜種*L. g. guigna*。

チロエのように人間が多く住む地域の断片化された生息地では、家禽のニワトリやガチョウを放し飼い状態で（時には小屋の中でも）襲う。家禽のガチョウは確認されている最大の獲物だが、同等の大きさの野生の鳥を捕食した記録はない。山羊を殺す、20頭もの集団で狩りをするといった現地住民の報告は信憑性が低い。

狩りは昼夜を問わず行うようだが、夕暮れから宵にかけて最も活発になる傾向がある。狩り場は主に地上で、小型哺乳類と鳥類がふんだんに手に入る、下生えの密生した下層植生が中心。木登りもうまく、低い枝の上でも盛んに狩りをする。峡谷（きょうこく）の急斜面の木の上で小型のトカゲを追い詰めているところを目撃されているほか、最近では樹洞（じゅどう）に営巣する鳥や小型哺乳類が使う樹上の人工巣箱（最大高さ1.5m）を襲うところを写真に撮られている。巣の襲撃はおそらく獲物を確保する重要な手段なのだろう。魚類は食物として記録されていないが、泳ぎは得意で、若いオスが潮だまりで10分間魚を捕まえようとして失敗した観察例があることから、魚類と無脊椎動物も時々食べている可能性が高い。プーズーや羊の死肉をあさることも知られているが、コドコドの生息地では大きな死骸が手に入る機会は少ない。

上：チリのプジェウエ国立公園の観光用舗装道路で立ち止まるコドコド。道路建設によって生息地の分断化という深刻な脅威が拡大し、多くの個体群が孤立林に隔離されている。

行動圏

基本的に単独で行動し、小規模で安定した行動圏を確立しているとみられるが、大人の個体と若い独り立ちした個体との間で行動圏がかなり重複していることがある。チリ南部で3年半調査された2つの保護区（ラグーナ・サンラファエル国立公園とケウラト国立公園）の個体群では、無線機付き首輪を装着したすべての個体の行動圏が隣り合う個体と大幅に重複していた。共用部分には行動圏のコアエリアが含まれ、縄張り防衛行動の証拠はほとんど見当たらなかった。こうした状況で衝突が起きることは少なく、あってもさほど激しいものではなさそうだ。同じ調査で衝突が見られたのはわずか2回（ともにオス同士）で、ともに双

左：人工巣箱のモニタリングにより、ひなを「釣る」能力があることが明らかになった。自然の樹洞でも同じ行動をとっていることはほぼ確実だろう。

方がけがすることなく解決した。いずれのケースでも若いオスが近隣にとどまったことは、同性の競争相手を縄張りから立ち退かせるのにけんかはさほど役に立たないことを物語っている（他の多くのネコ科でも同様）。これに比べるとチロエの個体群は縄張り意識が強いようで、少数の大人はコアエリアをやや独占的に利用している。2頭の大人のオスが行動圏の境界をパトロールし、境界で絶えず大きな声を出していたという証拠もわずかながらあった。チロエでは人為的に改変された環境に暮らし、おそらく獲物が手に入りにくいことが、そうした強い縄張り意識を生んでいるのだろう。

保護区の個体群では行動圏の規模に性差はなく、平均値はメスが2.4km²、オスが2.9km²。断片化された環境では、ごく少数の個体から導いた推定値ではあるが、メスの行動圏はオスよりやや小さい。たとえばチロエでは、メスの0.6km～1.7km²に対しオスが1.6～3.7km²、ラ・アラウカニアの人為的に改変された環境では、メスの1.2～3.2km²に対しオスが2.3～4.8km²である。24時間当たりの移動距離は最大9kmで、メスが平均4.5km、オスが平均4.2kmと性差はない。

ラジオテレメトリー調査により推定した個体数密度（大人と大人に近い若い個体）は1km²当たり1～3.3頭と高い。

繁殖と成長

野生ではほとんど知られていない。生息地の冬はかなり寒冷なため、季節繁殖の可能性があるが、情報は乏しい。チリ南部で捕獲された少数の子どもの推定年齢に基づくと、おそらく交尾期は初春と8月～9月、出産期は10月下旬～11月上旬。飼育下では妊娠期間は72～78日、産仔数は1～3頭。

死亡率　ほとんど知られていない。捕食動物として考えられる最大の種はピューマだが、コドコドの現在の分布地域にはほとんど、または一時的にしか生息していない。大型のクルペオキツネは子どものコドコドを捕食している可能性がある。調査された地域では、人間とその飼い犬が死亡の最大の要因で、チロエでは無線機付き首輪を装着した7頭のうち2頭がこの要因により死亡した。

寿命　野生では不明、飼育下では11年。

保全状況と脅威

コドコドは分布範囲が約30万km²と非常に限られているうえ、生息を依存している分布地域固有の密生した温帯林が深刻な脅威にさらされている。耕作地やプランテーションを拡大するための森林開拓により生息地は縮小し、多くの小さな個体群への分断化が進んだ。推定によると、分断化が深刻なチリ中部には隔絶された24の下位個体群があり、その90%は個体数が70頭に満たない。これに比べ、人口密度が低く、数カ所の大規模な保護地区に個体群が暮らすチリ南部の状況は比較的安泰。家禽を襲うとして広く迫害されているが、実際の被害は一般に考えられているほど大きくないようだ。たとえば、ラ・アラウカニア州で行われた199人の養鶏家への聞き取り調査によると、前年（2011年）にコドコドの被害にあったと回答したのはわずか4.5%にすぎなかった。それにもかかわらず、追われると木の上に逃げ込むという習性もあり、地元住民による違法な殺害は後を絶たない。イヌや罠を使った合法的なキツネ狩りで誤って殺されることもある。体が小さく毛色がややくすんでいるため、毛皮目的で狙われたことはほとんどない。

ワシントン条約（CITES）附属書I記載。IUCNレッドリスト：危急種（VU）。個体数の傾向：減少。

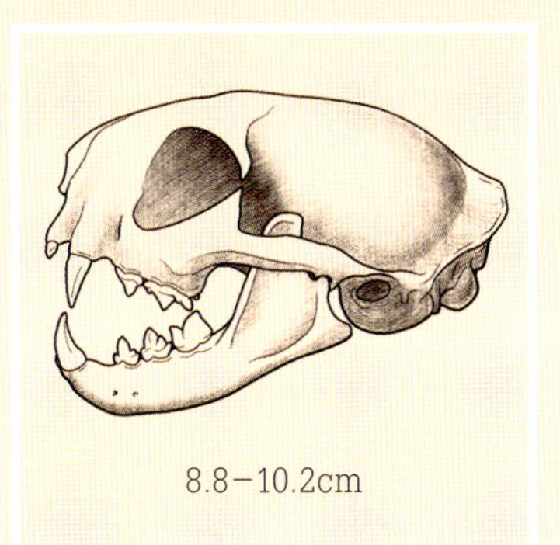

8.8–10.2cm

IUCNレッドリスト(2018)：
近危急種（NT）

頭胴長 42.3–79cm
尾長 23–33cm
体重 1.7–3.7kg

パンパスキャット

学名 *Leopardus colocolo*(Molina, 1782)

英名 Colocolo

別名 Pampas Cat、Pantanal Cat

コロコロ型

パンパス型

パンタナル型

分類

かつてはコドコド、ジョフロイキャットとともにコドコド属（現在は無効）に分類されるか、単独でパンパスキャット属に分類されてきた。しかし、最近の分子解析により明確にオセロット属に分類された。最も近い近縁種はアンデスキャットと考えられているが、遺伝子データは乏しく、さらなる調査研究が求められる。タイガーキャットも近縁種で、過去にブラジル北東部と中部でタイガーキャットのオスとパンパスキャットのメ右：大きなピンク色がかった鼻で近縁種のアンデスキャットと見分けがつく（飼育個体の写真）。

スが交雑した証拠がある（現在両種は交雑していないと考えられているが、交雑の可能性はあり、進行中の研究で明らかになるだろう）。

パンパスキャットは形態学上３つのグループに分けられ（「形態」の項参照）、それぞれが独立した種とされることもあるが、入手可能な遺伝子データによると、個体群間の差異はわずかである。

現在挙げられている最大８つの亜種分類には分子的根拠がほとんどなく、信頼できるデータが得られれば修正される可能性が高い。

形態

イエネコと同じくらいの大きさの比較的小型でずんぐりしたネコで、短めの脚と毛が密生したやや短い尾を持つ。南米にすむ他のすべての小型ネコの耳が丸いのに対し、パンパスキャットの耳は大きな三角形。

下：さまざまな開けた土地に生息するが、イヌなどの捕食動物に狙われやすいため、密生した草むらや低木、岩場などの隠れ場から遠く離れることはめったにない。

体毛の色と模様には幅があり、前脚の濃褐色もしくは、黒色の横縞を唯一の共通点とする3つの明らかな形態型に分けられる。3つの形態型はおおむね地域固有だが、それぞれの型内で変化があり、型の間の相互移行もある。「コロコロ」型は体毛の地色が淡黄褐色から灰色で、鮮やかな赤褐色の斑点に覆われ、尾には濃色の横縞がある（ペルー、チリ、アルゼンチンのアンデス高地）。「パンパス」型は白っぽい灰色の体毛にシナモン色の大きくて不明瞭なまだらがある（アンデス山脈の東側のコロンビアからパタゴニアまでの地域）。「パンタナル」型は体毛の色が錆（さび）茶色から赤褐色と最も濃く、斑紋がないか、不明瞭なまだらがあり、足先は濃褐色か黒色でソックスを履いたように見える（ボリビア、ブラジル、パラグアイ、ウルグアイの東部）。メラニズムはブラジルとペルーで記録されている（が、おそらくより広範囲で発生している）。

類似種　「コロコロ」型はアンデスキャットによく似ており、アンデスキャットの生息地で最もよく見かける形態型だが、アンデスキャットに比べると、一般に斑紋が多く、尾もそれほど長くふさふさしていない。鼻もピンクか赤みを帯びた色で、アンデスキャットの黒い鼻とは異なる。

分布と生息環境

コロンビア南端からチリのマゼラン海峡まで、アンデス山脈沿いのほぼ北から南までの地域と、ボリビアの低地からブラジル中部・北部、パラグアイ、ウルグアイ、アルゼンチン（北部・中東部の州を除く大部分）までの内陸部全域に分布。分布地域はしばしば非連続的な個体群により形成されるが、非連続性は分布ではなくサンプルの空白によるものである可能性が高い。進行中のカメラトラップ調査は、これまで分布の空白とされていた地域内での生存をたびたび記録している。

パンパスキャットはきわめて多様な環境に生息する。一般には開けた土地と関わりがあるが、一部の密生した林地や森林にも暮らし、パンパスとセラード草原、あらゆる種類の湿性サバンナと乾燥サバンナの林地、湿地、マングローブ、疎林、半乾燥低木地と砂漠、さらにはアンデス山脈のステップ（標高5000mまで）で見られる。アンデス高地と東側の低地との間に広がるアンデスの東斜面に沿った、ユンガスの密生山地林帯でも生息記録がある。低地の熱帯林と温帯林には生息しない。

大牧場、外来種のプランテーション、農耕地などを含むかなり人為的に改変された環境にも、地表を覆う密生した植生があれば暮らせるが、現在のアルゼンチンのパンパスの大部分を含む、著しく環境が劣化した牧草地や広大な単一栽培農地には耐えられない。

上:**パンパスキャットは有蹄類（グアナコなど）の新生児を殺す力があるが、確認された記録はない。有蹄類の死骸を食べていたという報告の大半は死肉をあさったものだろう。**

食性と狩り

研究は遅れている。アルゼンチンのアンデスとブラジルのセラード草原で現在行われているラジオテレメトリー調査により生態解明が進むことは確実だが、データはまだ公表されていない。食性に関して現在わかっている情報は、主に糞と胃の内容物の分析から得られたもので、それによると臨機応変にさまざまな生物を捕食する。小型哺乳類を主食とし、ダーウィンオオミミマウス、ノネズミ、大型ネズミ、テンジクネズミ、ツコツコ、チンチラ、ヤマビスカーチャなどの齧歯類が主な獲物。アンデス地方ではビスカーチャが最も重要な獲物で、アンデスキャットの食性とかなり重複するが、パンパスキャットのほうが適応力が高く、獲物の種類が幅広い。導入されたヤブノウサギは、パタゴニ次ページ：**中南米産の斑点のあるネコの毛皮が大流行した時期に、最も活発に取引されたのはパンパスキャットだった。アルゼンチンだけで1976～1979年に7万8000頭以上の毛皮が輸出された。**

下：**観察者に驚いたこのパンパスキャットは、地面に平らに寝そべって動きを止める。これは、隠れ場の少ない生息地の小型ネコがよく使う、見つからないための自己防衛策だ（チリ、サンペドロ・デ・アタカマ）。**

アでパンパスキャットの重要な獲物となっている。

そのほかの主な獲物には、シギダチョウ、大人のフラミンゴ、マゼランペンギンのひなと卵などがあり、いずれも巣を襲う。小型の爬虫類とヘビ、無脊椎動物も食べた記録があり、家禽も捕食する。

食物の記録から、狩りは主に地上で行うとみられるが、木登りの名手であることから、少なくとも低い枝では獲物を追いかけている可能性が高い。

活動時間は地域により大きく異なるようで、カメラトラップ調査の結果に基づくと、アルゼンチンのアンデス地方ではおおむね夜行性であるのに対し、ブラジルのセラード草原ではほぼ完全に昼行性。セラードには夜行性の大型ネコが生息していることがその理由と考えられるが、ピューマが多数生息するアンデス地方では、パンパスキャットはほぼ夜間に活動している。亜熱帯にすむその他多くの小型ネコと同様に、パンパスキャットもさまざまな要因に応じて行動パターンを柔軟に調整しているということなのだろう。

家畜やビキューナ、グァナコなど大型の動物の死骸もあさる。

行動圏

単独で行動し、ネコ科の典型的な空間行動システムを有すると考えられているが、詳細はほとんど不明。進行中のテレメトリー調査の結果が待たれる。

無線機付き首輪を装着した個体から得られた暫定的データによると、行動圏の規模は3.1～37km²で、平均19.5km²（ブラジルのエマス国立公園のセラード草原）。1頭の個体の20.8km²（アルゼンチンのアンデス地方）という推定データもある。アンデス地方の行動圏が広いのは、セラードに比べて獲物の分布が低密度でまばらなためと考えられるが、判断にはより多くの個体のデータが必要。亜熱帯にすむ他のいくつかの小型ネコと同様、排泄場所に糞を溜める習性があり、

これにはおそらく個体間隔の維持と「道しるべ」の役割があるのだろう。

個体数密度の正確な推定データはほとんどないが、カメラトラップのデータに基づくと、アルゼンチンのアンデス高地で100km²当たり74～79頭と推定される。

繁殖と成長

野生ではほとんど知られていない。飼育下での限られた情報に基づくと、妊娠期間は80～85日。産仔数は1～3頭で、飼育個体13頭の平均は1.31頭。

死亡率　あまり知られていない。時には比較的大型のネコに殺されることがあるようで、パタゴニアでピューマに襲われた例が1件記録されている。アルゼンチン北西部の開けた土地など、一部の地域ではイヌにしばしば殺される。

寿命　野生では不明、飼育下では最長16.5年。

保全状況と脅威

広く分布し、さまざまな環境に耐えられるパンパスキャットは、かつてはありふれた存在と見なされていた。しかし、一部の地域ではよく見かけるものの、過去10年に行われた多くの調査により、実際には分布地域の大半で希少であることが明らかになった。低地では、生息地の消失と牧畜や農業のための環境転換が最大の脅威で、とりわけブラジルのセラード草原、アルゼンチンの有棘林（ゆうきょくりん）（エスピナル）とグランチャコの林地などでは、この脅威が蔓延（まんえん）している。農地（特に大豆）の拡大はアルゼンチン中部の個体数減少を引き起こしているようで、名前の由来であるアルゼンチンのパンパス草原では絶滅したと考えられている。交通事故で頻繁に死亡し、家禽を襲ったとして迫害され、開けた土地などではシェパードに襲われやすい。パンパスキャットとアンデスキャットの毛皮や剥製が豊作と家畜の多産をもたらすと信じられているアンデス地方では、宗教儀式で用いるために殺される。

ワシントン条約（CITES）附属書Ⅱ記載。IUCNレッドリスト：近危急種（NT）。個体数の傾向：減少。

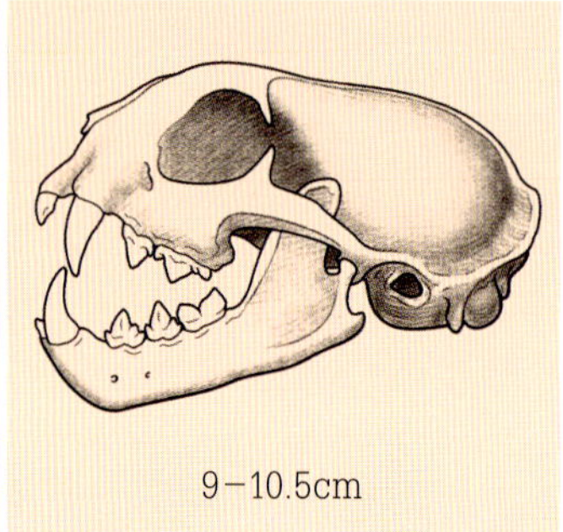

9－10.5cm

IUCNレッドリスト（2018）：
絶滅危惧種（EN）

頭胴長　57.7－85cm
尾長　41－48cm
体重　4.0kg（1頭のオスのデータ）

アンデスキャット

学名 *Leopardus jacobita* (Cornalia, 1865)

英名 Andean Cat

別名 Andean Mountain Cat

分類

以前は単独でアンデスキャット属を形成していたが、遺伝子分析により明確にオセロット系統に分類された。最も近い近縁種と考えられているのはパンパスキャット。しかし、その証拠は不確かで、さらなる調査が求められる。亜種は認められていないが、最近の遺伝子分析により、分布地域最南部のパタゴニアの個体群は他の個体群とは明らかに異なる進化的重要単位（ESU）であることが示された。

形態

特大のイエネコと同じくらいの大きさで、がっちりした太い脚と大きな足先を持つ。顔には目からこめかみにかけてと頬に濃い横すじがあるが、それ以外の斑紋は薄い。やや不安げな顔つきが特徴的。長い尾は毛がふさふさと密生し、チューブのように見える。

淡い銀灰色の厚い体毛には錆(さび)色の大きなまだらがあり、顔、胸、足ではまだらの色が灰褐色となる。尾には 5 〜 10 本の太くて明瞭な錆色の縞が入り、先端近くで、しばしば錆褐色を挟んだ濃褐色の縞に変わる。

類似種　生息地の大部分で共存する「コロコロ」型のパンパスキャットと混同されやすいが、アンデスキャットのほうが斑紋が不明瞭で、尾が長くふさふさしており、鼻は黒く、パンパスキャットのピンクもしくは赤みがかった鼻とは異なる。

分布と生息環境

ペルー中部・南部、ボリビア西部、チリ北東部、ア

下:チリの高原（アルティプラーノ）でカメラトラップにより撮影された母子。子ネコは体色がやや濃く鮮やかなことが多く、パンパスキャットによく似ている。

右：ヤマビスカーチャと非常に小さな齧歯類が食物の大半を占める。通常、最も多く食べるのはネズミだが、生存にはネズミの25倍の体重のビスカーチャが不可欠。

下：乾燥した塩湖のほとりで獲物を探す野生のアンデスキャット（チリ、アンデス山中のスリレ塩湖自然公園）。

ルゼンチン西部の標高3000～5100m（ほとんどの記録は4000m以上）のアンデス高地にのみ分布。生息環境は高木限界より上に位置する植生のまばらな半乾燥・乾燥地域に限られ、ボフェダル（氷河の融水を水源とする湿地の低木林や草原）や乾性低木林が点在する岩だらけの険しい斜面が中心。最近ではアルゼンチン南西部パタゴニアの標高650～1800mのステップ（高木限界より下に位置し、低木やステップ植生のある岩がちな地域）でも生息が記録されている。

食性と狩り

岩の多い環境にすむ中型齧歯類に大きく依存している。アンデスキャットの生息地は、かつて重要な獲物だったとみられるチビオチンチラの過去の生息地と重複するが、同種は毛皮目的で乱獲され、現在は絶滅が危惧される少数の小規模な個体群しか残っていない。アンデスキャットは現在、生息地がおおむね重複する2種のヤマビスカーチャ *Lagidium* spp. をほぼ専門に捕食している。ハツカネズミ、チンチラ、ケイビー、ヤブノウサギ、シギダチョウも重要な獲物だ。

有蹄類の死肉をあさることもある。家畜にどのような影響を及ぼしているのかはよくわかっていない。家禽を襲うという証拠はほとんどないが、そもそもアンデスキャットの生息地では家禽の飼育例が少ない。アルゼンチンのパタゴニアでは、生後間もない山羊の子どもを襲うのを目撃したという家畜（小型家畜）飼いの信憑性の高い報告がある。

カメラトラッピングの限られたデータと無線機付き首輪を装着した1頭のメスの短期間の記録に基づくと、基本的に夜行性で、明け方と夕暮れに最も活発に狩りをするようだ。この時間帯はビスカーチャの活動のピークと重なるため、外せないのだろう。日中の目撃例とテレメトリーによる活動データから、狩りのパターンには柔軟性があるとうかがえる。植生の乏しい環境に生息するアンデスキャットは、岩だらけのごつごつした地面の上で、慣れた様子ですばやく狩りをする。

行動圏

ほとんど知られていない。大部分の目撃例とカメラトラップの記録から、基本的に単独で行動すると推測される。これまでに無線機付き首輪による調査が行われたのは6頭にすぎず、そのうちボリビアのアンデス山脈にすむ1頭のメスのデータだけが公表されている。調査期間は7カ月で、行動圏の規模は推定65.5km²と予想外に広い。アルゼンチンのアンデスに生息する残り5頭の暫定的データでも、行動圏の規模は平均58.5km²と同程度に広く、同じ地域に生息するパンパスキャットの2倍である。行動圏が広いのは、間隔の広いコロニーで暮らしているビスカーチャに食物を依存しているため、コロニーからコロニーへ長距離を移動しなくてはならないからかもしれない。近縁種のパンパスキャットと共存する地域では、カメラトラップによる撮影回数がパンパスキャットより常に少ない。

下：最近の調査と野生動物カメラマンの時折の目撃例により、確認された分布地域が広がった。それでも、分布範囲は非常に限られており、頻繁に見られる場所はどこにもない。

個体数密度の唯一の正確な推定データはアルゼンチンのアンデス高地のもので、アンデスキャットの100 km²当たり7～12頭に対し、パンパスキャットは同74～79頭。

繁殖と成長

野生ではあまり知られていないが、生息地の冬はかなり寒冷なため、季節繁殖の可能性が高い。繁殖期はおそらく分布地域南部の春～夏に相当する10月～3月で、多くの獲物の出産ピークと重なる。子ネコが観察されるのは10月～4月。妊娠期間は不明だが、約60日と推定され、産仔数は1～2頭と考えられている。飼育されている個体はいない。

死亡率　ほとんど知られていない。最大の捕食動物と考えられるピューマは、アンデスキャットの分布地域の大半にはほとんど、または一時的にしか生息していないが、南半分には比較的多くの個体が生息する。調査された地域では、人間とその飼いイヌが死亡の最大の要因。

寿命　不明。

上：**アンデスキャットは遺伝的多様性がきわめて低く、ボトルネック効果を経たスペインオオヤマネコやチーターと同程度であることから、好適な高地の生息環境が減少した温暖な間氷期に同様の個体数減少を経験した可能性がある。**

保全状況と脅威

アンデスキャットの保全状況の評価は難しい。調査中に目にする頻度が他の肉食動物よりはるかに低いため、本来的に希少と考えられる。分布範囲は非常に狭く、選好する限られた生息環境は、岩がちな土地や水源にしばしば影響を及ぼす放牧、農業、鉱業・石油開発に対して脆弱だ。生息地の転換は、獲物の種（特にビスカーチャ）の狩猟と相まって獲物の個体数に影響を与える可能性があり、深刻な脅威と見なされている。先住民のアイマラ族とケチュア族の収穫祭の伝統ではアンデスキャットは神聖とされ、豊作と家畜の多産をもたらすとしてその毛皮と剥製が人々の家に飾られる。人間を怖がらないようで、すぐ近くまで近づかれても気にしないため、現地住民に大きな岩を投げつけられただけで簡単に殺されることがある。家禽や家畜を襲ったと疑われて危害を加えられたり、アルゼンチンのパタゴニアでは山羊飼いとその牧畜犬に殺されることも少なくない。パタゴニアのステップでは、水圧破砕による広範囲での急速なシェール開発がパタゴニアの生息地全体の脅威となっている。

ワシントン条約（CITES）附属書Ⅰ記載。IUCNレッドリスト：絶滅危惧種（EN）。個体数の傾向：減少。

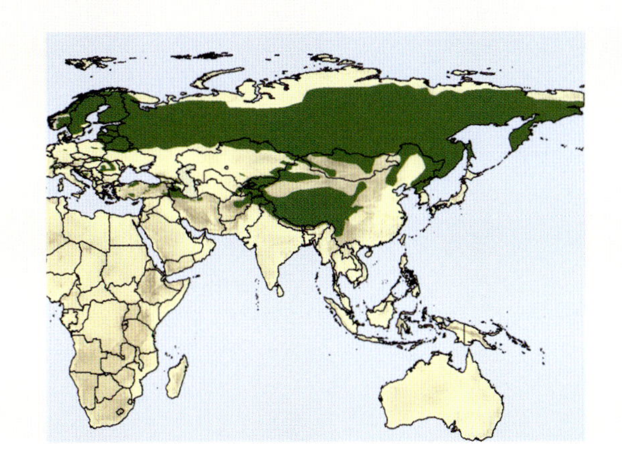

IUCNレッドリスト(2018)：
低懸念（LC）

頭胴長　メス85－130cm、オス76－148cm
尾長　12－24cm
体重　メス13.0－21kg、オス11.7－29.0kg

ユーラシアオオヤマネコ

学名 *Lynx lynx* (Linnaeus, 1758)

英名 Eurasian Lynx

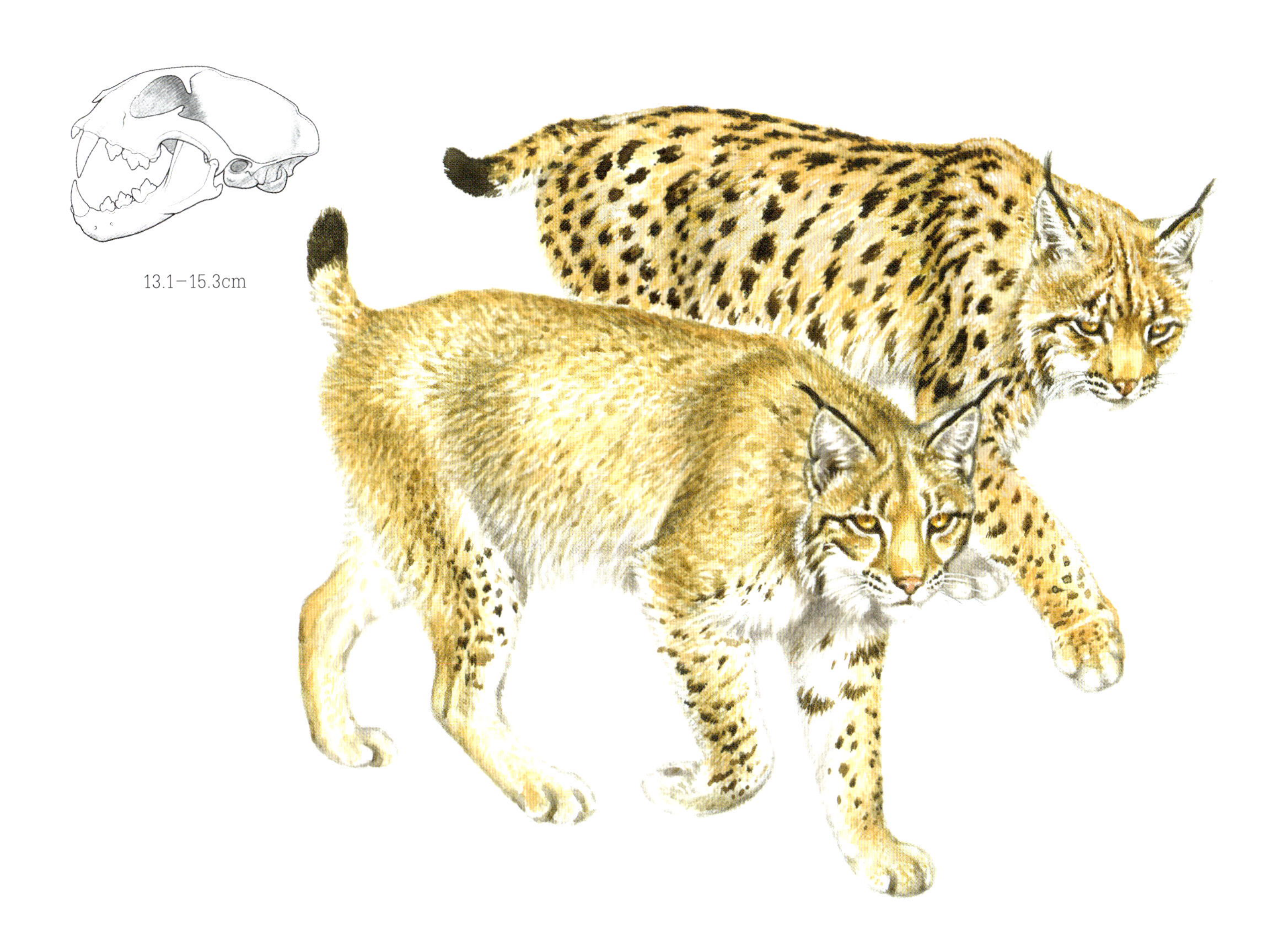

分類

オオヤマネコ系統に分類され、カナダオオヤマネコ、スペインオオヤマネコと近い関係にある。ユーラシアオオヤマネコとカナダオオヤマネコを1つの種に分類していた専門家もいたが、遺伝子分析により、共通の祖先から約150万年前に分岐したことが確認された。

9もの亜種に分類される。ヨーロッパの個体群の間には若干の遺伝子的差異があり、カルパチア山脈に生息する個体群（および再導入された西ヨーロッパの個体群の大半）のカルパキアオオヤマネコ*L. l. carpathicus*、バルカン半島南西部の主にアルバニアとマケドニアの国境地域のみに生息するバルガノオオヤマネコ*L. l.balcanicus*、フェノスカンジア（スカンジナビア半島、コラ半島、カレリア、フィンランド）、バルト三国、ポーランド北東部とロシア西部からエニセイ川、シベリア中部を含むその他ヨーロッパに生息するキタオオヤマネコ*L. l. lynx*の3亜種への分類が示唆される。ロシアからアジアに広がる広大な分布地域の個体群間の差異は明らかでないが、歴史的に、トルコ、コーカサス、イラン北部の*L. l. dinniki*、中央アジアの*L.l.isabellinus*、アルタイ山脈の*L.l.wardi*、モンゴル北部とシベリア南部の*L. l. kozlovi*、シベリア東部とエニセイ川東部の*L. l. wrangeli*、ロシア極東部の*L.l.stroganovi*の6亜種に分類されている。

下：夏毛のユーラシアオオヤマネコ。4つの体毛タイプのうち、細長いロゼットのある最も斑紋が目立つタイプだが、このフィンランドの個体は色が薄めで、ロゼットがぼやけている。（飼育下の個体の写真）

形態

オオヤマネコの中で群を抜いて大形の種で、平均体重はカナダオオヤマネコやボブキャットの2倍。すべてのオオヤマネコと同様に、体つきは比較的華奢（きゃしゃ）で、長い脚と大きな足先により背が高く見える。尾は非常に短く先端が黒い。後脚が前脚より長いため、姿勢が前に傾いているのが特徴。足先が密生した毛に覆われ、雪上でも活発に動ける。頭はすべてのオオヤマネコの中で最もがっしりしている。耳は背面が黒っぽく、中心に淡色の斑点があり、よく目立つ黒い房毛が生えている。

体毛は柔らかく密で、地色は銀灰色、帯黄色、黄褐色、赤褐色などさまざま。斑紋は変化が大きいが、(1)おおむね無地で、下肢と腹部のみに明瞭な斑紋がある、(2)体中に筆で一塗りしたようなはっきりした小さな斑点があり、下肢では斑点が大きい、(3)大きな明瞭な斑点とまだらが体全体を覆う、(4)中心部が濃色の細長いロゼット斑がある――という4つのタイプに大別される。これらのタイプの間で相互移行が生じ、同じ個体群内ですべての型が発生することがある。大半の個体群で冬毛は夏毛より色が薄く、斑紋も目立たない（また長くて密生している）。北部の個体群は色が薄い傾向がある。

類似種　近縁種のカナダオオヤマネコは、見かけはそっくりだが生息地は重複しない。一見似ているカラカルは、体がもっと小さく体色はほとんど無地で、ユーラシアオオヤマネコの特徴である先端の黒い尾や頬ヒゲがない。両種の生息地が重なるのはトルコ南東部からイラン北東部、タジキスタン南西部にかけての非常に細長い地域のみ。

上：冬場の有蹄類の狩りでは毛の密生した幅広の足先が圧倒的に有利で、凍った雪の表面の薄いクラストの上をかんじきを履いたように移動できる。シカの細くて硬い蹄ではクラストの下に沈みこんでしまう（飼育下の個体の写真）。

分布と生息環境

分布範囲は広大で、フェノスカンジアの大部分からロシアまでの地域（生息地の75%がここに含まれる）と、東はベーリング海沿岸まで、南は中国北東からモンゴル北部、カザフスタン北部を通って西はポーランドまでの諸国にまたがる広い温帯森林帯に、ほぼ連続的に分布。ロシアのアルタイ山脈から中国中部の大部分（タクラマカン砂漠は迂回）、および天山山脈とヒマラヤに沿った国々も分布範囲に含まれる。イラン北部、コーカサス、トルコでは分布は断片的。西ヨーロッパの大半では絶滅し、カルパチア山脈、およびディナル・アルプス山脈南部のギリシャ、マケドニア、アルバニアに個体群が生き残っている。オーストリア、チェコ共和国、イタリア、フランス、ドイツ、スロベニア、スイスでは再導入により個体群が再構築された。

かなり多様な環境に耐え、身を隠せる茂みさえあれば、あらゆる温帯林、疎林、低木地、ツンドラに生息。植生のまばらな岩の多い山地（ヒマラヤなど）や寒冷な岩がちの半砂漠（チベット高原など）にも暮らす。見通しの良い開けた環境は避け、著しく改変された広大な農地などにも生息できないが、たとえば西ヨーロッパなどの、森林、プランテーション、牧草地、野原がモザイク状に混在する農村や都市近郊には、好適な獲物さえいれば暮らせる。生息環境の標高は0～4700m（ヒマラヤ）で、まれに5500mにも生息。

食性と狩り

オオヤマネコでは唯一、有蹄動物を専門に捕食する。大人のアカシカ（約20kg）までの大きさの獲物を殺すことができるが、主な食物は小・中型有蹄類と大型有蹄類の子ども。約半分の生息地ではノロジカとシベリアノロジカの2種のノロジカが最も重要な獲物で、両種を合わせた分布地域はユーラシアオオヤマネコの分布地域と約50%重複する。その他の重要な獲物には、シャモア、シベリアジャコウジカ、若いアカシカ、ニホンジカ、アメリカヘラジカ、アイベックス、カフカスツール、イノシシなどがある。中国チベット高原ではチルー（チベットカモシカ）、チベットガゼル、バーラルを捕食した記録がある。かつてノロジカが生息していなかった（現在は増加）フィンランド南西部では、北米から導入されたオジロジカが豊富に生息し、主な獲物になっている。冬になると一部の有蹄類の種（ノロジカなど）は餌場に集まり、雪の影響もあって襲いやすくなるため、獲物としての重要性が高まる。まれに大人のニホンジカ、アカシカなどの大型有蹄類を襲うが、これはたいてい深い雪の表面だけが凍っている場合で、オオヤマネコはその上を滑らかに移動できるのに対し、シカは雪の中に沈んでしまう。獲物として好適な有蹄類は、生息地北部、特にロシア北部とフェノスカンジア北部の北方森林（タイガ）がまばらになる地域で減少する。これらの地域ではウサギが主な獲物として有蹄類に取って代わり、大型の野ウサギであるユキウサギとヤブノウサギが最も重要になる。ノロジカやそれに近い種が生息しないチベット高原では、野ウサギ、特にチベットノウサギも重要な獲物のようだ。

大半の生息地では春から初秋にかけて食物が多様化し、ナキウサギ、野ウサギ、小型齧歯類、リス、マーモット、鳥類（主にオオライチョウとライチョウ）などの小型の獲物の捕食頻度が高まる。食べるかどうかは

上：**ユーラシアオオヤマネコは、オオヤマネコ系統で唯一、ほとんどの生息地で有蹄類を専門に捕食する。スイスのジュラ山脈にすむこの大人のメスは、体重が自分の2倍ほどあるオスのノロジカを殺した。**

別として、小型の肉食動物、特にアカギツネをかなり頻繁に殺し、チベットスナギツネ、タヌキ、マツテン、ヨーロッパアナグマ、ユーラシアカワウソ、ミンク（導入種）、ヨーロッパヤマネコも偶発的に襲う。共食いの記録は非常に少ない。

偶発的な獲物には、両生類、魚類、無脊椎動物などが含まれる。家畜、家禽、飼育肉食動物も殺し、半家畜のトナカイは、ほかに有蹄類が生息しないかごく希少なスカンジナビア北部の一部地域で主な獲物となっている。たとえばスウェーデン北部のサレック国立公園の近くでは、トナカイが摂取生物量の93%を占める。ノルウェー北部では見張りのいない羊を大量に捕食するが、ノロジカが比較的少ない夏場に、放牧状態の子羊を襲うケースがほとんどを占める。冬はノロジカが最も重要な獲物だ。ロシアの村落では、イエネコや、まれにイヌを襲うという記録があり、イエネコはその他の地域（フィンランドなど）で食物として日常的に記録される。スイスでは時々イエネコを殺すが、食べることはめったにない。

狩りは主に夜に行う。ピークは夕暮れで、明け方はさほど活発ではない。冬や繁殖期、メスが子どもを連れている場合などには昼間の活動が増える。狩りの場はほとんど地上だが、ロシアでは木の上からジャンプして下を通りかかったメスのニホンジカを襲ったとみられる記録がある。近縁種のカナダオオヤマネコと同様に、ユーラシアオオヤマネコも、獣道を歩いたり、奇襲をかけられそうな場所（獣道沿いや見通しの良い有蹄類の餌場の端など）のそばの「狩り用ベッド」で待ち伏せしたりしながら獲物を物色する。チェコ共和国のベーマーの森では、観光用の小道を日常的に利用し、主に小道の近くで獲物を殺していることがわかった。有蹄類は通常、喉に噛み付いて窒息死させる。大型有蹄類の背中に飛びつき、そのままで何mか（最長80m）進んでから相手を倒した記録は数多くある。通常、小型の獲物は頭骨か首に噛み付いて殺す。

狩りの成功率（主に雪上トラッキングで推定）は総じて高いが、推定値には獲物（特に有蹄類）が襲われやすくなる冬場のバイアスがかかっている。たとえば、スウェーデンでの狩りの成功率はトナカイが74%、ノロジカが52%、ユキウサギが40%と非常に高かった。その後のスウェーデン北部（ノロジカが生息しない）における調査でも、推定成功率はトナカイで83%、小型の獲物（ユキウサギ、狩猟鳥、アカギツネ）で53%とこれに比較的近い水準だった。その他の生息地でのユキウサギの狩りの成功率は18～43%と推定されている。

平均すると、1頭のユーラシアオオヤマネコは大人に近い若い個体で年間43頭の有蹄類 、大人のメスとオスで73～92頭の有蹄類を捕食する。フィンランドで主にユキウサギを捕食する大人は、1頭で年間120～130頭殺す。獲物は雪、草、落ち葉などで覆って隠し、大型の獲物は5～7日かけて食べる。死骸をあさることはまれで、通常は、食物の不足する厳しい冬か、体が衰弱している場合に限られる。ロシアでは死んだイヌの死骸をあさった例がある。時にはハイイロオオカミ、クズリ、イノシシといった競争相手に死骸を譲ることもある。ノルウェーとスロベニアでは、人間（主にハンター）がかなり日常的にオオヤマネコの殺した獲物を横取りする。

行動圏

ユーラシアオオヤマネコは単独で行動し、総じて縄張り意識が強い。入手可能な最も信頼性の高い情報は西ヨーロッパとフェノスカンジアの個体群から得たもので、ロシアとアジアの個体群からはあまり情報が得られていない。それによると、オスの行動圏はメスより広く、オス同士の行動圏はメス同士より大幅に重複する。オス、メスとも尿マーキングで境界を定めるが、行動圏は一般にかなり広く、小規模なコアエリアを除けば独占性は高くない。縄張り防衛についてはほとんど知られていないが、大人同士の遭遇は時には命に関わる争いに発展することがある。ノルウェーでは、行動圏に定住する5歳のオスが、別のオスに致命傷を負わされた。

行動圏の規模は、獲物の得やすさを反映して南から北に向かって拡大し、ユキウサギに主に依存する地域で最大となる。（カナダオオヤマネコと同様に）ユキウサギに依存する個体群は、ユキウサギの個体数の劇的な循環的変動の影響も受け、その結果として行動圏が不安定になることがある。カナダオオヤマネコほど研究は進んでいないが、ユキウサギの不足はユーラシアオオヤマネコにも、行動圏の規模拡大や（ユキウサギの個体数が少ない時期が長引いた場合には）行動圏の完全な放棄といった同様の影響を及ぼしているようだ。そしておそらくカナダオオヤマネコと同様に、ユキウサギの個体数が回復すれば、ユーラシアオオヤマネコも安定した行動圏を再構築できるだろう。

行動圏の規模は、分布地域全域でメスが98～1850km²、オスが180～3000km²。行動圏の規模の推定データのうち最もよく知られているのは、有蹄類を主に捕食する、調査の進んだ個体群のもので、規模の差異は、南から北に向かうにつれて低下する有蹄類の個体数密度によって大部分が説明可能。これらの個体群のメスとオスの行動圏の平均規模は、フランスとスイスにまたがるアルプス北西部とジュラ山脈で106～168km²と159～264km²、ポーランドのビャウォヴィエジャの森で133km²と248km²、スロベニア南部のコチェーヴィエで177 km²と200km²、スウェーデン北部のサレックで409 km²と709km²、ノルウェー南部のアーケシュフースで350km²と812km²、ノルウェー中部ヌール・トロンデラーグで561km²と1515km²、ノルウェー南部のヘードマルクで832km²と1456km²。ロシアの大半とチベット高原では行動圏の規模はかなり大きいと推測される。

上：ネコはしばしば、獲物を食べる前に羽や毛の一部を取り除くが、通常かなりの羽や毛を摂取する。これは食物繊維として有用なだけでなく、ほぼ未消化のまま糞に残り、生物学者に食性に関する情報を提供する（飼育個体の写真）。

上：スイスアルプスの巣の中の生後3週間の子ネコ。スイスのメスは1回の出産で2つか3つの巣を利用する。子ネコは生まれた巣に3週間ほどいた後、母親に連れられて別の巣に1～2回移動する。8週間になる頃には母親の後をついて歩けるようになり、巣での生活は終わる。

個体数密度の推定データには、ノルウェー南部の100km² 当たり0.25頭、ドイツのバイエルン国立公園の同0.4頭、スイスアルプスの同1.5頭、ポーランドの同1.9～3.2頭などがある。

繁殖と成長

季節繁殖する。交尾期は2月～4月中旬で3月下旬がピーク。妊娠期間は67～74日、出産は5月～7月上旬。産仔数は1～4頭で、通常は2頭、ごくまれに5頭。飼育下では生後5～9週の子ネコが激しいけんかをすることがあり、母親が介入しても1頭が重傷を負うか死ぬことがある。こうした行動の理由は不明で、野生でも同じことが起きている可能性はあるが、確認はされていない。

子どもは、母親の次の出産前の翌年1～5月に生後9～11カ月（まれに6カ月）で独り立ちし、ほとんどの家族は交尾期のピークの3月と4月に離散する。子どもは独り立ちした後もしばしば親元に2～3カ月とどまり、通常は生後16カ月までに親元を離れる。オス、メスとも親元から離れるようだが、メスはオスより母親の行動圏内か行動圏の近くに自分の行動圏を確立することが多い。離れる距離に関する情報は限られているが、スイスのジュラ山脈とスイスアルプス北東部で7.4～97.3km、ポーランドのビャウォヴィエジャの森で5～129kmというデータがある。最も信頼性が高いのは、親元を離れた多くの若い個体に無線機付き首輪を装着して4カ所で追跡調査したスカンジナビアのデータで、メスが平均15～69km（最大215km）、オスが平均83～205km（最大428km）と、オスがメスの2～5倍の距離を移動している。

メスは生後8～12カ月で性成熟するが、野生では2度目の冬（生後22～24カ月）が最も早い出産。スイスアルプスではメスの約半数がこの年齢で出産し、残る半数はその1年後に初出産する。オスは生後19～24カ月で性成熟するが、野生では通常生後33～36カ月までは繁殖しない。

死亡率　大人の自然死亡率はおそらく低い。ノルウェーとスウェーデンの5カ所のデータでは大人の自然死亡率は年間わずか2%だったが、人為的な要因を含めるとこの数字は17%に上昇する。大人になる前の若い個体は、親元からの移動中に 44 ～ 60%が死亡する（スイス）。子どもの年間死亡率は通常、最低でも 50%で、スイスでは 59 ～ 60%が独り立ちする前に死亡している。十分なモニタリングを行った個体群では死亡要因の大半が人為的なもので、たとえばスイスでは 1974 ～ 2002 年に死亡した 124 頭の 70%を占めた（密猟や交通事故などの偶発的要因による死亡を含む）。違法な殺害（密猟など）だけでも、スカンジナビアの 5 カ所の死亡例の 46%を占めていた。このほかに、時には捕食動物のクズリ（対象は若い個体）、ハイイロオオカミ、トラに殺されたり、まれには子ネコや弱った若い個体が犬に殺されることもある。感染症は珍しくなく、スウェーデンで死亡した 146 頭のサンプルの最大の死因(人為的要因を除く）は疥癬だった。これはショウセンコウヒゼンダニが皮膚に寄生することで発症し、時に衰弱を引き起こすことのある皮膚感染症で、死亡するのは主に細菌の二次感染が生じた場合である。疥癬(かいせん)はヨーロッパの個体群で最もよく見られる病気だが、個体群全体に影響を及ぼすことはないようだ。

寿命　野生では、最長でメスが 18 年、オスが 20 年。飼育下では最長 25 年。

保全状況と脅威

世界的には、非常に広大な分布地域の大部分が比較的そのままの状態で保たれ、かなり手厚く保護されているか、人間が居住していないため、保全状況に懸念はないと見なされている。なかでもロシアには推定 3 万～ 4 万頭が生息する。モンゴルと特に中国の分布地域は広大で、ほぼ連続的だが、北方の森林に比べると個体数密度は低く、保全状況もほとんど知られていない。ロシアを除くヨーロッパの個体数は 8000 頭と推定され、1950 年代から 1960 年代にかけて分布範囲が大幅に拡大した。分布地域はフェノスカンジア(約 2800 頭)、カルパチア(約 2800 頭)、バルト三国(約 2000 頭)。西ヨーロッパでは再導入により個体群が回復したものの、いずれも隔絶された小規模なもので、絶滅の危機にあると見なされている。バルカン半島に残存する約 80 頭の個体群は深刻な危機にあるが、アルバニアでの協調的な保全の取り組みにより、個体数はおそらく安定している。中央アジアの保全状況はほとんど知られていない。

個体数減少は、獲物の有蹄類の乱獲と生息地の消失が主な要因だ。ユーラシアオオヤマネコは適応力が比較的高く、人間の存在にもある程度耐えられるが、好適な隠れ場と獲物がなく、人間が寛容でない地域からは姿を消してしまう。ヨーロッパでは、シカのハンターや羊と半家畜のトナカイ（スカンジナビア）を飼育する牧畜農家による違法な殺害が、小規模な個体群の最大の脅威と見なされている。先進国の個体群では道路や鉄道の事故が重大な死因になることがあり、たとえばスウェーデンでは 1987 ～ 2001 年の 143 の死亡例のうち 34 例、1974 ～ 2002 年には 124 の死亡例のうち 16 例がこれらの事故によるものだった。ユーラシアオオヤマネコの毛皮はかつて盛んに国際取引され、現在は法律で禁じられているものの、例外のロシアでは毎年約 1000 頭の毛皮が販売されている。中国では、ユーラシアオオヤマネコの取引が禁じられているにもかかわらず、国内では毛皮が広く売られ、アジアのその他の生息地でも、毛皮を目的とした違法な殺害が行われている。ロシアとヨーロッパの大部分の生息地ではスポーツハンティング(毛皮目的の場合もある）が認められており、ロシア、エストニア、フィンランド、ラトビア、ノルウェー、スウェーデンで最も多く狩猟されている。

ワシントン条約（CITES）附属書II記載。IUCN レッドリスト：低懸念（LC)。個体数の傾向：安定。

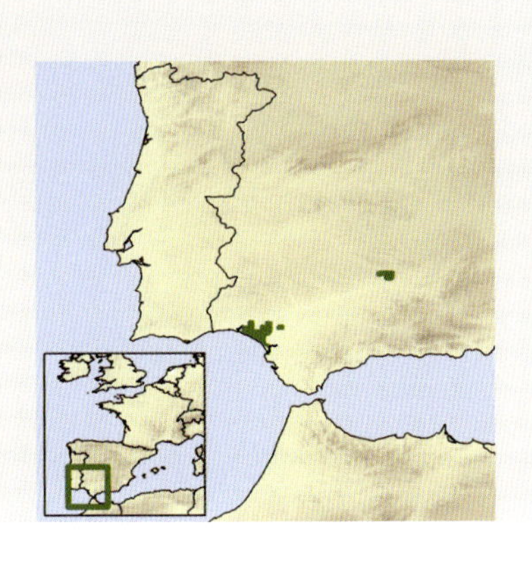

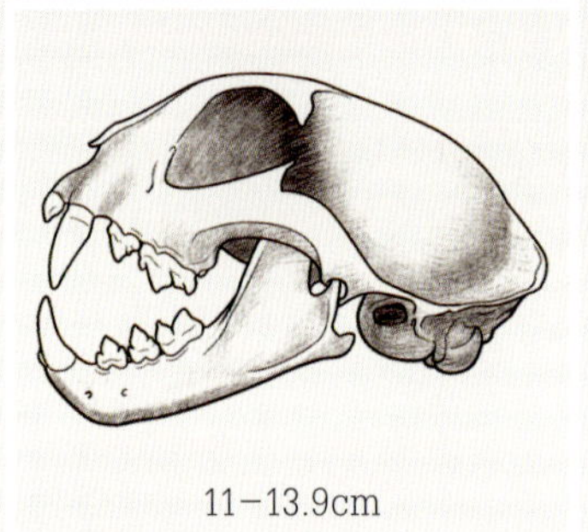

11−13.9cm

IUCNレッドリスト(2018):
絶滅危惧種(EN)

頭胴長　メス68.2−75.4cm、オス68.2−82cm
尾長　12.5−16cm
体重　メス8.7−10.0kg、オス7.0−15.9kg

スペインオオヤマネコ

学名 *Lynx pardinus* (Temminck, 1827)

英名 Iberian Lynx

別名 Spanish Lynx、 Pardel Lynx

分類

　オオヤマネコ系統に位置する。以前はユーラシアオオヤマネコの亜種とする専門家がいたが、分子解析と形態学的分析により、両者は独立した近縁種で、共通の祖先から約100万年前に分岐したことが確認された。亜種は認められていない。

形態

　脚の長い中型ネコで、大きさはカナダオオヤマネコやボブキャットと同等、ユーラシアオオヤマネコの約半分。頭は小さめだが、長さ10～12cmにもなる非常によく目立つ頬ひげにより、はるかに大きく見える。頬ひげはオス、メスともあり、先の部分は黒いフリンジ状となる。顎の下のひげは純白。耳の背面は黒く、淡灰色のまだらがあり、黒く長い房毛が生えている。

　体毛は短くて粗く、（現在の生息地では）冬にごくわずかに密になる。体色は黄褐色がかった灰色から赤褐色で、腹部は黄白色。オオヤマネコ系統では最も斑紋が多く、他のオオヤマネコと違い、すべての個体に明瞭な斑点がある。しかし、斑紋の入り方には、大きくて目立つまだらと斑点があり、首のあたりでつながってはっきりした筋になるものから、小さな斑点や筆で一塗りしたようなまだらがあり、個体によっては均一なそばかすのように見えるものまで、個体差が大きい。個体群内でも斑紋にはかなりの変化があり、この両極の間に多様な中間型がある。尾の先端の毛は下面まで黒い。

類似種　スペインオオヤマネコは斑紋のあるユーラシアオオヤマネコに非常によく似ているが、体重は半分くらいしかなく、生息地も重複しない。スペインオオヤマネコの生息地に最も近いユーラシアオオヤマネコの個体群は、約1200km離れたフランス・スイス国境のジュラ山脈に生息する。

分布と生息環境

　スペイン南部アンダルシア地方に、互いに150km離れた2つの繁殖個体群が生息するのみとなっている。大きいほうの個体群はシエラモレナ山脈にすみ、生息地のコアエリアの面積は260km²。この主個体群から東と西にそれぞれ40～50kmの地域で再導入が行われ、2つの小規模なサテライト個体群が再構築された。メスがサテライトで出産し、個体がサテライトと主個体群の間を移動することにより、利用する生息地の面積は大幅に拡大している。第2の主個体群はドニャーナ国立公園とその周辺地域の約443km²のエリアに生息する。ポルトガルには1990年代初め以来生

上：ネコ科の多くの種に比べ、スペインオオヤマネコの顔には強い印象を与える特徴がある。耳を平らにして背面の斑点（虎耳状斑）を見せることで、頬ヒゲと耳の房毛が発するコミュニケーション手段としての視覚シグナルを高める。

息していないが、再導入が進められており、2015年に初めての個体が放たれた。

　生息環境は、地中海沿岸の、オークとオリーブの森林と低木地がモザイク状に混在し、開けた牧草地が点在する場所に限定される。狩りの場としては見通しの悪い地域と開けた地域の境界を選好するが、広大な開けた土地は避ける。シエラモレナの個体群は、花崗

岩の露頭が多く、空洞を隠れ場や繁殖のための巣として利用でき、かつウサギも多数生息する地域を好む。一定量の下層植生がないか、十分な数のウサギが生息しない環境は避けるが、これにはデエサ（畜牛と野生の有蹄類の放牧を促すために低木を伐採した人工的なサバンナ）、広大な農地、見通しの良い農園など多くの人為的に改変された環境が含まれる。しかし、ウサギの個体数が多ければ、改変された環境でも問題なく暮らせる。親元から離れる際には外来種の植林地を利用するが、下層植生が維持され、ウサギの個体数密度の高い植林地であれば、そこに定住することもできる。低木地の点在するオリーブ農園でも生息記録がある。

食性と狩り

食物の75～93%をアナウサギに依存しているため、ウサギが豊富でない環境には定住できない。ウサギの個体数の多寡にかかわらず、ほぼウサギのみを捕食する。たとえば、サテライト個体群が生息するシエラモレナの2つの地域では、西部地域のウサギの個体数が東部地域の3分の1であるにもかかわらず、ともにウサギが食物の90%前後を占めている。若いウサギがいれば狙うが、これは大人より捕らえやすいためだろう。シエラモレナでは、5月～6月に殺されるウサギの75%が若いウサギだ。

偶発的な獲物には、鳥類、小型齧歯類、野ウサギ、爬虫類などがある。ウサギの次に重要な獲物は、シエラモレナではアカイシイワシャコ、ドニャーナではカモとガン（主にマガモ）。ダマジカとアカシカも、主に秋と冬に時々捕食する。殺すのはたいてい若いシカだが、大人（オス、メスとも）のダマジカを殺した記録が数件、アカシカのメスを殺した記録が1件ある。アカギツネ、エジプトマングース、ヨーロッパジェネット、野生化したイエネコなどの肉食動物も頻繁に殺すが、ほとんど

下:ドニャーナ国立公園のメスは、ほぼ常にコルクガシやホソバトネリコの窮屈な樹洞の中で出産する。子どもは通常、生まれた巣で20～36日過ごした後、次の巣に移るが、これは運動能力の発達に伴い、より広いスペースが必要になるためだろう。

食べない。おそらくウサギを奪い合う競争相手であることが殺す理由なのだろう。スペインオオヤマネコの個体数密度が高い地域のマングースとジェネットの数は、オオヤマネコがいない地域の10分の1から20分の1だ。スペインオオヤマネコは、手近にいれば家禽と子羊も殺す。

狩りはウサギの活動パターンと密接に連動しているため、主に夜行性で、明け方と夕暮れが最も活発。涼しい時期や雨天と曇天には日中の活動が多くなる。植生が密な地域から見通しの良い開けた地域への移行地帯、道路・防火帯沿い、ウサギの巣穴の近くなど、狩りの生産性の高い地域でウサギを探す。ウサギは頭骨に噛み付いて殺し、若いシカのように大きめの獲物は喉に噛み付いて窒息させる。

狩りの成功率は不明だが、1～1.5日に1頭のペースでウサギを殺す。年間に必要とする食物は、子どものいない大人のメスでウサギ277頭相当、オスで同379頭相当。シカのような大型の獲物の死骸は密生した低木の茂みまで運び、落ち葉や土で覆って何日かかけて食べることがある。時には死骸をあさったり、競争相手（イノシシなど）に邪魔されると殺した獲物を放棄したりもする。

左：オオヤマネコ属はネコ科のすべての属の中で獲物の専門性が最も高い。なかでもスペインオオヤマネコはそれが顕著で、アナウサギがふんだんにいないと生きていけない。

行動圏

基本的に単独で行動し、縄張り意識が強い。小規模な安定した行動圏を確立し、コアエリアは独占的に利用するが、周辺エリアは異性の行動圏と重複する。オスの行動圏はメスよりやや広く、それぞれのオスの行動圏は1～3頭のメスの行動圏の全部または一部と重複する。縄張りをめぐるスペインオオヤマネコ同士の争いは、通常はそこに定住する個体と縄張りを求めて放浪する個体の間で生じ、時には死に至ることもある激しいものだ。縄張りは2歳で獲得することもあるが、通常、好条件の縄張りを得られるのはメスで3～7歳、オスで4～7歳。他のオオヤマネコの種でも時折見られるように、大人のメスは成長した子ども（主に娘だが息子の場合もある）と親密な関係を維持することがあり、獲物を分け合う様子などが観察されている。ある例では、行動圏を持つ大人のメスが、大人に成長した娘や、娘より後の出産で生まれて独り立ちした息子と交流を持ち、3頭でシカの死骸を分け合うこともあったという。母親が成長した娘と行動圏を共有し、それぞれの子どもたちを連れて、いずれか片方が子どもたちに付き添うというかたちで長期間一緒に暮らす例はしばしば観察されている。

行動圏の規模はメスで8.5～24.6km²、平均12.6km²、オスで8.5～25.0km²、平均16.9km²（ドニャーナ）。大人の個体数密度の推定値は、ウサギの個体数密度が中程度の環境では100km²当たり10～20頭、ウサギの個体数密度が例外的に高い環境では同72～88頭。重要なのは、こうした高い個体数密度は、生息条件が良好でウサギの個体数密度が高い、ごく小規模な飛び地（ドニャーナ国立公園内の8km²の「コトデルレイ」地域など）でのみ生じるということだ。

繁殖と成長

スペインオオヤマネコは季節繁殖する。生息地の気候変動が（他のオオヤマネコに比べて）穏やかなことを考えると、これはやや意外だ。オオヤマネコ属はほとんどが季節繁殖するため、進化の遺物と考えられるが、おそらくアナウサギの強い季節繁殖性の影響もあるのだろう。交尾期は12月～2月。出産のピークは3月だが、遅ければ7月に産むこともある。妊娠期間は63～66日で、産仔数は2～4頭、平均3頭。飼育下では生後6～11週間の子どもが時々激しいけんかをし、母親が介入しても1頭が重傷を負うか死ぬことがある。こうした行動の理由は不明で、野生でも同じことが起きている可能性はあるが、確認はされていない。

子どもは生後7～8カ月で独り立ちするが、その後も当分の間母親の行動圏にとどまる。親元を離れるのは通常は生後13～24カ月（平均17.8カ月）で、生後1年以内に離れることはほとんどない。時期的には年前半が多く、繁殖期で親の社会活動が活発になる時期と重なるようだ。ドニャーナの生態系では、親元を離れた子どもは平均172km歩いた後、母親の行動圏から直線距離で2～64kmの場所に定住する。親元を離れた子どものうち、新たな行動圏に無事定住できるのは約50%（不明の場合を除く）。オス、メスとも2歳で繁殖可能だが、野生では、行動圏の確立との関係で3歳以降に繁殖するのが普通。野生のメスは9歳まで出産する。

死亡率　大人の年間死亡率は、以前の推定ではドニャーナで37%（1983～1989年）だったが、懸命の保全努力によりかなり低下している。現在（2006～2011年）の年間死亡率（大人と大人に近い若い個体）はドニャーナで約12%、シエラモレナで19%（全体

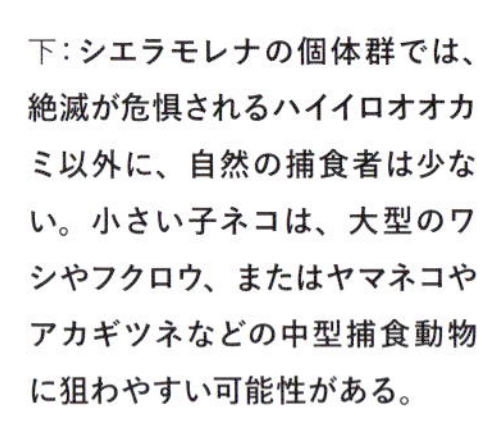

下：シエラモレナの個体群では、絶滅が危惧されるハイイロオオカミ以外に、自然の捕食者は少ない。小さい子ネコは、大型のワシやフクロウ、またはヤマネコやアカギツネなどの中型捕食動物に狙わやすい可能性がある。

では16%)。大人に近い個体の年間死亡率は24%で、大人の14%より高い。子どもの年間死亡率は33%前後で、一度に生まれる平均3頭の子どものうち、2頭は独り立ちするまで生きられる。死亡率は親元から離れる過程で上昇する。1990年代に行われた調査によると、ドニャーナでの死亡率は、手厚く保護されている母親の行動圏にとどまった12～24カ月の個体の8%に対し、親元から離れた同年齢の個体では52%だった。同じパターンは現在も見られるが、親元から離れる個体の死亡率はそれほど高くない。かつては人間が最大の死亡要因だったが、シエラモレナの個体群ではその状況は現在も変わっておらず、(ウサギやキツネのためにしかけた)罠にかかったり、ハンターに撃たれたり、交通事故に遭ったりするケースが多い。ドニャーナの個体群では感染症が最大の死因で、比較的高い近親交配率(病気にかかりやすくなることがある)や高い個体数密度(伝染しやすい)がその背景にあると考えられる。同個体群では、迅速な治療介入(ワクチン接種、感染した動物やネコの除去)の前に7頭が死亡した2007年の猫白血病ウイルスの壊滅的な大流行(感染したイエネコから感染したとみられる)を含めて、少なくとも6種類の病原体による死亡が記録されている。スペインオオヤマネコの現在の生息地には自然の捕食者はいないが、時にはイヌ(通常は密猟者の猟犬)に殺されることがある。

寿命　野生では最長13年、飼育下では最長20年。

保全状況と脅威

スペインオオヤマネコは、少なくとも数の上では、世界のネコ科の種の中で最も絶滅の危機にさらされている。かつてはピレネー山脈を北限とするイベリア半島全域に生息していたが、1940年代にはスペイン南部とポルトガルの一部に生息するのみとなり、1990年代にはアンダルシア地方に2つの個体群が残るだけになった。2002年には、これら2つの個体群の84～143頭の個体が、過去の分布地域のわずか2%の地域に生息していた。個体数減少の要因は、生息地である原生林と地中海沿岸の低木地が主として農地や外来種の植林地に大々的に転換されたことだ。ヨーロッパのウサギに粘液腫症ウイルスが持ち込まれ、最大の獲物が激減したことがこれに拍車をかけた。その後もウサギの個体群内でウイルス性出血性肺炎が大流行し、ウサギの個体数は回復していない。人為的要因による死亡も深刻な脅威だ。密猟は過去の生息地の多くで絶滅の主因となり、人間は現在も罠や銃による密猟や交通事故などにより、多くのスペインオオヤマネコを死に至らしめている。

1994年以来、重点的な保全努力が続けられており、2002年には近絶滅種(CR)に指定された。同年、スペインオオヤマネコを救う新たな大規模な取り組みが開始され、その一環のプログラムにより、人間による殺害の減少、生息環境の質の改善、ウサギの個体数回復が実現し野生への再導入を目指した捕獲繁殖プログラムも実施された、スペインオオヤマネコは引き続き危険な状況にあるが、こうした保全努力が実を結び、個体数は減少から増加に転じており、保全状況は著しく改善している。2010年には、野生の既知の最低個体数が252頭に増加し、繁殖個体の生息地の面積は293km²から703km²に拡大した。人為的要因による死亡に対しては、保護地域の設定強化、主要道路を回避するためのオオヤマネコ用の地下道建設、80%の個体が生息する地域の民間土地所有者を対象とした許容度向上のための教育プログラムが実施されている。人為的要因による死亡率は、シエラモレナ山脈では1992～1995年の40%から2006～2010年には7.4%に、ドニャーナでは1983～1989年の58.4%から2006～2010年には11.1%に、それぞれ低下した。こうした成果はあるものの、生息地減少、人為的要因による死亡、伝染病の大流行、ウサギの乏しい個体数は依然として脅威だ。

ワシントン条約(CITES)附属書I記載。IUCNレッドリスト:絶滅危惧種(EN)。個体数の傾向:増加。

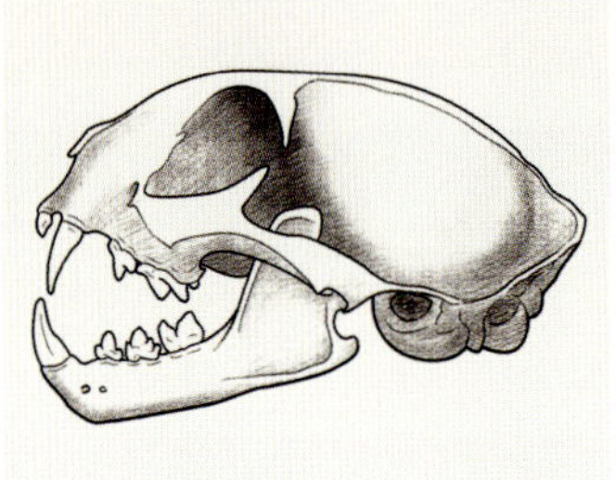

10.6−13.7cm

IUCNレッドリスト(2018)：
低懸念（LC）

頭胴長　メス50.8−95.2cm、オス60.3−105cm
尾長　9−19.8cm
体重　メス3.6−15.7kg、オス4.5−18.3kg

ボブキャット

学名 *Lynx rufus*(Schreber, 1777)

英名 Bobcat

別名 Bay Lynx

分類

オオヤマネコ系統に位置する。早い時期に種として分岐したと考えられ、オオヤマネコ系統の他の 3 種との関係は、3 種相互の関係より遠い。

カナダオオヤマネコと共存する生息地では両種が交配することが知られている。交雑は米国のメーン州、ミネソタ州とカナダのニューブランズウィック州で記録があり、いずれもオスのボブキャットとメスのカナダオオヤマネコの組み合わせ。交雑個体はこれまで生殖能力がないと見なされてきたが、少なくとも 2 頭のメスが出産したことがわかっている。

現在、主に外見の表面的な差異により12亜種に分類されているが、根拠は薄弱と思われる。米国本土の個体群の遺伝子分析によれば、東部と西部の2亜種に分類され、米国中部の大平原に移行帯があるとされている。

形態

イエネコの2〜3倍程度の大きさの中型ネコ。比較的がっちりした体格で脚が長く、尾は短い（通常20cm以下）。頭は小さめで、特徴的な頬ひげがある。黒い背面に白い斑点のある三角形の耳には黒く短い房毛が生えているが、目立たないことが多く、まったくないこともある。体のサイズはおおむね緯度と標高に従って大形化する地域的連続変異を示し、分布地域の北限（米国のミネソタ州、カナダのブリティッシュコロンビア州、ノバスコシア州など）にすむ個体が最も大型で体重が重い。

性的二形性が顕著で、オスの体重は同じ個体群のメスを25〜80%上回る。

体毛は短くて柔らかく、密生しており、地色は白の混じった灰色から鮮やかな錆褐色まで、斑紋は薄いそばかす状の斑点からオセロットのような大きなまだらまで、変化が大きい。北部の個体は色が薄く、斑紋も非常に少ない傾向がある（特に長い冬毛）。オオヤマネコの中では唯一メラニズムが発現し、主にフロリダ州で報告されている。アルビニズムの個体は非常に少ない。

類似種　カナダオオヤマネコとはカナダと米国の国境に沿った広い帯状域とその南部のロッキー山脈までの地域で共存し、混同されやすい。カナダオオヤマネコ

下：**このメスと生後4カ月の子ネコのように大きな斑紋が目を引く個体もいる（カリフォルニア州）。通説に反して、これはオセロットとの交雑によるものではない。**

上：このボブキャットの小さめの顔とほっそりした体には大人のメスの特徴がよく表れている。オスは体つきがもっとたくましく、頭は幅広でがっしりしている。

のほうが総じて大きく背が高いが、共存する地域のボブキャットは最も大型で、たとえば、カナダのノバスコシア州ケープブレトン島にすむオスのボブキャットの体重は、オスのカナダオオヤマネコを平均40%上回る。ボブキャットの尾は上面に3～6本の濃い縞があり、下面と先端が純白であるのに対し、カナダオオヤマネコの尾には縞がなく、先端が黒い。

分布と生息環境

カナダ南部から米国本土を経てメキシコのオアハカ州まで、ほぼ連続的に分布。生息環境モデリングによると、メキシコ南部のテワンテペク地峡で分布が止まると考えられている。米国では人口密度の高い北東部と集約的な農地の広がる中西部から姿を消していたが、こうした過去の生息地の大部分に再定住し、現在ではデラウェアを除くすべての州に生息。かつて絶滅した中西部の州（アイオワ、イリノイ、インディアナ、ミズーリ、オハイオ）では個体群が再構築され、個体数が増加している。20世紀に北方林が開けた土地に改変された結果、ボブキャットの生息地は米国のミネソタ州北部やカナダのオンタリオ州、ニューブランズウィック州、マニトバ州にも拡大した。現在はカナダ南部の全州に生息している。

きわめて幅広い環境に適応し、密生した茂みや地面の亀裂などの隠れ場さえあれば、ほぼあらゆる環境で暮らしていける。すべての種類の森林、草原、平原、低木地、雑木林、半砂漠、砂漠、湿地帯、沼地、海岸、岩礫地に生息。豪雪地帯は避け、深い積雪により生息地の北限が決まる。生息地の標高は、米国のロッキー山脈で2575m、メキシコのコリマ火山（コリマ州とハリスコ州の州境に位置）で3500mに達する。多様な農地を含む人為的環境にも問題なく暮らせるが、開けた広大な農作地や牧草地は避ける。都市部など人間に近い地域でも、緑地や人の手が入らない川べりのような身を隠せる場所があれば生息できる。

食性と狩り

パワフルで適応力の高いハンターで、体重68kgにもなる大人のオジロジカを殺した記録があるが、体重0.7～5.5kgの小型脊椎動物が食物の大部分を占める。ほとんどの生息地では、食物の90%がカンジキウサギ、ワタオウサギ、ジャックウサギをはじめとするウサギ類。地域や季節によって、シカや齧歯類など他の獲物がウサギを補ったり、ウサギより大きな割合を占めたりする。オジロジカ、ミュールジカ、プロングホーン、ビッグホーンも好んで捕食し、子どもが中心ではあるが、健康な大人を殺すことも珍しくない。オスはメスより多く大人のシカを殺す。多くの個体群では食性の性差が著しく、オス、メスともウサギを主な食物としているが、メスは齧歯類のような比較的小さい獲物で食事量を補うのに対し、オスはシカのような比較的大きい獲物で補う。

大人のシカを最も頻繁に殺すのは生息地北部や標高の高い地域で、ボブキャットが大型であることに加え、厳しい冬も狩りに有利に作用する。深い雪と栄養不足によりシカが最も無防備になる冬は、シカの捕食がピークに達する。その他の季節に、生息地北部や標高の高い地域以外で大人のシカが殺される例は少なく、通常は子ジカが重要な食物だ。たとえば米国のユタ州西部では、ボブキャットが5年間に生まれたプロングホーンの23%を殺し、サウスカロライナ州キアワ島では、調査中に死亡した子どものオジロジカの67%がボブキャットに襲われていた。ボブキャットはさまざまな齧歯類を捕食し、米国南東部と南西部ではコットンラット、ウッドラット、カンガルーネズミが、ニューイングランド州、ミネソタ州、ワシントン州ではカナダヤマアラシとヤマビーバーが、それぞれ重要な獲物となっている。リス（ウッドチャックを含む）とアメリカビーバー、マスクラットも捕食する。カリフォルニア州北部の都市と農村が混在する環境に暮らすボブキャットは、小型齧歯類を主食とする数少ない個体群の1つで、これらの地域に豊富に生息するカリフォルニアハタネズミを食べる。

ボブキャットは、このほかにさまざまな鳥類と爬虫類も殺すが、食物摂取量に占める割合は予想外に低い。食物に含まれる爬虫類の数は北から南に向かうにつれて増加し、米国南東部では食物摂取量の最大15%に達する。偶発的に捕食する獲物には、コウモリ、キタオポッサム、小型肉食動物（キットギツネ、ハナジロハナグマ、各種のイタチなど）、若いペッカリー、野生化した豚、両生類、魚類、節足動物、鳥の卵などがある。共食いの記録は非常に少ない。

羊、山羊、子豚、家禽は襲うが、幼い家畜が大量に殺されることのある見張りのいない出産小屋のような特殊なケースを除けば、大きな損害を及ぼすことはほとんどない。テキサス州では、フェンスで囲われた半野生の調査コロニーでニホンザルを殺したと記録されている。郊外や農村部で小型のペット動物を襲うことはめったになく、あるとしても獲物としてではない可能性が高い。イエネコは捕食しないようだ。

狩りは主に夜に行う。ピークは明け方と夕暮れだが、地域や季節によって大きく変わる。冬場や人間に危害を加えられない地域では日中の活動が増える傾向がある。一部の個体群は周日行性で、昼夜を問わず狩りをする。狩りは地上が中心だが、木登りがうまく、木の上に逃げ込んだリスなど樹上の獲物もよく追いかける。浅瀬で魚や両生類を捕らえ、水面に浮かんだ水鳥も襲う。

ネコ科の多くの種と同様に、狩りの主なテクニックは、縄張り内を絶え間なく動き回りながら視覚と聴覚で獲物を探す方法と、獲物の現れそうな場所（巣穴の入り口、獣道沿い、岩棚、水源の周囲など）で待ち伏せする方法の2つ。通常、狩りの際には、そっと後をつけてから、タイミングを見計らい、10m以内の距離から獲物を強襲する。丈の高い草原の中で齧歯類を狩る場合は、聴覚で獲物の居場所を突き止めてから狙いやすい位置につき、アーチを描くハイジャンプで獲物に襲いかかる。小型の獲物は頭骨か首に噛み付いて殺し、有蹄類（ゆうているい）、ビーバー、ヤマアラシのような比較的大型の獲物はたいてい喉に噛み付いて窒息させる。

このように研究が進んでいる割に、狩りの成功率はほとんどわかっていない。獲物の死骸は、時には土や雪で覆って隠し、時間をかけて（冬なら大人のシカで最大14日）食べる。死肉もあさり、北部の生息地では交通事故や厳冬で死んだシカが冬場の貴重な食物源になる場合がある。

下：草原で齧歯類を狩る若いボブキャット。植生が移行する生態環境の周縁地域（小道・道路沿いを含む）は絶好の狩り場となる。

上：ネコ科のほとんどの種にとって、同腹の子どもと一緒に成長する段階は一生のうち最も社会性の高い時期だ。休む間もなく遊ぶことで、生き延びるために重要なスキルを身につける。

行動圏

基本的に単独で行動し、縄張り意識が強い。大人が社会的活動をとるのは主に交尾期だが、行動圏を持つオスはつがいのメスや子どもと親しく付き合う。オス、メスとも安定した行動圏を確立し、コアエリアは独占的に利用する一方、周辺エリアは他の個体の行動圏と大幅に重複する。オスの行動圏は一般にメスの行動圏の2～3倍の広さだが、たとえばオレゴン州やメーン州では最大5倍にも達することがある。縄張りは尿マーキングや地面掘りなどにより境界を設定し、同種の同性から防衛。けんかはまれだが、時には命に関わる結果を招く。

分布地域が広く、さまざまな環境に耐えられるだけに、空間特性や個体数密度には大きな幅がある。一般に、高緯度の生息地北部は、行動圏が最も大きく、重複が最も大幅で、個体数密度が最も低い。その理由はおそらく、獲物の個体数密度が低いことと、ボブキャットの体が比較的大形でエネルギー要求量も大きいことだろう。カリフォルニア州やサウスカロライナ州キアワ島のように気候が穏やかで生物生産性がきわめて高い環境にすむ手厚く保護された個体群は、行動圏が最も小さく、個体数密度が最も高い。

行動圏の平均規模は、メスで米国のアラバマ、カリフォルニア、ルイジアナ各州の1～2km² からニューヨーク州アディロンダック山地の86km²、オスでアラバマ、カリフォルニア、ルイジアナ各州の2～11km² からニューヨーク州アディロンダック山地の325km²。行動圏の規模は獲物（特にウサギ類）の個体数密度のピーク期に縮小する。夜間の移動距離は最大で20kmに達することもあるが、通常は1～5km。個体数密度の推定データは、アイダホ、ミネソタ、ユタ各州で100km² 当たり4～6.2頭、ミズーリ州で同6～10頭、アリゾナ、ネバダ各州で同20～28頭。獲物がふんだんに生息し、狩猟から保護されているカリフォルニア州沿岸とサウスカロライナ州キアワ島では、100頭以上という例外的に高いデータがある。

繁殖と成長

一年を通して繁殖可能だが、交尾期は主に12月～7月、出産のピークは春か夏で、北部の生息地では特にその傾向が強い。一年の早い時期に出産したメスは、同じ年に2度目の出産をすることがあるが、一般に温暖な環境に生息する南部の個体群に限られる。発情期は5〜10日、妊娠期間は62〜70日。産仔数は平均2〜3頭だが、例外的に6頭も産むことがある。生後2〜3カ月で離乳、生後8〜10カ月で独り立ちし、生後9〜24カ月で親元を離れる。

親元を離れた個体が死亡するか新たな行動圏に定住するまでに移動する距離は、米国モンタナ州の平均6.6kmに対し、ミズーリ州は平均33.4km。記録上、親元を離れて最も長い距離を移動したのはアイダホ州の若い2頭のオスで、ジャックウサギの個体数激減を受けて、それぞれ158kmと182km移動した。メスは生後9〜12カ月で繁殖可能だが、一般に最初の出産は生後24カ月。オスは2回目の冬までに（生後約12〜18カ月）繁殖可能になるが、縄張りを持つ3歳頃になって父親になることが多い。

死亡率 大人の年間死亡率は、捕獲が禁じられた個体群で20〜33%、禁じられていない個体群で33〜81%。子ネコの死亡率は、主に獲物の個体数（およびその結果としての飢餓のリスク）と人間の狩猟の程度により大きく変動する。たとえば、米国のワイオミング州でさまざまな年に行われたモニタリング調査では、子ネコの年間死亡率は29%から82%まで変動した。ボブキャットの死亡要因としては人為的要因が最も多く、大半の個体群では合法の狩猟と違法もしくは偶発的な殺害が最大の死亡要因。自然要因では、冬の飢餓とピューマやコヨーテ（および農村と都市部ではイヌ）など他の肉食動物による捕食が大きかった。ハイイロオオカミ、イヌワシ（子ネコが対象）、アメリカアリゲーター、ビルマニシキヘビ（移入種）による捕食もまれに記録されている。密度の高い個体群では、感染症の一時的大流行が時に大量死を引き起こすことがある。ネコの汎白血球減少症は、個体数密度の高いカリフォルニアの個体群で死亡要因の17%を占めた。カリフォルニア州南部では、ショウセンコウヒゼンダニにより感染する疥癬（かいせん）の流行により、年間死亡率が2年間で23%から72%に上昇した。この個体群は、抗凝血性殺鼠剤の散布の影響で感染症にかかりやすくなっていたと考えられている。

寿命 野生では最長23年（通常はこれよりはるかに短い）、飼育下では最長32.2年。

保全状況と脅威

広範囲に分布し、人為的圧力への耐性があり、分布地域の大半で保全状況は良好。個体総数は不明だが、米国だけで140万頭を超えている可能性が高い。主に捕獲データとハンター調査（信頼性にはばらつきがある）に基づく2010年の分析では、米国本土の個体数は235万〜357万頭と推定されている。しかし、多くの個体群は狩猟により強い脅威にさらされており、監視が緩い場合には乱獲されるおそれがある。米国とカナダでは、娯楽や毛皮を目的に年間約5万頭が合法的に殺されている。斑点のあるネコ科動物の毛皮取引が規制されるなか、ボブキャットの毛皮は現在、ネコ科の種の中で最も大量に取引され、世界全体での需要は、中国やロシアが新たな市場として加わったことなどから、1960年代以来の記録的水準にある。毛皮目的の狩猟は、管理がずさんな場合や冬の天候が厳しい年には個体数減少につながる。北米では主に冬場が罠猟のシーズンだが、冬場は自然要因による死亡率が上昇する時期でもあり、特にウサギ類の個体数が減少する年にはその傾向が強い。メキシコなどでは、家畜を襲ったとして迫害も受けている。米国では、主に家畜を襲われたという訴えを受けて、合法の捕食動物管理プログラムで年間2000〜2500頭が殺されている。フロリダ州南部では侵略的なビルマニシキヘビの増殖により個体数が減少している事例証拠があり、カリフォルニア州南部では抗凝血性殺鼠剤の散布の影響により病気への耐性が低下した結果、個体数が急減している。

ワシントン条約（CITES）附属書II記載。IUCNレッドリスト：低懸念（LC）。個体数の傾向：安定（米国の大部分とカナダ南部では増加傾向にあるとされている）。

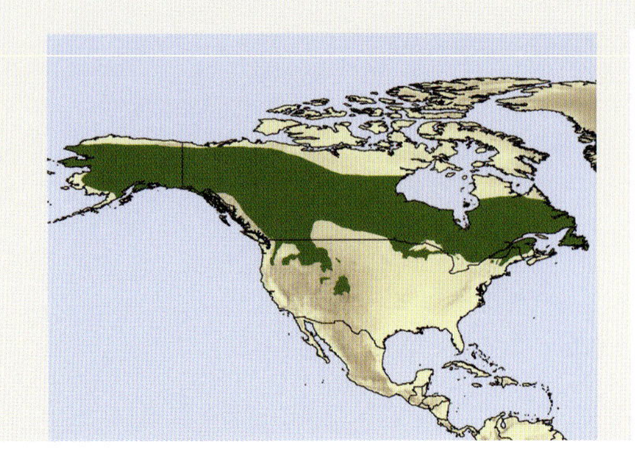

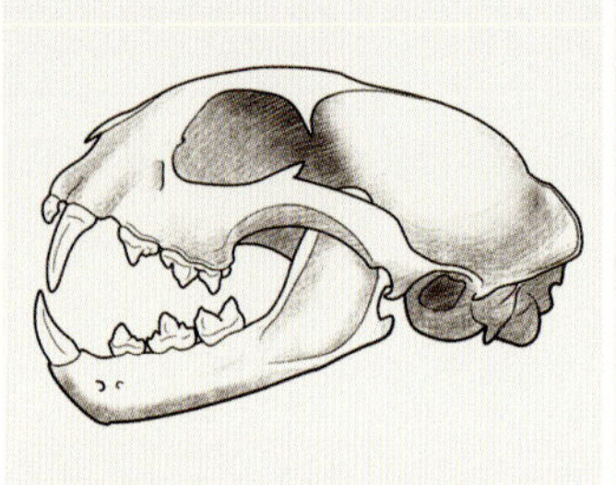

11.7−13.9cm

IUCNレッドリスト (2018):
低懸念 (LC)

頭胴長 メス76.2−96.5cm、オス73.7−107cm
尾長 5−12.7cm
体重 メス5.0−11.8kg、オス6.3−17.3kg

カナダオオヤマネコ

学名 *Lynx canadensis* (Kerr, 1792)

英名 Canada Lynx

別名 Canadian Lynx

分類

オオヤマネコ系統に位置する。ボブキャットと共通の祖先から比較的遅い時期に分岐して進化し、最も近い近縁種はユーラシアオオヤマネコ。カナダオオヤマネコとユーラシアオオヤマネコを同じ種に分類する専門家もいるが、分子解析により、約 150 万年前に分岐した別の種であることが確認された。

カナダオオヤマネコがボブキャットと共存する地域で交雑することはまれで、交雑記録があるのは米国のメーン州、ミネソタ州、カナダのニューブランズウィック州に限られ、いずれもメスのカナダオオヤマネコとオスのボブキャットの組み合わせである。交雑個体は一般に生殖能力がないと見なされているが、少なくとも 2 頭のメスが出産したことがわかっている。

北米本土のカナダオオヤマネコ *L. c. canadensis*（基亜種）と、カナダのニューファンドランド島の孤立した個体群であるニューファンドランドオオヤマネコ *L. c. subsolanus* の 2 亜種に分類されるが、形態上の差異は表面的なもので、議論がある。

形態

ひょろ長い体型の中型ネコで、分厚い体毛によって実際よりはるかに大きな印象を受ける。平均するとボブキャットより背が高く、やや大きいが、最も大形のボブキャットは最も大形のカナダオオヤマネコより体重が重い。脚は長く、特に後脚が前脚より際立って長いのが特徴。かんじきに似た特大の足先は、中足骨の結束が緩く指先を大きく広げることができ、密生した厚い毛に覆われているため、柔らかい雪の上を滑らかに移動するのに最適。頭は小さめだが、特徴的な頬ひげにより大きく見える。三角形の耳は、上部の縁に沿って黒い毛が生えている以外に斑紋はなく、先には通常3cm以上の目立つ黒い房毛がある。

密生した体毛はとても柔らかで、目立つ斑紋のない

左：オオヤマネコの種はいずれも視力が良く、透視能力があるなど、さまざまな伝説を生んでいる。視力が優れているのは確かだが、他のネコより鋭いという証拠はない。

下：短い夏毛の大人のメス。冬の到来とともに密生した長い毛に生え変わり、色も夏の黄褐色から灰色または灰褐色に変化する。

上：カナダオオヤマネコは獲物のウサギの個体数の増減に連動して個体数が循環的に急減するネコ科唯一の種。個体数急減は約10年ごとに生じ、獲物をほぼ完全にウサギに依存しているカナダ北部の個体群で最も顕著。

単色。通常、冬は淡黄褐色がかった灰色に銀色か青みのある銀白色が混じり、春と夏は褐色を帯びる。下肢と腹部に薄い斑点が入ることもある。尾はボブキャットより短く、先端は下面まで黒い。

類似種　カナダと米国の国境に沿った広い帯状地域からロッキー山脈にかけての地域でボブキャットと共存し、混同されやすい。カナダオオヤマネコのほうが総じて大きくて背が高く、斑紋が少ないが、共存する地域には最も大形のボブキャットが生息する。カナダオオヤマネコの尾は単色で、先端が下面まで黒いのに対し、ボブキャットの尾は上面に3～6本の濃い縞があり、下面と先端が純白。

分布と生息環境

カナダの森林限界以南地域の大部分（生息地の約80%を占める）、アラスカの大部分（同13.5%）、および米国本土のロッキー山脈、カスケード山脈、ブルー山脈沿い（ワシントン州、オレゴン州、アイダホ州、モンタナ州、ワイオミング州）、五大湖地方（ミネソタ州、ウィスコンシン州）、ニューイングランド（メーン州、ニューハンプシャー州、バーモント州北部）に広がる北方・亜北方森林に分布。コロラド州での再導入が成功したことで、分布地域南端はニューメキシコ州北部まで延びている。ニューヨーク州アディロンダック山地への再導入の試み（1989～1992年）は失敗。

生息環境はヤマナラシ、トウヒ、カバノキ、ヤナギ、モミ、ポプラ、マツなどの密生した北方林と針葉樹林に限られ、分布は主な獲物であるカンジキウサギとほぼ重なる。雪と氷に高度に適応しており、川幅が最大3.2kmにもなるユーコン川を泳いだ記録があるほか、首輪を付けて調査した2頭は、気温が氷点下27度まで下がる時期に、半分凍った川を4～12分ほど日常的に泳いでいた。開けた環境は、たとえ獲物が豊富に住んでいても回避する。農地など著しく改変された環境にもほとんど生息せず、管理によって下生えが薄くなったり複雑性が損なわれたりした森林にも耐えられない。皆伐または集約的伐採後の再生過程にある森林では、再生開始から約15年以上経過していれば問題なく暮らせる。生息環境の標高は0～4130m。

食性と狩り

カンジキウサギへの依存度が高く、食物の35～97%を占める。すべての個体群がカンジキウサギを主な食物とするが、その割合はウサギの数に応じて、季節や年により変動する。北部のカンジキウサギの個体数密度は8～11年のサイクルで変動し、時には1km² 当たり2300頭もの高水準から同12頭という低水準へ激減することもある。カナダオオヤマネコの個体数密度はカンジキウサギの個体数密度と1～2年遅れで密接に連動し、ピークの水準から3分の1～17分の1まで低下する。たとえばカナダのユーコン準州南西部では、100km² 当たり17頭から同2.3頭に低下した。ウサギの減少期には獲物を別の動物に切り替えるが、それでもウサギが最大の獲物であることに変わりはない。たとえばカナダのアルバータ州中部では、摂取生物量に占める割合が、ウサギの豊富な時期で97%、乏しい時期でも65%だ。生息地北部では夏と秋に食物が多様化し、南部ではカンジキウサギの個体数密度が低～中程度で強いサイクル変動が存在しないため、年間を通じて食物の多様性が高い。とはいえ、カンジキウサギはやはり最大の獲物だ。

アメリカアカリスは、ウサギが減少する時期の代替食物として特に重要で、ユーコン準州南西部では摂取生物量に占める割合が平常時の0〜4%から20〜44%に上昇する。代替的な獲物としては、このほかに小型齧歯類（特にハツカネズミとハタネズミ）、カモ、ガン、ライチョウなどが一般的。秋から冬やカンジキウサギの数が減少する時期などには、若い有蹄類（ゆうているい）を捕食することもある。有蹄類は通常、食物のごく一部を占めるにすぎないが、ニューファンドランド島の個体群はウサギの急減期にカリブーの子どもを専門に捕食する。この個体群では、冬場に弱った大人のカリブーのオスとメスを襲い、殺したケースもあると記録されている（1回で倒したのかどうかは不明）。食物として記録されているその他の有蹄類にはシカ、ヘラジカ、バイソン、ドールシープなどがあるが、その多くは死骸をあさった可能性が高い。

偶発的な獲物として挙げられるのは、モモンガ、ジリス、アメリカビーバー、マスクラット、アカギツネ、アメリカテン、魚類など。共食いはまれだが、主に獲物が不足する時期に、大人の個体が放浪する若い個体などを明らかに獲物として殺すことがある。時には小型の子羊や家禽を襲った記録もある。

狩りはカンジキウサギの行動パターンに合わせて、主に明け方・夕暮れと夜間に、ほぼすべて地上で行う。木登りは得意で、身の危険を感じると木に逃げ込むことがあるが、樹上で狩りをすることはない。通常は、ウサギのよく通る道を辿るか、獲物を狙いやすい場所（小道沿いや獲物が集まる開けた土地のそばの茂みなど）の「狩り用ベッド」で待ち伏せする。ウサギは頭骨、首、または喉に噛み付いて殺し、若い有蹄類は喉に噛み付いて窒息させる。ニューファンドランド島でカナダオオヤマネコに襲われたカリブーの子どもの多くは、おそらくメスのカリブーの助けを得て逃れたが、オオヤマネコの唾液を介したパスツレラ菌への感染によりその後ほとんどが死亡した。これは死肉を手に入れるための戦略だったという見方もできそうだが、実際には死骸の多くは食べていない。

狩りの成功率（雪上トラッキングにより推定できる）は主に雪の沈みにくさによって決まり、一部の地域ではウサギの個体数密度にも左右されるが、24〜61%と総じて高い（ウサギの狩りの場合）。カナダオオヤマネコは、平均すると1〜2日に1頭のウサギを殺す。獲物は雪か枯葉で覆って隠し、ウサギが豊富な時期は特にその頻度が高くなる。死骸は、特に冬場に、交通事故で死んだ有蹄類などを好んであさる。カナダのブリティッシュコロンビア州南東部では、1頭のカナダオオヤマネコが交通事故で死んだミュールジカを、オオカミに奪われるまで4日間食べ続けたという。

行動圏

単独で行動し、緩やかな縄張りを持つが、空間行

下：雪に覆われた木に逃げ込む若いカナダオオヤマネコ（カナダ、ユーコン野生動物保護区）。狩りはほとんど地上で行い、逃げてきたリスなどを便乗して低い枝に追いこむ以外に、樹上の狩りは記録がない。

上：カナダの生息地南端の気候温暖化はすでに影響を及ぼし始めている。1970年代以来、夏の気温上昇により降雪が減少し、生息地に空白が生じた結果、カナダ中部の分布範囲は北に175km以上後退した。

動は獲物のウサギの得やすさによって大きく変化する。ウサギの個体数密度が低いか安定している南部の個体群は、固定的な大きな行動圏を維持し、隣り合う個体と行動圏がかなり重複する。北部の個体群は、ウサギの数のピーク期には比較的小規模でおそらくやや独占的な行動圏を維持するが、ウサギの減少期には行動圏を拡大し、場合によっては行動圏を完全に放棄して広い範囲を放浪することもある。南部と北部の個体群では、ウサギが豊富な時期のオスの行動圏はメスより大きく、複数のメスの行動圏と重複する傾向がある。北部の個体群では、ウサギが不足する時期になるとこの差は縮小する。

行動圏を持つメスは、成長した娘と親しい関係を維持することがあり（母親の行動圏の近くに定住することが多い。「繁殖」の項参照）、そうした関係が生涯続く例もある。ネコ科の多くの種ではメスが娘に行動圏の一部を譲ることが少なくないが、オオヤマネコほど長く親密な交流は珍しい。母親と成長した娘が、しばしばそれぞれの子どもを連れて親しく付き合っているという観察例は数え切れないほどあり、一緒に狩りをしたり、獲物を分け合ったりすることもある。

行動圏の規模は8～738km^{2}と幅がある。平均規模の推定データは、南部の個体群のメスで39～133km^2、オスで69～277km^2、ウサギの数が多い時期の北部の個体群のメスで13～18km^2、オスで14～44km^2、ウサギの数が少ない時期の北部の個体群のメスで63～506km^2、オスで44～266km^2。

カナダオオヤマネコの個体数密度は、ウサギの得やすさにより劇的に変わる。南部の生息地の個体数密度は100km^{2}当たり2～3頭の低水準で安定しており、これはウサギの個体数が少ない時期の北部の個体群の平均的水準でもある。ウサギの数がピークとなる時期には、北部の個体群の個体数密度は100km^{2}当たり8～45頭まで上昇する。100km^{2}当たり30～45頭という最も高い個体数密度は、ウサギの個体数がピークにある時期に、ウサギにとって好適な環境である北部の再生林（伐採後15～20年以上経過）で見られる。ウサギの数がピークにある時期の、北部の成熟した森林での個体数密度は100km^{2}当たり8～20頭。

繁殖と成長

季節繁殖性が強い。交尾期は主に3月～4月上旬だが、遅ければ5月に行われることもある。発情期は3～5日で、妊娠期間は63～70日。出産期は5月～7月上旬で、大半が5月中旬～6月上旬。あるメーン州のメスは8月に1頭出産したが、これはその前の出産に失敗した後とみられ、知られている限りでは同じシーズンに2回出産した唯一の例だ。産仔数は多く、野生では8頭という記録がある。ウサギの個体数がピークにある時期には、メスの出産年齢が早まり（最初の春）、出産の成功率が高まり、産仔数も平均4～5頭とウサギの少ない時期の平均（1～2頭）より多くなる。1歳で出産するメスは（いるとしても）珍しく、大人のメスはウサギがほとんど手に入らない年が続くと出産しない。

子どもは生後10～17カ月で独り立ちし、大人に近づくと、通常は春と夏に親元を離れる。メスは親元を離れても母親の行動圏の内部か近くに行動圏を確立することが多く、大人のメスは娘と生涯を通して断続的な付き合いを続けることがある（「食性」の項参照）。オスは親元からもっと長い距離を移動し、生き延びられれば、母親の生息圏から遠く離れた場所に定住する傾向がある。ウサギ不足の時期が長期化した場合には、定住している大人も行動圏を離れる。大人も大人に近い若い個体も、特にウサギの数が減少している時期には驚くほど長い距離を移動でき、カナダのユーコン準州での直線距離で1100kmという最長記録が知られている。メスは生後10カ月で性成熟し、ウサギが豊富な年にはこの年齢で出産することもあるが、初出産の年齢は通常22～23カ月。オスは2年目の冬に（生後18カ月前後）繁殖が可能になるが、2回目か、多くの場合3回目の春までは繁殖しないとされている。

死亡率　ウサギが豊富な時期の大人の年間死亡率としては、捕獲が禁止されているか罠猟が限定的に行われている個体群で11～30%という推定データがあるが、ウサギが不足する時期には60～91%に上昇することがある。捕獲が認められている個体群の大人の年間死亡率は45～95%。子どもの生存はウサギの個体数と密接に連動し、ウサギが豊富な時期の死亡率が17～50%であるのに対し、ウサギが乏しい時期には飢餓による死亡が大幅に増加するため、年間死亡率は60～95%に達する。冬場の飢餓と人間のしかけた罠は、すべての年齢グループで死因の大半を占める。捕食者として知られているのはハイイロオオカミ、コヨーテ、クズリ、ピューマで、まれにボブキャットも含まれる。ある調査では、ボブキャットがウサギの不足する時期の最大の捕食者だった。病気は一般的な死因ではないが、コロラド州で再導入された個体のうち7頭が森林ペストで死亡しており、獲物から感染したと考えられている。

寿命　野生では最長16年（10年を超えることはまれ）、飼育下では最長26.9年。

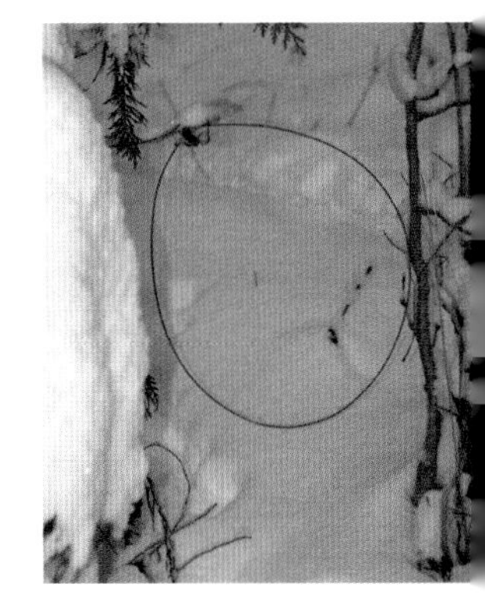

上：毛皮目的の罠猟（輪なわなど）はカナダと米国（主にアラスカ）では法律で認められており、毎年約1万～1万5000頭が合法的に捕獲されている。カナダだけで、1980年まで年間4万頭以上が捕獲され、過去に罠猟が最も盛んだった1900年より前には年間8万頭にものぼっていた。

保全状況と脅威

広範囲に分布し、カナダの大部分の地域（過去の分布地域の95%に現在も生息していると推定される）とアラスカではよく見かける。カナダのアルバータ州南部、サスカチュワン州、マニトバ州では分布地域がやや縮小し、カナダ東部ではあまり見かけないか、希少。2つの州（ニューブランズウィックとノバスコシア）では「絶滅危惧種」に指定されている。プリンスエドワード島とノバスコシア州の本土部分では絶滅したが、ケープブレトン島には現在も生息。かつて24州に生息していた米国本土では生息地の消失がはるかに広範囲で生じており、現在は一連の小規模な孤立した個体群（全部合わせて「絶滅危惧種」に指定）が残るのみとなっている。

カナダオオヤマネコにとって最大の脅威は、カナダでは過度の森林伐採や森林破壊による生息地の減少、分断化、劣化、米国では生息環境への圧力、密猟、交通事故。環境の変化により生息地に空白ができると、コヨーテとボブキャットの北への移動が促され、米国北部やカナダ東部などでカナダオオヤマネコの個体数がさらに圧迫される可能性もある。アラスカとカナダの大部分の生息地では、環境の質は高く、まったく損なわれていないか、保護もしくは比較的十分に管理されている。カナダオオヤマネコは年間に最低1万1000頭が合法的に捕獲され、その大部分がカナダとアラスカで行われている。ウサギが減少する時期の乱獲はカナダオオヤマネコの個体数を脅かすが、現在の合法的な狩猟は基本的にこのことを考慮に入れているため、個体数に長期的な影響を与えている証拠はほとんどない。気候温暖化はすでに、分布地域南端で生息環境の適合性を低下させており、長期的には北方林にも深刻な影響を及ぼす可能性がある。

ワシントン条約（CITES）附属書II記載（米国では絶滅危惧種法で「絶滅危惧」に指定）。IUCNレッドリスト：低懸念（LC）。個体数の傾向：安定。

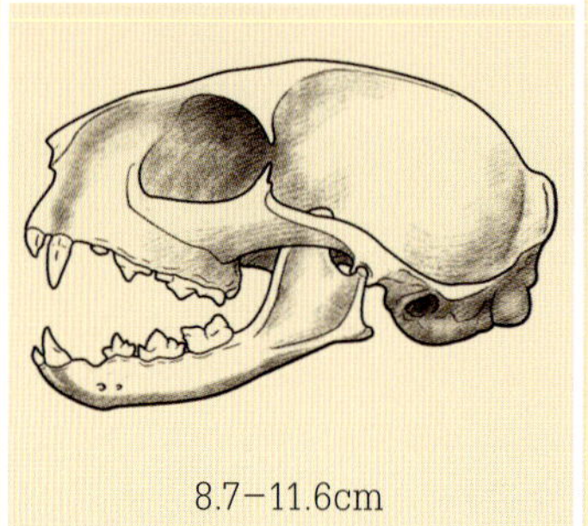

8.7−11.6cm

IUCNレッドリスト(2018):
低懸念(LC)

頭胴長　メス53−73.5cm
尾長　27.5−59cm
体重　メス3.5−7.0kg、オス3.0−7.6kg

ジャガランディ

学名 *Herpailurus yaguarondi*
(É. Geoffroy Saint-Hilaire, 1803)

英名 Jaguarundi

別名 Eyra

分類

最も近い近縁種はピューマで、共通の祖先から約420万年前に分岐した。ジャガランディをピューマとともにピューマ属に分類する専門家もいるが、両種の間にはかなりの遺伝子的差異と形態学的差異があることから、一般には単独でジャガランディ属に分類される。

8亜種に分類されるが、最近行われた野生個体(9カ国に生息する44頭)の分子解析によると生息地ごとの遺伝子的差異はほぼなく、ほとんどの亜種は無効と考えられる。

形態

短めの脚、ほっそりして長い体、非常に長い尾を持つ、独特の外見のネコ。比較的小さい頭は平たくて長く、横顔は先の丸い「ローマ鼻」が特徴的。耳は丸く、両耳の間隔が広い。

ネコ科の種の中で最も斑紋が少なく、光沢のある単色の短い体毛は、顔にごくかすかな縞と色の明るい部分があり、足の内側に時にうっすらと斑紋が入るほかは、耳の背面も含めてほとんど斑紋がない。子ネコのうちは胸か腹に斑点が見られることがあるが、通常は大人になるまでに消えるか目立たなくなる。鉄灰色型（薄い青灰色から濃い黒灰色）と赤褐色型（淡黄褐色から明るいレンガ色で、たいてい鼻口部と顎は真っ白）の2つの明らかな形態型があり、かつては別の種と考えられていた。赤褐色型は乾燥した開けた土地で比較的よく見られる。メラニズムは報告されているが、非常に色の濃い標本でも完全に黒いわけではなく、頭と喉は明らかに色が薄い場合が多い。同腹の子どもに両方の型が見られることがある。

類似種　亜熱帯に暮らす他のすべてのヤマネコとは、はっきり見分けがつく。ヤマネコらしからぬ外見はテンやカワウソに例えられ、「イタチネコ（Weasel cat）」という別名もある。一見すると、亜熱帯にすむイタチの1種のタイラに似ている。黄褐色の個体は色相がピューマに近いが、ピューマのほうがはるかに大きい。

分布と生息環境

メキシコの北東部と北西部の低地から、中米を経て、南米のブラジル南東部とアルゼンチン中部までの地域に分布。ウルグアイでの分布状況は不明。かつては米国にもテキサス南端にのみ生息していたが、1986年にテキサス州サンベニート付近で交通事故死した個体を最後に記録が途絶えている。アリゾナ州やフロリダ州でも時折生息が報告されていたが、元来生息していた証拠はない。

下：**濃色のジャガランディは、パナマで撮影されたこの大人の個体のように頭と首の色がやや薄いものが多い。タイラ（大型のイタチの1種）は体色がよく似ており、一見混同されやすい。**

主に低地に暮らし、標高は通常2000mくらいまで。亜熱帯の小型ネコの中で生息環境が最も幅広く、あらゆる種類の乾性・湿性森林、サバンナ林、湿性亜高山低木サバンナ、沼沢地、半乾燥低木林、藪(やぶ)、密生した草原にすむ。コロンビアの標高3200mの雲霧林でも生息記録がある。開けた環境にも耐えられるが、隠れ場のない地域は避ける。

牧草地と草原が混在し低木の植え込みがある地域、旧耕作地と低木林がモザイク状に混在する地域、二次林、ユーカリ、パイン、アブラヤシのプランテーションなど、人為的に改変された場所や環境が回復しつつある場所にも、密生した茂みがあり、高密度で齧歯類が生息していれば暮らせる。

食性と狩り

食性に関する情報は、主に糞と胃の内容物の分析と、少数の狩りの観察例に基づいている。獲物の大半は体重0.5kg未満で、トウマウス、クサマウス、コメネズミ、コットンラットなどの小型哺乳類が最も重要。それより大きい（最大1kg超）ケイビー、小型オポッサム、ウサギ類などもかなり日常的に殺し、アルマジロも時々食物として報告されている。コモンマーモセット、アカハナグマ、パンパスギツネを捕食した記録も1件ずつある。糞からはマザマジカの体の一部が見つかっており、死骸を食べた可能性がある。

哺乳類に次いで重要な獲物は、シギダチョウ、ウズラ、野バトを中心とする地上性または地上採食性の鳥類、テグー、ハシリトカゲなどの爬虫類。まれにイグアナとヘビ（猛毒のクサリヘビを含む）も食物として記録されている。干上がった池で小さい魚を捕らえていたという観察例もある。家禽も好んで襲い、鶏小屋にも入り込む。

狩りはほとんど（あるいはもっぱら）日中と明け方・夕暮れに、主に地上で行うようだ。ベリーズで首輪を付けて観察した3頭は、午前4時から午後6時まで

下：コスタリカのナイリ・アワリ先住民保護区のカメラトラップの前で立ち止まり、気になるにおいの正体を探るジャガランディ。嗅覚はネコ科の狩りや捕食にさほど大きな役割を果たさないが、社会生活では重要な役目を担っている。

が最も活発で、ピークが午前11時だったのに対し、メキシコ北東部で首輪を付けて観察した個体は、午前11時から午後2時までが最も活発だった。大西洋沿岸林（アルゼンチン、ブラジル）、乾燥サバンナ（ボリビアのグランチャコカアイヤ国立公園、ブラジルのカーティンガ）、セラード草原（ブラジル）で行われたカメラトラップ調査では、午前5時半から6時と午後6時から6時半の時間帯しか記録がなかった。これは、ほとんどの獲物が昼行性で地上性であることと符合する。

ジャガランディは泳ぎもうまく、中規模な川を泳いで渡れる。たとえば、ボリビアのマディディ国立公園を流れるトゥイチ川で泳いでいるところを撮影されている。しかし、ごく小さい池などを除き、水中で狩りをするという証拠はない。木登りもうまく、おそらく低い枝で獲物を捕らえることはできるが、樹上で狩りをするという証拠もほとんどない。

行動圏

研究は進んでおらず、ベリーズ、ブラジル、メキシコでのテレメトリー調査（このうち多数の個体を対象としたものは21頭のメキシコのみ）で得られた限られたデータしか存在しない。ペアでの行動が一般的であるという事例報告（おそらく交尾するつがいか母親と大きな子ども）が散見されるが、テレメトリーとカメラトラップの調査によれば、基本的に単独で行動する。ただ、飼育下では群れを作る習性があるようだ。小型ネコに典型的な空間行動パターンに従い、ネコ科に共通するマーキング行動をとるとみられるが、行動圏の規模に大きな性差はなく、無線機付き首輪で追跡された個体では行動圏が大幅に重複していた。同性の同種から縄張りを防衛するかは不明。

メキシコでの行動圏の平均規模は、メスが16.2km²、オスが12.1km²とメスのほうがやや大きいが、ブラジルでモニタリングされた少数の個体では、

下：コロンビアのアブラヤシのプランテーションで撮影されたメス。ジャガランディは混農林業地域で見られるが、大規模プランテーションで生息できるかはよくわかっていない。

右：ジャガランディのように基本的に単独で生活するネコも、実際には主ににおいによるマーキングでつがいになれそうな相手やライバル相手と絶えず情報交換する、豊かな社会生活を送っている。

メスが 1.4 〜 18km²、オスが 8.5 〜 25.3km² と概してメスのほうが小さかった。ベリーズのコックスコームに生息する大人のメスの行動圏の規模は 20.1km²。88 〜 100km² という飛び抜けて大きな推定データは 2 頭の若いオスのもので、親元から離れる過程にあった可能性が高い。

個体数密度については信頼性の高い推定データがないが、カメラトラップによる撮影頻度や無線機付き首輪装着のためにしかけた罠での捕獲非道が他のネコに比べて予想外に低いことから、一般に想定されているよりかなり密度が低い可能性がある。

上：飼育下で、赤褐色のメスの毛づくろいをする淡灰色のオス。野生の大人は永続的な集団を形成しないが、交尾期にはこうしたふれあい行動をとる（飼育下の個体の写真）。

繁殖と成長

野生ではほぼ知られていない。事例報告によると、生息地の一部では季節繁殖するようだが、証拠は薄弱。飼育下のメスは一年中出産する。飼育下では、発情は 3 〜 5 日持続し、妊娠期間は 72 〜 75 日。産仔数は 1 〜 4 頭（平均 1.8 〜 2.3 頭）。生後 5 〜 6 週で離乳が始まり、生後 17 〜 26 カ月で性成熟する。野生では、密生した茂みや樹洞（じゅどう）の中の巣に子どもを隠して育てる。

死亡率　野生の記録は非常に少ない。捕食者として確認されているのはピューマ。そのほかに、メキシコ中部で 2.7 m のボアコンストリクターが大人のジャガランディを殺した記録が 1 件ある。村落の近くではイヌに襲われやすい。

寿命　野生では不明、飼育下では 10.5 年。

保全状況と脅威

広範囲に分布し、多様な環境に耐え、人為的に改変された環境でも生きていける。しかし、南米の大部分の生息地ではありふれているという一般認識は誤りかもしれない。昼行性で開けた環境を利用するため他のヤマネコより目に付きやすいが、だからといって数が多いとは限らないからだ。特にオセロットやボブキャット、コヨーテが多数生息する地域では元から個体数密度が低いという証拠がいくつかあり､これらの種の競争相手としてジャガランディが排除されている可能性がある。脅威が十分理解されているとは言えないが、生息地の消失という蔓延（まんえん）する脅威のほかに、最も重要な局地的脅威として挙げられるのは、家禽殺しの報復としてかなり広範囲で行われている迫害と頻繁な交通事故だろう。斑紋がないため毛皮目的で狙われることはほとんどないが、イヌに殺されたり、何かの機会に人間に殺されることもある（この場合、毛皮が現地で取引されることがある）。中米では危急または危機種と見なされ､北米では深刻な危機にある(まだ絶滅していない場合)。ワシントン条約（CITES）附属書 I（中米と北米）、II（その他の地域）記載。IUCN レッドリスト：低懸念（LC）。個体数の傾向：減少。

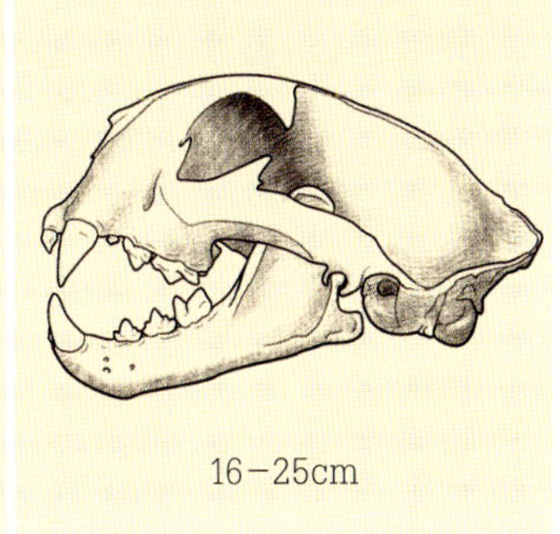

16－25cm

IUCNレッドリスト(2018)：
低懸念(LC)

頭胴長　メス95－141cm、オス107－168cm
尾長　57－92cm
体重　メス22.7－57.0kg、オス39.0－80.0kg

ピューマ

学名 *Puma concolor* (Linnaeus, 1771)

英名 Puma

別名 Cougar、Mountain Lion、Panther（フロリダ州）

分類

　ピューマ属に分類される唯一の種。最も近い現生の近縁種はジャガランディで、共通の祖先から420万年前に分岐したと推定される。両種はチーターとも近縁で、この3種がピューマ系統を形成する。

　32もの亜種に区分されているが、その大半は形態上のわずかな差異に基づくもので根拠は弱い。遺伝子分析によると、北米、中米、南米

の3つの地理的グループに分けられ、このうち南米の個体群が遺伝子的に最も多様。これを踏まえて、北米のホクベイピューマ *P. c. couguar*、中米のチュウベイピューマ *P. c.costaricensis*、南米東部の *P. c. capricornensis*、南米北部の *P. c. concolor*、南米中部の *P. c. cabrerae*、南米南部の *P. c. puma* の6亜種が一般に認められている。フロリダ州に残る個体群は通常、単独で亜種フロリダピューマ *P. c. coryi* に分類されるが、孤立化が生じたのは過去100年のことで、遺伝子データによれば北米の他の個体群と近い関係にある。このため、生態学的にも地理的にもホクベイピューマの明確な個体群と見なすのが妥当。

形態

ヒョウ系統以外のネコ科では最大の種で、ヒョウと同等の大きさ。がっしりした頭と首、たくましい前半身とすらりとした後半身、筋肉質の脚を持つ。チューブ状の尾は頭胴長の約3分の2と長く、野外でよく目立つ。体のサイズは緯度の変化（およびそれに伴う気候の変化）や捕食可能な獲物とおおむね相関があり、おそらくジャガーの存在にも関係する。最も大型の個体は温帯の分布地域の北端と南端で見られ、平均体重は、たとえばカナダのシープリバー野生生物保護区でメス44kg、オス71kg 、チリのトレスデルパイネ国立公園でメス45.1kg、オス68.8kg。熱帯地方の個体は比較的小さく、平均体重は、たとえばブラジルのイ

下：ベネズエラのこの若いメスは、大人になる前のメス特有のほっそりした体つきをしており、亜熱帯と熱帯の個体群の特徴である非常に短い体毛により、脚の長さが際立っている。

グアス国立公園でメス 36.9kg、オス 53.1kg。

体は単色で斑紋はなく、通常は淡黄褐色から濃黄褐色で、腹部は黄白色。温帯の個体は一般に色が薄く、特に長い密生した冬毛は淡灰色がかっているのに対し、熱帯では鮮やかなレンガ色がかった個体が多いが、体色だけで個体群を識別するのは難しい。尾の先端と耳の背面は濃褐色から黒色で、白い鼻口部には黒の縁取りがある。メラニズムの事例は絶えず報告されているが、完全なメラニズムの記録はない。非常に濃い赤褐色で腹部と鼻口部の色が薄い個体がコスタリカのグアナカステで殺されている。アルビニズムの記録は非常に少ない。生まれたばかりのピューマは濃褐色のはっきりした斑点とまだらに覆われており、祖先の種に多くの斑点があったことの証と考えられている。こうした斑紋は幼少期のカムフラージュに役立っているようだ。斑点は通常 9 ～ 12 カ月で消えるが、大人になるまで残るケースもまれにある。

上：チリのトレスデルパイネ国立公園では万全に保護されているが、公園外のピューマは養羊農家の激しい迫害にあっている。パタゴニア南部では人間に殺される率がきわめて高く、アルゼンチン領では合法な報奨金が提供されている。

類似種　ピューマはメスライオンに似ていることから、米国西部では一般に「Lion」、南米南部では「León」（いずれも「ライオン」の意）と呼ばれているが、類似性は表面的なものであり、野生では生息地域の重複はない。ジャガランディの単色の体色と長い尾はピューマの中南米の生息地で混同を招く可能性があるが、ジャガランディのほうがはるかに小さい。ジャガーの生息地では黒いピューマの記録は確認されていないため、メラニズムのジャガーがピューマと間違われることはないだろう。

分布と生息環境

南北に伸びる分布地域は西半球の地上性哺乳類としては最大で、カナダ南西部のブリティッシュコロンビア州とユーコン準州の境界からチリのマゼラン海峡近くに及ぶ。カナダ南西部、米国西部、南米熱帯地域には広く、おおむね連続的に分布。メキシコと中米では比較的広範囲に分布するが、生息地の分断化と消失が進んでいる。中南米の温帯地域では、アンデス山脈沿いからアルゼンチンのパンパス、モンテ砂漠、パタゴニアのステップと低木地、さらにはアルゼンチン北部、パラグアイ、ウルグアイ北部全域まで延びる幅広の帯状地帯に広く生息。アルゼンチン中東部・北東部とチリ中部・北部の広範囲からは姿を消している。米国のミシシッピ川以東では、フロリダ州南部に残る 100 ～ 120 頭の個体群「フロリダパンサー」と、ノースダコタ州・サウスダコタ州の最寄りの繁殖個体から北東部へ時折流入する個体を除き、絶滅した。

植生か岩場があれば、温帯、亜熱帯、熱帯のきわめて多様な環境に生息する。生息環境には、あらゆる種類の森林、林地、低木地と、湿性または乾性のよく茂った草原やサバンナ（パンタナル、パンパスなど）、植生がまばらか岩の多い砂漠が含まれる。一般に広大な草原、平原、草木のない砂漠などの開けた環境は回避するが、隠れ場のある細長い場所や断片的な土地（水路沿いなど）には入り込み、環境の境目に近い比較的広い開けた土地は横断する。

人間の近くにも耐えられるが、耕作地や単一栽培のプランテーションなど著しく改変された環境には定住しない。農村や都市近郊など人間に近い場所でも、環境が好適で獲物がいれば生息する。生息地の標高は 0m から北米では約 4000m、アンデス山脈では 5800m に達する。

食性と狩り

節足動物から大人のオスのワピチ（約400kg）まで多種多様な獲物を食べるが、主な食物は中〜大型の哺乳類。温帯地域、特に大型有蹄類が豊富な北米では比較的大きい獲物が中心で、バイソンを除くすべての大型有蹄類を捕食対象としている可能性がある。カナダと米国ではシロオジカ、ミュールジカ、ワピチが主要な獲物で、ビッグホーン、ヘラジカ（主に若い個体）、プロングホーン、シロイワヤギ（まれ）、クビワペッカリーも殺し、豊富に生息する地域では重要な獲物になっている。米国南西部、フロリダ州、メキシコ北部ではクビワペッカリー、シロイワヤギ、野生化したブタが、カナダのアルバータ州ロッキー山脈北部ではビッグホーンとミュールジカが主な獲物。メキシコのソノラ州北西部ではビッグホーンが最も重要な獲物だ。温帯地域南部（パタゴニア）では自然の獲物の多様性がきわめて乏しく、生息する唯一の大型有蹄類であるグァナコを集中的に捕食する。チリ中部のパタゴニアでは、捕食が記録された7種の合計463の獲物（家畜の羊を含む）の88.5%をグァナコが占め、チリ南部のトレスデルパイネ国立公園では、グァナコの個体群が回復しつつあった時期に、ピューマの摂取生物量の59%をグァナコが占めた。亜熱帯と熱帯地域でも有蹄類は重要な食物だが、有蹄類の個体数密度と生物量の減少に伴い重要度は低下しており、食物の多様化と獲物の小型化が生じている。平均すると、獲物の数に占める有蹄類の割合は、中南米の約35%に対し、北米では68%。熱帯地域ではマザマジカ、ハイイロマザマジカ、クビワペッカリー、クチジロペッカリー、カピバラ、ローランドパカ、アグーチ、アルマジロなどが主な獲物だ。生息地全域で、ウサギ類、ヤマアラシ、マーモット、ビーバー、小型齧歯類、アリクイ、ナマケモノ、有袋類、霊長類

下：殺したグァナコを食べるチリのトレスデルパイネ国立公園のピューマ。同公園の生態系では月平均6.5頭の獲物を殺し、大型有蹄類がその大半を占める。

などさまざまな小型哺乳類も偶発的に捕食する。局地的または季節的には、こうした獲物が食物不足を補う重要な役割を果たすことがある。導入種のヤブノウサギはチリのトレスデルパイネ国立公園に大量に生息しており、グァナコが高密度で生息する同公園の一部で、ピューマはグァナコ 1 頭に対し推定 13 頭の割合で野ウサギを食べている。本来の獲物が希少になったアルゼンチンのネウケン州パタゴニア北西部の放牧地域では、導入された哺乳類が摂取生物量の 99%を占め、ヤブノウサギ（同 45%）とアカシカ（同 43%）が主な食物となっている。アカシカはアンデス山脈の南部に沿ってパタゴニア全域に急速に拡大しており、同地域でますます重要な獲物になりつつある。

ピューマは、カナダオオヤマネコ、ボブキャット、オセロット、ジャガランディ、ジョフロイキャット、パンパスキャット、コヨーテ、ハイイロオオカミ、タテガミオオカミ、キツネ、アライグマ、アカハナグマ、イタチ、スカンクなど少なくとも 30 種の野生肉食動物を殺したと記録されている。肉食動物は必ずしも食べるとは限らず、重要な獲物となることはまれだが、フロリダ州ではアライグマが摂取生物量の約 20%を占める。共食いの記録もある。スズメからレアまで多種多様な鳥類と、大人のカイマンやアメリカアリゲーターまでの大きさの爬虫類も状況に応じて殺すが、摂取生物量に占める割合はごく小さく、鳥類と爬虫類を最も頻繁に捕食する熱帯地域でも 5%を超えることはめったにない。家畜も、放牧されている山羊と若い牛を中心に殺す。家畜が主な食物になることはまれで、大部分の生息地では農家にさほど大きな被害をもたらしておらず、特に北米では被害はほとんど局地的で一過性だ。しかし、最も数の多い獲物が家畜である場合（ブラジルのパンタナルの牛など）や、野生の獲物が減少して

下：温帯の生態系は気温が比較的低く、死骸の腐敗が遅いため、大型の獲物を何日もかけて食べることができる。このピューマはビッグホーンをほぼ余すところなく食べつくした（モンタナ州グレイシャー国立公園）。

上：母親が殺したミュールジカを食べる若いピューマ。死肉食動物（特に子どもにとって危険なクマやオオカミ）に狙われないよう、一部を落ち葉に埋めている。

いる場合（パタゴニアの大部分の地域の羊など）には、家畜が食物の大半を占めることがある。また、フロリダ州のイノシシ、ネバダ州の馬のように、一部の個体群では野生化した家畜が重要な獲物になっている。郊外や地方では飼い犬やイエネコを襲うこともある。人間を殺すことはきわめてまれだが、殺す場合は一般に自衛のためではなく捕食目的と考えられている。人間がピューマに襲われ死亡した例は北米（カナダと米国）で1890年から2012年までに23件しかなく、そのうち2件は狂犬病にかかったピューマに襲われて感染したことによるものだった。

狩りは主に夕暮れ、夜間と早朝に行う。昼間の狩りは、人間の迫害を受けない地域で冬に多くなるが、これはおそらく臨機応変な対応の結果だろう。狩りの際には、獣道、伐採林、水路、谷底、稜線などに沿って獲物を探し歩く。こうした精力的な獲物探しに加えて、獲物が集まる水源や餌場（牧草地など）の近くで休みながら待ち伏せもする。パタゴニアのあるピューマは、549～1087m泳いで湖の島に渡り、羊を殺して戻るという行動を24時間のうちに何度か繰り返したという。獲物を殺すときは、すぐそば（10m以内）まで忍び寄ってから強襲する。成功した狩りでは一般に追跡距離はごく短く、米国のアイダホ州南東部とユタ州北西部の例では、狩りの開始地点から10m以内でミュールジカを仕留めている。大型の獲物は通常、襲いかかった場所か、格闘が続いた場合でもそこから10～15m以内ですばやく倒す。非常に大きな獲物の場合にはかなり長く（最長80～90m）格闘が続いたという報告例が多く、ワピチなどの背中に飛びついたまま前に進み、倒したケースもある。有蹄類は喉に噛み付いて窒息させ、それより小型の獲物は頭骨か首に噛み付いて殺す。

研究が進んでいる種としては意外なことに、狩りの成功率はあまり知られていない。実際に獲物を襲った狩りの例だけで見ると、アイダホ州ではシカとワピチの狩りの82%が成功している。これには追跡したが未遂に終わった狩りは含まれていない。殺した獲物は最大80m引きずって茂みに運び、保存や腐食動物から隠す目的で土、落ち葉、雪などで覆うことがある。大型の獲物の場合は何度もその場所に戻り、3日から4週間（冬場で超大型の獲物の場合）かけて食べる。死骸もあさるが、食物摂取量に占める割合は通常は小さい。その一方で、獲物を食べつくす前に放棄することはしばしばあり、チリ領パタゴニア中部では、ピューマ1頭当たり月平均172kgのまだ食べられる肉が死肉食動物に横取りされているという。北米西部ではハイイロオオカミやハイイログマ、アメリカグマに追い立てられて獲物を奪われる。

行動圏

単独で行動し、縄張り意識が強く、オス、メスとも固定的な行動圏（および縄張り）を維持する。オスの行動圏は大きく、通常は1頭またはそれ以上のメスの比較的小さい行動圏と重複。大人は同種の同性から縄張りを防衛し、縄張りをめぐる争いにより、特にオスは命を落とすこともある。しかし、大人のピューマ同士の社会的関係は、多くの場合一般に考えられているほど暴力的なものではない。グレーター・イエローストーン生態系では、GPS首輪を装着した大人の個体がかなり日常的に交流を持ち、衝突はほとんど、またはまったく生じていない。交尾期のオスとメスはもちろんだが、それ以外でも、大人（特にメス）は大型の獲物を分け合い、血縁関係のない相手とも血縁者と同じくらい頻繁につきあう。行動圏の重複にどの程度性差があるかは個体群により異なるが、一般にメスはオスより重複が大きく、広範囲で重複する場合もある。重複が最も小さいのはオス、メスとも行動圏の規模が小さい場合で、特にオスはその傾向が顕著だ。

行動圏の規模は、生息環境の質や獲物の数により25km²（ベネズエラのメス）から1500km²（ユタ州のオス）まで大きな開きがある。推定値の信頼性が最も高い北米の代表的なデータは、米国ニューメキシコ州の狩猟禁止個体群でメス74km²、オス187km²、カナダのアルバータ州の狩猟可能個体群でメス140km²、オス334km²、フロリダ州の狩猟禁止個体群でメス191km²、オス558km²などがある。中南米では行動圏や空間行動パターンの研究が進んでいないが、亜熱帯と熱帯の生息地の限られた情報によれば、行動圏の規模は比較的小さく、個体数密度は比較的高いようだ。ごく少数のサンプルに基づいた乾季のみの推定では、ベネズエラの乾性林の行動圏の

下：ピューマの集団の目撃例は、チリのトレスデルパイネ国立公園で撮影されたこの2頭のように、母親と大きく成長した子どもの組み合わせがほとんど。母親のそばに立っているこの子どもは大人に近い大きさで、親元を離れる年齢に差しかかっている。

平均規模はメス 33km²、オス 60km² で、行動圏の規模は雨季に拡大すると考えられている。メキシコ北部の熱帯の乾性林では、メスの行動圏の規模は乾季の 25km² から雨季には 60km² に拡大し、オスでは乾季の 60km² から雨季には 90km² に拡大する（これもごく少数のデータに基づく）。ブラジルのパンタナルとセラードが混在する地域の行動圏は、メスが平均 89km²、オスが 222km²。

北部の個体群の個体数密度はユタ州、テキサス州などの 100km² 当たり 0.3 頭からアルバータ州、カリフォルニア州、ユタ州、ワイオミング州の同 1 ～ 3 頭まで幅がある。例外的な環境では個体数密度が 100km² 当たり 3 頭を超えることがあり、たとえば季節移動しないシカが高密度で生息するブリティッシュコロンビア州バンクーバー島では 7 頭に達している。中南米の個体数密度推定データには、アルゼンチンの亜熱帯林の 100km² 当たり 0.5 ～ 0.8 頭、パタゴニアの草原ステップの同 2.5 ～ 3.5 頭、ベリーズの熱帯雨林の同 2.4 ～ 4.9 頭、ブラジルのパンタナルの季節的に浸水するサバンナの同 3 ～ 4.4 頭などがある。

繁殖と成長

一年を通して繁殖し、どの月にも出産する。しかし、季節繁殖性が強い個体群もあり、そうした個体群は獲物の有蹄類と同じ時期に出産したり、気候の極端な時期（特に冬）を避けたりする。カナダと米国のロッキー山脈北部では 5 ～ 10 月の出産が約 75%を占め、米国のイエローストーン国立公園では 6 ～ 7 月の出産が 50%を占める。フロリダ州の出産のピークはオジロジカの出産期と連動し、3 ～ 6 月とやや早い。中南米

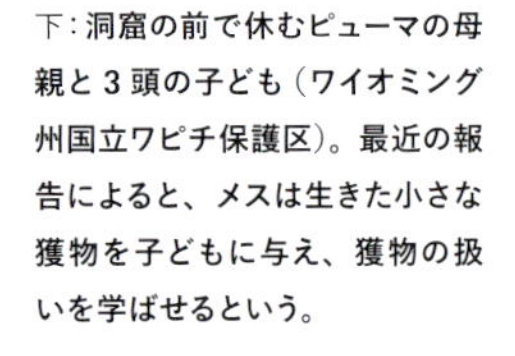

下：洞窟の前で休むピューマの母親と 3 頭の子ども（ワイオミング州国立ワピチ保護区）。最近の報告によると、メスは生きた小さな獲物を子どもに与え、獲物の扱いを学ばせるという。

の繁殖パターンはあまり知られていないが、熱帯の生息地は繁殖の季節性が最も弱いようだ。発情期は1～16日、妊娠期間は平均92日（82～98日）で、産仔数は通常1～4頭、平均2～3頭。飼育下では最高6頭という記録がある。生後約2～3カ月で離乳。他のメスの子どもを育てることは非常に少ないが、たとえば生後6カ月の3頭の子どもを持つワイオミング州のメスが母親のいない生後15カ月のオスを2頭引き取った例があり、2頭の母親はこのメスと血縁関係があった可能性が高い。出産間隔は14～39カ月で、平均26.5カ月（ワイオミング州）。オス、メスとも約18カ月で性成熟する。野生のメスは通常、生後24カ月で初出産するが、18カ月で出産した例外もある。オスは3歳前後で初めて繁殖する。子どもは生後10～24カ月、平均13.5～18カ月で独り立ちし、通常その2～3カ月後に母親の行動圏を離れる。オス、メスとも親元を離れるが、メスは可能な限り生まれ育った場所にとどまる傾向があり、母親の行動圏の近くに定住することが多い。ピューマの狩猟が盛んな地域では、メスも遠くに移動するのが普通。オスが生まれ育った場所に定住する例はまれで、孤立したフロリダ州の個体群でしか記録がない。通常、メスは移動距離が短く、オスより早く定住する。移動距離は、フロリダ州でメス6～32km（平均20.3km）、オス24～208km（平均68.4km）、ニューメキシコ州サンアンドレアス山脈でメス0.7～79km（平均13km）、オス47～215km（平均68.4km）。ユタ州の山脈でも、メスはオスより親元を離れることが少ないという一般的なパターンが当てはまるが、メスの11～357km（平均33～65km）に対しオスは6～103km（平均31～52km）と移動距離の性差は小さく、最長距離を記録したのはメスだった。親元からの移動距離が最も長いのは、サウスダコタ州ブラックヒルズの平原と農地に囲まれた孤立した個体群で、メスは12～99km（平均48km）、オスは13～1067km（平均275km）。2011年にこの個体群のオスが親の行動圏から離れ、直線距離で約2800km移動したが、その後コネチカット州の大西洋岸地域で車にはねられて死亡している。

死亡率　大人の推定年間死亡率は米国のニューメキシコ州でオス9%、メス18%、モンタナ州北西部でメス35%、オス61%。独り立ちするまで生きる子どもの推定割合は、カリフォルニア州南部で45～52%、ニューメキシコ州で64%。イエローストーン国立公園では子どもの50%が独り立ちするまで生きると推定されているが、2歳までの生存確率で見ると、この数字は21%に低下する。大人はほとんどが人間により殺されており、合法の狩猟（北米）と密猟がその大半を占める。一部の個体群では交通事故死がかなりの割合を占め、特にフロリダ州では最大の死因だ（2010年から2013年6月までに確認された88の死亡例のうち54例）。死亡の自然要因には飢餓、病気、獲物を襲う際に負ったけがなどがある。記録によると、ニューメキシコ州のある個体群では他のピューマによって殺される率が極めて高く、大人のオスによる殺害がオスの死因の46%、メスの死因の53%を占めていた。しかし、これはごく例外的な状況で起きたか、状況証拠による推定だろう。研究が進んでいる他のピューマの個体群では、これほどの高率で同種間の殺害が行われているという証拠はない。子どもの主な死因は飢餓（合法的狩

左:巣が荒らされない限り、ピューマの母親が生後2カ月までの子どもを生まれた巣から動かすことはほとんどない（飼育個体の写真）。

猟の対象個体群では母親が狩猟で死亡したケースを含む)、捕食 (特に捕食者であるハイイロオオカミと共存する地域)、子殺し。

寿命　野生では最長16年、飼育下では最長20年。

保全状況と脅威

広範囲に分布し、回復力があり、人間の存在や活動に対する耐性が比較的強い。北米と南米の分布地域の大部分は現在もほぼ連続しており、総じて懸念はないと見なされている。しかし、分布範囲は依然として西半球の地上性哺乳類で最大とはいえ、北米東部ではフロリダ州に残る個体群を除いて絶滅し、中南米でも生息地の最低40%から姿を消した。それでも、北米では米国中西部とカナダでかつての生息地の一部に徐々に戻りつつあるようで、1990～2008年に知られていた繁殖分布域以外の地域で178頭の生息 (主として親元を離れて移動するオス) が確認された。その一方で、人口増加に伴う生息地の分断化は、現在の生息地の一部 (カリフォルニア州南部など) を脅かし、サウスダコタ州、ノースダコタ州、フロリダ州などでの孤立個体群の定着を難しくしている。中南米の大部分の地域では、保全状況はほとんどわかっていない。おそらく広い生息地の残る地域ではよく見かけるありふれた種だが、その他の地域 (たとえば生息環境が強い圧力を受けている中米の大半の地域) では危うい状況にあると推測される。中南米の温帯地域に位置する生息地 (パタゴニアのステップと低木地、アルゼンチンの湿性パンパスなど) の大部分では、いったん姿を消した後、過去20～30年に個体数が回復したか、個体が戻りつつある。

ピューマは、生息地の消失および分断化という主な脅威に加えて、それに関連する人為的な脅威にもさらされている。家畜を飼育している地域ではしばしば激しい迫害を受け、特に中南米では人間により広範囲で無差別に殺害されている。アルゼンチン南部は牧羊地で (1995年以降) 現在もピューマ殺害に報奨金を出している唯一の地域で、これによって駆除されるピューマは年間約2000頭にのぼる。同じ地域では、年間80頭のスポーツ・ハンティングも認められている。米国とカナダでは年間2500～3500頭が合法のスポーツ・ハンティングで殺されているが、スポーツ・ハンティングは、割当狩猟数が過剰な場合、個体数減少を引き起こすことで知られており、特に大人のメスはそのリスクが大きい。ピューマの獲物の乱獲は、自給ハンターが大型ネコの主な獲物を狩猟対象としている熱帯の生息地の多くで、ピューマの脅威となっている可能性がある。

ワシントン条約 (CITES) 附属書I記載 (フロリダ州、ニカラグアからパナマ)、II記載 (その他の地域)。スポーツ・ハンティングはアルゼンチン、カナダ、メキシコ、ペルー、米国 (狩猟が禁止されているカリフォルニア州とフロリダ州を除く) では合法。IUCN レッドリスト：低懸念 (LC)。個体数の傾向：減少。

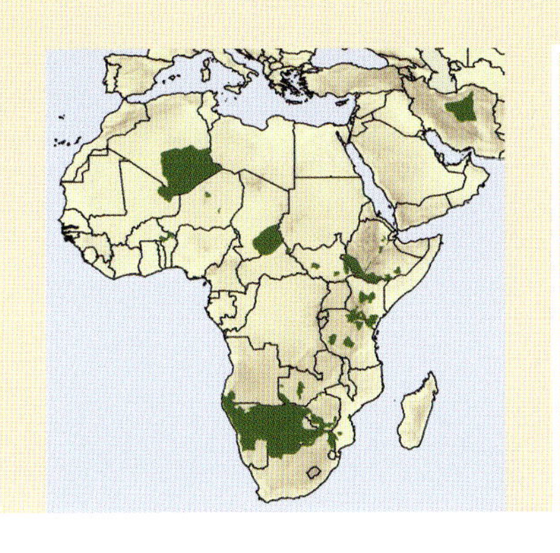

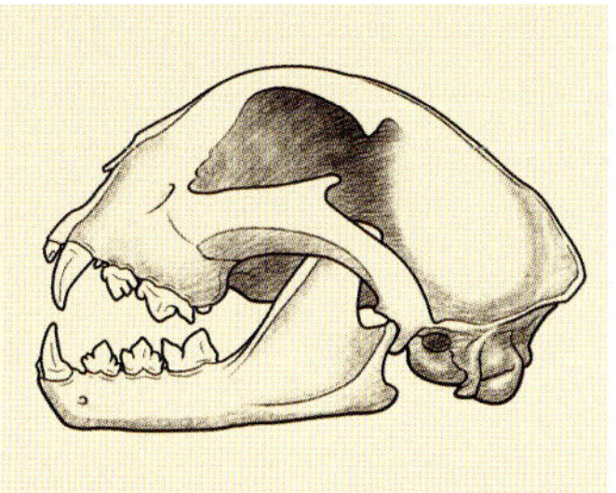

15－19.3cm

IUCNレッドリスト(2018):
- 危急種（VU）（グローバル）
- 近絶滅種（CR）（アジアの亜種*A.j.venaticus*）
- 近絶滅種（CR）（サハラの亜種*A. j.hecki*）

頭胴長　メス105－140cm、オス108－152cm
尾長　60－89cm
体重　メス21－51kg、オス29－64kg

チーター

学名 *Acinonyx jubatus* (Schreber, 1775)

英名 Cheetah

分類

単独でチーター属を形成する。最も近い近縁種であるピューマ、ジャガランディとともに、約670万年前に分岐したピューマ系統に位置する。チーターの最古の化石は、アフリカ南部と東部で発見された300万～350万年前のものだ。

現在、アフリカの4亜種とアジアの1亜種に分類される。アジアのチーター*A. j.venaticus*は最も特徴のある亜種で、遺伝的差異により、アフリカの個体から3万2000～6万7000年前に孤立したと推定される。アフリカ北東部のチーター*A. j. soemmeringii*（ソマリアからニジェール東部に生息）は他のアフリカの個体群と遺伝的に異なるが、アフリカ西部のチーター*A. j.hecki*（ニジェール西部からセネガルに生息）とは連続している可能性が高く、今後の分子研究により両亜種が1つの亜種になることもありうる。また、アフリカのサハラ砂漠北部のチーター*A. j. venaticus*は、エジプト西部のサンプルからイランのチーターとは近い関係にないことが明らかになってお

り、*soemmeringii* か *hecki*（もしくは両者の統合後の亜種）に統合される可能性が高い。アフリカ南部のチーター *A. j. jubatus* とアフリカ東部のチーター *A. j. raineyii* は近縁で、遺伝的差異は比較的小さいが、現在は2亜種と見なされている。

形態

獲物を高速で長く追跡することに適応しているネコ科唯一の種で、他のネコとは一目で違いのわかるグレーハウンドのような体躯が特徴。すらりと背が高く、長い脚、幅の狭い分厚い胸、くびれた腰、チューブ状の尾を持つ。頭は小さくて丸く、鼻口部は短く、耳は小さい。爪はイヌに似ており、他のネコのように爪をしまっておく肉厚のさやがないが、通説に反して、爪は部分的に引っ込めることができる。足跡に現れる爪のほかに、獲物を捕らえるのに使う湾曲した鋭い第1指（親指）

右：**チーターは多くの大型ネコほど性的二形が顕著でないが、大人のオスはメスに比べ、特に頭、首、前半身がはるかにがっちりしている。**

下：**イランのネイバンダン野生動物保護区でカメラトラップにより撮影された、アジアに残る最後のチーターのうちの1頭。この大人のオスの非常に短い体毛は、イランの猛暑の夏に見られるアジアチーターの特徴。**

がある。一般に最も体が大きいのはアフリカ南部の個体で、アフリカ東部の個体が僅差でこれに続く。ごく少数の標本の計測データに基づくと、最も小さいのはアフリカ北東部サハラ砂漠とイランの個体だ。

体色は通常、淡黄褐色から黄金色で、腹部は黄白色。全身を黒一色の円形か楕円形の斑点（約2000個）に覆われ、その間にさらに通常目立たない黒い小さな斑点が点在することがある。斑紋は個体ごとに異なり、同じものはない。独特の「涙状斑」は他のネコ科の種には見られないもので、その役割は（あるとしても）定かでないが、日中の狩りでまぶしさを和らげたり、顔の従順な表情や攻撃的な表情を際立たせたりするのに役立っている可能性がある。サハラ砂漠のチーターは、顔の幅が狭くイヌに似ており、体毛が短く色が薄いという特徴があり、黄色っぽいベージュの地にチョコレート色の斑点があるものから、白に近い地にシナモン色か黄土色のかすかな斑紋があるものまでさまざまだ。斑点がつながって縞状になる、いわゆる「キングチーター」は、1927年に初めて記載された際には独立亜種の*A. j. rex*とされたが、実際には潜性遺伝子による変異種にすぎず、普通の斑点を持つ親からも生まれることがある。野生のキングチーターがたびたび生まれるのは、南アフリカ北部（クルーガー国立公園を含む）、ジンバブエ南部、ボツワナ南東部だけで、ブルキナファソでは、取引用とおぼしき1頭のキングチーターの毛皮が密猟者から押収されている。メラニズムはごくまれで、確認された標本はジンバブエとザンビアの2体しかない。真性のアルビニズムの個体は確認された記録がないが、黄白色の地に濃色のそばかす状の斑点のある個体が2010年にケニアのアチ川流域で写真撮影された。

ネコ科では珍しく、生まれたばかりのチーターは、銀灰色のふわふわしたたてがみのような毛が頭頂から尾の根元まで生えている。この毛は生後4～6カ月には肩の部分の短いたてがみに変わり、大人になると、恐怖や敵意により逆立つとき以外は目立たなくなる。このたてがみは、大人のアジアチーターで比較的よく目立つ（特に長い光沢のある毛に生え変わる冬）。たてがみの役割は不明だが、怒りっぽいラーテルに似せることで捕食動物を寄せつけないようにしているという説がある。確かに見た目はラーテルに酷似しているが、一部の個体群では子どもが捕食される率が非常に高く、その効果は疑問だ。それよりも、長草に囲まれた巣で育てられる無防備な幼い子どもの体温調節とカムフラージュを助けていると思われる。

類似種　チーターの体の大きさや色相はヒョウに近いが、単純な斑点と涙状斑はよく目立つため、一瞬の目撃例を除き、混同されることはないだろう。現地ではサーバルがしばしばチーターと間違われるが、サーバルはチーターよりはるかに小さく、尾が短い。

上：**かつて独立した種と見なされていたキングチーターは、いわばタビー（縞模様）のチーターのようなもの。イエネコのタビーをもたらすのと同じ遺伝子の突然変異により、斑点がつながって縞のような模様になる。**

分布と生息環境

アフリカ南部と東部に比較的広く分布し、アフリカ西部と中部では希少またはきわめて希少。アフリカ北部では、アルジェリア南部とおそらくエジプト西部を除いて絶滅。アジアでは、イラン中部に残る約50頭を除き絶滅した。アフガニスタン、パキスタン、トルクメニスタンでは、1970年代以来、時折生息が報告されるが、確かな証拠はない。2006年にアフガニスタンのマザーリシャリーフで発見された毛皮は、同国北中部のサマンガーン州からもたらされたと報じられているが、イランのものである可能性が高い。

　サバンナの林地、草原、低木地を好み、疎林と草原がモザイク状に混在する中湿性の地域に最も高密度で生息。高湿度の密生した林地（ミオンボなど）では個体数密度は比較的低く、深い森や雨林には生息しない。カラハリ砂漠南部のような乾燥サバンナにはよく適応し、イラン、ナミブ、サハラの半砂漠と砂漠では水路や山脈の近くに暮らす。完全な砂漠の最も乾燥する地域には短期的にしか生息しない。生息地の標高は、3500m（ケニアのケニア山）という例外的な記録もあるが、通常は約1500m（エチオピア）から2000m（アルジェリア）。イランのチーターは砂漠の大山塊の冬の雪線より上に生息し、チーターとしては唯一、冬の雪を日常的に経験する。

下：幼い兄弟は、独り立ちするまで生き延びることができれば、その後もオスの連合として生活を共にする。子ども時代に築いた強い絆は生涯続き、ほぼ常に接触を保ち、協力して行動し、愛情を表現する。

食性と狩り

　地球上の地上性動物の中で最速として知られるチーター。小型から中型のレイヨウ（体重20～60kg）の狩りに最も適しており、生息地全域でガゼルもしくはガゼルに類似する動物を好む。代表的な獲物は、トムソンガゼルとグラントガゼル（アフリカ東部）、ダマガゼルとドルカスガゼル（サハラ砂漠）、スプリングボック（エトーシャ国立公園、カラハリ砂漠など乾燥サバンナ南部）、インパラ（クルーガー国立公園、オカバンゴ、セレンゲティの林地などアフリカ南部と東部の林地）など。スタインボック、サバンナダイカーなど小型のレイヨウも、カラハリ南部などでは重要な獲物だ。大型の有蹄類（ゆうているい）を倒すこともでき、そうした有蹄類が獲物として最も豊富な地域では、好んで捕食することがある。その例として、南アフリカのピンダ猟獣保護区の中湿性林地や小型の獲物がいない地域のニアラ（大人で55～127kg）、ガゼルが広範囲で絶滅したイランのウリアル（同36～66kg）とパサン（同25～90kg）などが挙げられる。獲物としては、一般に大人より若い個体、オスよりはメスを好み、特にイボイノシシのように大型または危険な獲物の場合はその傾向が強い。ガゼルに明らかな季節繁殖性がある地域では繁殖期にオスを襲うことが多いが、これはオス同士の競争によりチーターへの警戒心が緩んで無防備になるためだ（カラハリ砂漠のスプリングボックなど）。チーターは通常、オスが連合して、オグロヌー、バーチェルサバンナシマウマ、ゲムズボック、そしてまれにはアフリカスイギュウやキリンなどの大型の獲物の子どもを簡単に殺す。オスの連合は、ハーテビースト、オリックス、ヌーのようにオス、メスとも単独では避けがちな大型の危険な獲物も倒せる。

　大型齧歯類（トビウサギなど）と大型ウサギ類（ケープノウサギ、アカクビノウサギ）も、カラハリ砂漠の単独のチーターや、多くの個体群の独り立ちしたばかりの若いチーターの場合、あるいはイランのように疲弊した生息地では、重要な獲物になる。ダチョウ、ノガン、ホロホロチョウも捕食する。まれにハリネズミ(サハラ)、ヤマアラシ、マングース、キツネなどの小型肉食動物も殺す。共食いは、オス同士が縄張りをめぐる衝突で死んだケース以外は知られていない。

カラハリ砂漠では水分を摂取するために野生のスイカ（tsamma melon）を食べると言われているが、6年間にわたる広範囲の観察調査ではそうした記録はない。仮にスイカを食べていたとしても、摂取水分量に大きな割合を占めていることはなさそうだ。

山羊、羊、子牛、若いラクダなどの小型の家畜も、見張りがいなければ殺すが、人間や犬に簡単に追い払われる。野生のチーターが人間を殺した記録はない。

獲物をできるだけはっきりと目で捉えるため、またライオンやブチハイエナと狩りの時間帯の重複を避けるために、日中に最も活発に活動する。ほとんどの狩りは夜明けと日没から2～3時間以内に行うが、比較的涼しい時期や子どものいるメスは一日を通して狩りをする。夜間の活動も一般に考えられているより多い。オカバンゴでは、あらゆる活動の約25%が主に満月前後の夜に行われており、夜も狩りをする。しかし、夜間の活動が25%を占めるからといって夜間の狩りが25%を占めるとは限らない。サハラ砂漠のチーターは夜に頻繁に狩りをすると考えられているが、これはおそらく比較的涼しいことと、開けた環境で夜でも比較的見通しが良いためだろう。

通常の狩りでは、まずネコ科独特の身をかがめた姿

下：危害を及ぼされるおそれのある獲物を仕留める安全なテクニックは、窒息させて殺すこと。ブレスボックを殺そうとするこのチーターの様子から、角の生えた頭を固定し、バタつかせる蹄を遠ざけることによって、獲物との格闘で負傷するリスクをさらに抑えていることがわかる。

勢でひそかに後をつけ、獲物が視線を上げると動きを止めたりしながら、50～75mの距離まで近づく。獲物がかなり無防備な状態にあるか気がついていない場合（生後間もないレイヨウなど）には、500～600m離れた場所から身を隠さずに小走りで駆け始めることもある。全力疾走する距離は最長600mだが、一般には300m未満で、サバンナの疎林での平均追跡距離は173m（ボツワナのオカバンゴ）。自動車について走るよう訓練されたチーターは時速105kmのスピードを出したことがあり、これが最速記録だ。ボツワナの野生のチーターの最速記録は時速93km。おそらく時速105km以上も出せるが、ボツワナのサバンナ林でインパラを主に捕食する大人のチーターは中程度のスピードで走り、最高時速は平均54kmにとどまる。非常に開けた土地でガゼルを狩るチーターの平均時速はこれより速いだろう。チーターは、地上性哺乳類の中で最も急激に加速と減速もできる。狩りの最終段階では、獲物を扱いやすく仕留めやすいよう、一気に急減速する。たとえばボツワナのオカバンゴでは、3歩で時速58kmから14kmに減速した。獲物は、減速しながら前足でつまずかせたり打ちつけたりして転倒させるか、第1指でひっかけて後ろに引っ張り、バランスを失わせる。倒した獲物は2～10分で窒息させて殺す。野ウサギなどの小型の獲物は頭骨か首を一噛みして即死させる。

狩りの成功率は25～40%前後。小型で無防備な獲物ほど成功率が高く、野ウサギで87～93%、子どものガゼルで86～100%（タンザニアのセレンゲティ国立公園）。仕留めた獲物を守れることはほとんどなく、最大13%（セレンゲティ国立公園）が、主にブチハイエナやライオン、時にはヒョウ、リカオン、ハイイロオオカミ、シマハイエナ（イラン）などにより、奪われる。チーターが仕留めた獲物をセグロジャッカルの集団やハゲワシの大群が奪ったという記録については、騒ぎに気づいてさらに大型の肉食動物がやって来るのを恐れたチーターが放棄するのだろう。

チーターは、おそらく大型の肉食動物との遭遇を避けるため、死肉を食べないが、オスがメスの獲物を横取りすることはしばしばある。同じ理由から、食べ残した獲物のある場所に戻ることもめったにないが、子どものいる母親は獲物を置き去りにした場所に翌日戻ることがある（ピンダ猟獣保護区）。

行動圏

ネコ科では珍しく流動的で複雑な空間行動性を持ち、ライオン（および一部の野生化したイエネコのコロニー）を除く他のネコよりも社会性が強い。メスは非社会的で縄張り意識が弱く、広い行動圏を利用するが防衛はしない。メス同士が遭遇すると、双方が積極的に接触を避けるが、まれに互いを受け入れて、1日足らずを一緒に過ごすことがある（しばしば血縁関係にある場合。後述）。これに対し、オスは社会性があり、多くの場合2～4頭で生涯にわたる連合を組み、メスへの接触などをめぐって他のオスたちと激しく争う。連合は兄弟により形成され、親離れした後も一緒に行動するのが

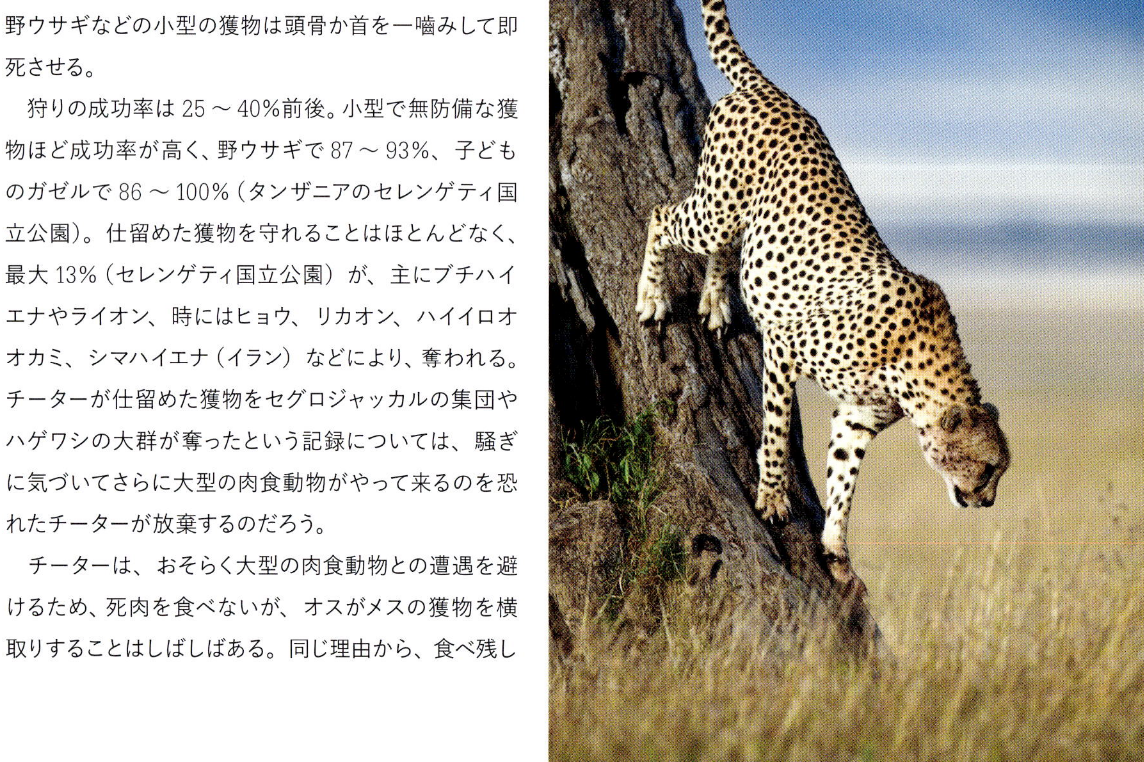

右：樹上の活動には適応していないが、時には高さ5～6mにもなる大木の傾いた幹を軽々と登る。チーターにとって木は、においのマーキングにより縄張りを示す標識としても、獲物の所在を探る見晴台としても有用。

普通だ。しかし、ペアであれ単独であれ、血縁関係のないメンバーを連合に誘い入れることは珍しくない。たとえば、セレンゲティでは連合の30%が非血縁個体を含んでいる。兄弟がいないオスは連合を組まないこともある。カラハリ砂漠では、オスの約40%が単独で生活する。オスは縄張りを持つものと持たないものがいる。メスは半放浪の生活を送るため、オスが縄張りを確立するのは、一般にそれによってメスに近づきやすくなるような地域(たとえばメスの行動圏が小さいか、メスの動きが予測可能）に限られる。

セレンゲティのオスは、たいていの場合、隠れ場がありトムソンガゼルが季節的に集まってくるようなエリアを中心に小さな縄張りを確立する。メスは季節移動するかガゼルの後を追い、ガゼルが集まる場所に引き付けられる。季節移動しない獲物がいる地域（南アフリカのクルーガー国立公園南部など）では、メスの行動圏は小さく、放浪的な動きが減るため、オスの縄張りを維持するメリットが大きくなる。この場合、オスの縄張りの規模はメスの行動圏に近い。オスは連合でも単独でも縄張りを持ちうるが、連合のほうが縄張り防衛の成功率が高くなるため、結果としてメスに近づく機会も多くなる。セレンゲティでは、連合のオスのほうが単独のオスより健康状態も良い。縄張りを持つオスは競争相手のオスを撃退するためにけんかをするが、それで時には命を落とすこともある。

オスは縄張りに定住する代わりに、縄張りを持たず、「流れ者」として半放浪の生活を送ることもできる。その理由は、縄張りを防衛できないか、流れ者になってもメスを見つけられる可能性は縄張りを持つ場合と変わらないことだ。オスは最初はすべて流れ者で、そのまま一度も定住しない個体もいる。定住する個体も、獲物の得やすさ（およびその結果としてのメスへの近

下：このヌーの子どもはチーターに太刀打ちできないが、家族でいれば話は違う。ヌーとシマウマの群れは、単独で子どもを襲おうとするチーターをしばしば撃退する。ただし、チーターが2～3頭のオスの連合であれば、子どもを守りきれないことも多い。

右：メスと子どもは日中のほとんどを周囲の状況を探ることに費やす。母親は普段は獲物探しに余念がないが、仕留めた獲物を食べているときだけは、他の捕食者の動きに神経をとがらせる。

づきやすさ）によって、また連合に属するか否かによって、縄張りへの定住と放浪を繰り返す場合がある。セレンゲティの個体群では流れ者が40%を占める。ナミビア中部のオスはすべて広大な行動圏を放浪する流れ者とみられるが、これはおそらく、獲物の個体数密度の低さとチーター自身の人為的要因による死亡率の高さから、個体群が絶えず不安定な状況に置かれているからだろう。

行動圏の規模は、ネコ科で最も広い部類に属する。獲物が季節移動するか希少な地域では、メスの行動圏の規模は平均833km^2(395～1270km^2、セレンゲティ国立公園）から2160km^2（554～7063km^2、ナミビア中部）。獲物が季節移動しないか豊富な地域ではメスの行動圏は小さい。たとえばピンダ猟獣保護区の林地で34～157km^2、クルーガー国立公園の林地で185～246km^{2}だ。オスの縄張りの規模は、セレンゲティ国立公園の単独と連合で平均33～42km^2、ピンダ猟獣保護区の連合で平均93km^2（57～161km^2)。クルーガー国立公園では、3頭のオスの連合で

下：子どものチーターはメスライオンに捕まればとてもかなわない。大人のチーターであれば、不意をつかれない限り、他の肉食動物を簡単に振り切ることができる。密生した林地では、見通しの悪さから、捕食されるリスクが高まる。

126km² 、単独のオスで 195km² という記録がある。流れ者のオスの行動圏は非常に大きく、セレンゲティ国立公園の平均 777km² から、ナミビア中部の単独のオスの平均 1390km² (120 〜 3938km²)、ナミビア中部の連合の平均 1464km² (555 〜 4348km²) まで幅がある。イランのオスのペア（おそらく流れ者）は無線機付き首輪で追跡した5カ月間に 1737km² を利用していた。

チーターの個体数密度は元来低く、一般に 100km² 当たり 0.3 〜 3 頭。推定データには、イランの 100km² 当たり 0.16 頭、ナミビアの農地の同 0.25 〜 2 頭、南アフリカのクルーガー国立公園の同 0.5 〜 2.30 頭、タンザニアのセレンゲティ国立公園の同 2 頭、南アフリカのカラハリ・トランスフロンティア公園の同 4.4 頭などがある。季節移動する獲物が集まる時期には、一時的に同 20 頭という例外的に高い個体数密度に達することがある（セレンゲティ国立公園）。

上:「お山の大将」ごっこをするチーターの子どもたち。赤ちゃんチーターは、弱々しい外見に反して、すべてのネコのこどもと同じように、元気いっぱいに遊びに精を出す。

繁殖と成長

飼育下での繁殖が難しいことから、野生の繁殖率は低いと思われがちだが、実際は活発に繁殖する。遺伝的差異が比較的小さいにもかかわらず、野生のチーターの繁殖に近交弱勢の証拠はない。一年を通して繁殖し、獲物の出産期に弱い出産のピークが見られることがある（たとえばセレンゲティ国立公園では 11 月〜 5 月)。イランでは冬（1 月〜 2 月）に交尾し、春（4 月〜 5 月）に出産すると言われているが、確かな記録はほとんどない。発情期は 1 〜 3 日続く。交尾はネコ科の典型的なパターンに従うが、密生した茂みで夜間に行うことが多く、野生で目撃されることはきわめてまれ。妊娠期間は 90 〜 98 日。産仔数は通常 3 〜 6 頭、例外的に 8 頭。9 頭というケニアの報告例には、別のメスの子どもから引き取った子どもが含まれている可能性がある。出産の間隔は平均 20.1 カ月（セレンゲティ国立公園)。離乳は生後 6 〜 8 週で始まり、同 4 〜 5 カ月に完了する。

生後 12 〜 20 カ月(平均 17 〜 18 カ月）で独り立ちし、兄弟姉妹はグループで親元を離れる。メスは性成熟する前にグループを離れるが、オスはグループにとどまる。メスは親元を離れた後も母親の行動圏の近くに定住するのが普通で、行動圏が隣り合うメス同士は血縁関係にあることが多い。オスは血縁関係のあるメスとの繁殖を避けるため、遠くまで移動する。メスは生後 21 〜 24 カ月で妊娠可能になり、生後 24 カ月前後（平均 29 カ月）で初出産し（セレンゲティ国立公園)、最高 12 歳まで出産可能。オスは生後 12 カ月で性成熟するが、3 歳になる前に繁殖することはほとんどない。

死亡率　セレンゲティ国立公園では、子どもの 95%が独り立ちする前に死亡する。多くは生後 8 週間に満たないうちにライオンに巣で殺される。ブチハイエナに襲われたケースもある。これはライオンの個体数密度が高い時期に記録された、おそらくセレンゲティの開けた平原でのみ生じうる例外的に高い数字だ。他の地域における子どもの死亡率はこれより低い。たとえばカラハリ・トランスフロンティア公園では、37%の子どもが独り立ちするまで生き延びた。死因の大半はセレンゲティと同じく捕食だった。狙われやすい巣での生活を終えてからの生存率は、カラハリ・トランスフロンティア公園で 67%、ピンダ猟獣保護区で 62%、ケニアのナイロビ国立公園で 57%、クルーガー国立公園で 50%、セレンゲティ国立公園で 20%。オスによる子殺しは記録がないが、これはおそらくメスの行動圏が広く、オスが血縁関係のない子どもを殺してもあまり意味がないためだろう。大人のチーターはライオン、ヒョウ、ブチハイエナに殺されることがある。縄張りをめぐるけんかはオスの主な死因だ。獲物を襲う際の事故は少ないが、時には命を落とすこともある。南アフリカのロンドロジー猟獣保護区では、密生した林でインパラを追跡していたメスが切り株を飛び越えようとして腹を裂かれ、セレンゲティ国立公園では、オスのグラントガゼルの狩りをしていたチーターがガゼルの角で傷を負って死んだ。遺伝的等質性にもかかわらず、野生のチーターの病気は非常に少ない。

寿命　セレンゲティ国立公園のメスで最長 14 年（平均 6.2 年）、オスで最長 11 年（平均 5.3 年）。

右：**現在、チーターのスポーツ・ハンティングと毛皮の国際取引は、ナミビア（この写真の撮影地）とジンバブエでのみ認められている。しかし、主にアフリカ南部と北東部の各国では、大量の生体も密輸されている。**

保全状況と脅威

アフリカでは過去の生息地の約 80%から姿を消し、アジアではイラン中部の約 50 頭の個体群 1 つを除き、過去の生息地のすべてから姿を消している。現在の個体総数は大人の個体と独り立ちした若い個体を合わせて 7000 ～ 9300 頭と推定される。主な生息地はアフリカ南部（約 4500 ～ 5000 頭）とアフリカ東部（約 2600 頭）で、最も個体数が多いのはナミビア（約 2000 頭）、ボツワナ（1800 頭）、タンザニア・ケニア（合計約 1700 頭）。アフリカ北部と西部では絶滅したか、近絶滅種（CR）に指定され、アルジェリアと W ＝パンジャリ＝アルリ自然公園群（ベナン、ニジェール、ブルキナファソ）の 2 つの個体群の大人の個体数は 250 頭に満たない。それ以外の地域では、チャド南部とスーダン南部の遺存個体群を除き、サハラ砂漠とサヘル地域の全域で絶滅したか、遺存種として残っていると考えられている。

生息地の農地転換と代替的獲物としての家畜の捕食は、チーターの個体数減少をもたらしている重要な要因だ。分布地域全域で、チーターの大半は農地転換が広範囲で加速している保護区外に生息している。また、家畜に大きな被害を与えていないにもかかわらず、牧畜農家から広く迫害され、牧草地化による獲物減少からも甚大な影響を受けている。チーターが元来きわめて希少なアフリカ北部のサヘル地域とイランでは、獲物の狩猟が深刻な脅威となっている。毛皮目的の狩猟も限定的ながら行われており、たとえばサヘル地域からスーダン南部では、主に高級品（「markoob」と呼ばれる伝統的な靴など）の材料として取引される。アフリカ北東部では生きたチーター（大人と子ども）も大量に違法売買されており、ソマリ港などからペットとしての需要が高いアラブ湾岸諸国向けに大量に密輸されるが、ほとんどの子どもは輸送中に死亡する。高い遺伝的等質性は野生の個体群にほとんど影響を及ぼしていない。合法のスポーツ・ハンティングがナミビア(2013 年の割当狩猟数 150 頭）とジンバブエ（同 50 頭）で行われている。

ワシントン条約（CITES）附属書 I 記載。年間 205 点のハンティングトロフィーと生体の取引が許可されている。IUCN レッドリスト：危急種（VU）（グローバル）、近絶滅種（CR）（アジアの亜種 *venaticus*）、近絶滅種（CR）（サハラの亜種 *hecki*）個体数の傾向：減少。

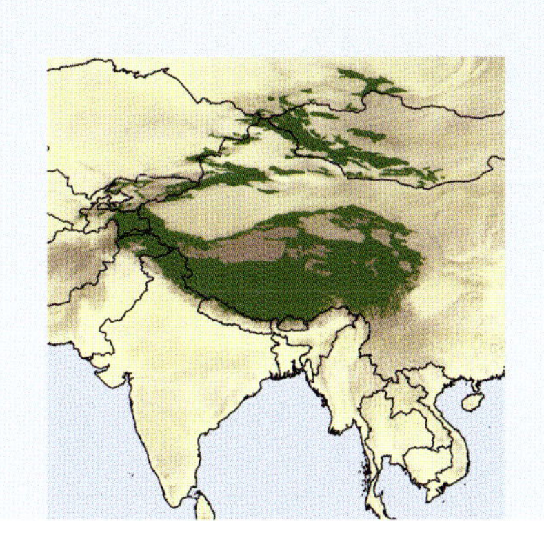

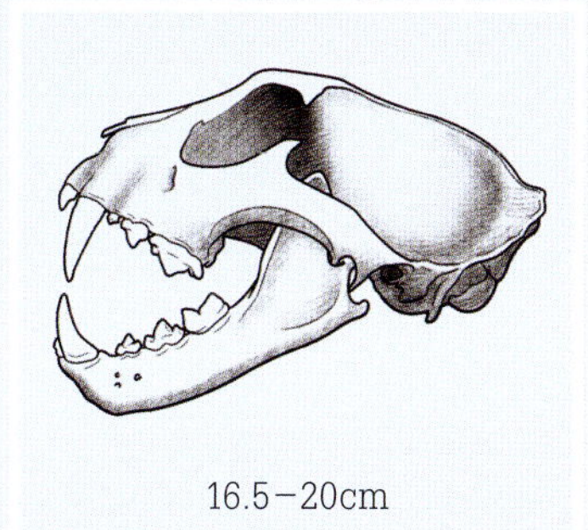

16.5−20cm

IUCNレッドリスト (2018)：
危急種 (VU)

頭胴長 メス86−117cm、オス104−125cm
尾長 78−105cm
体重 メス21−53kg、オス25−55kg

ユキヒョウ

学名 *Panthera uncia* (Schreber, 1775)

英名 Snow Leopard

別名 Ounce

分類

頭骨が（他の比較的大型のネコに比べて）やや珍しいドーム型であることを主な根拠に、長い間単独でユキヒョウ属を形成していた。しかし、遺伝子分析により「大型ネコ」の近縁であることが明らかになり、現在はヒョウ属に分類されている。ヒョウ系統内で早期に分岐し、最も近い近縁種のトラとは共通の祖先から200万年以上前に派生したと考えられているが、属内でのこの2種の相対的な位置づけは解明が進んでいない。

ユキヒョウ（基亜種。中央アジアからモンゴル、ロシアにかけての地域に生息）とヒラヤマユキヒョウ（中国西部とヒマラヤ山脈に生息）の2亜種に分類されることがあるが、これはさほど重要とは思えない形態上の表面的な差異に基づくもので、遺伝子分析の結果が待たれる。

形態

ヒョウ属では最も小さく、ヒョウよりやや小型できゃしゃだが、長い密生した毛によって実際よりはるかに大きく見える。分厚い胸と前半身は筋骨たくましく、脚は短めでがっしりしており、足先が非常に大きい。筋肉が発達したチューブ状の尾の長さは、頭胴長の75～90％に達し、ネコ科で最も長い。尾は、体に巻きつけることで極寒から身を守り、狩りの際には体のバランスを保つ役割を果たす。頭は小さくて幅が広く、丸い。鼻口部は短く、大きな鼻腔により額はドーム型に盛り上がり、この大きな鼻腔のおかげで高地でも楽に呼吸できると考えられている。

伝説的ともいえる美しい毛皮はきわめて密で長く、冬には背中と脇腹で5cm、腹部で12cmにも達する。これが高い断熱効果をもたらすため、気温の低い時期でも背中を下にして寝転がり、腹部をさらして放熱することがある。体色は濃いクリーム色から灰白色で、腹部は黄色がかったクリーム色から純白。体には、濃灰色か黒色でしばしば不明瞭な輪郭のみの大きなまだらがあり、背中から尾にかけては比較的はっきりした輪郭のみの濃いまだらが並ぶ。下肢には黒一色の小さめのまだらが、また頭から首、肩にかけては黒い小さな斑点がある。斑紋は個体により異なるため、カメラトラップの撮影写真などでの個体特定に役立つが、長い冬毛では斑紋が不明瞭になり、個体識別は難しくなる。体毛の色や斑紋に生息地域による差異はほとんどないようだ。メラニズムやアルビニズムは記録されていない。

類似種　他の種と混同される可能性は非常に低い。中央アジアのヒョウは、淡色の長い冬毛の状態で、（主に毛皮市場で）時々ユキヒョウと間違えられる。

分布と生息環境

中央アジアのロシア南部から、南西はウズベキスタンまで、南東はモンゴルから中国甘粛省、青海省、四川省までの地域、および中国を横切り近隣諸国まで延びるヒマラヤ山脈、天山山脈、昆明山脈に沿った広い地域の12カ国にのみ分布。分布範囲はアルタイ、天山、昆明、ヒマラヤ、カラコルム、ヒンドゥークシュ、パミールなど世界最高峰の山岳地帯をぴったりなぞっている。現在の生息地の推定65％は中国国内に位置。国境は

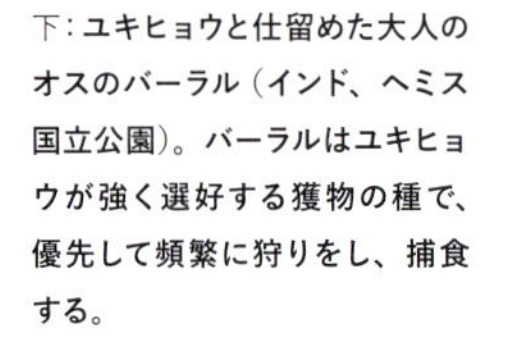

下：**ユキヒョウと仕留めた大人のオスのバーラル（インド、ヘミス国立公園）。バーラルはユキヒョウが強く選好する獲物の種で、優先して頻繁に狩りをし、捕食する。**

左：ユキヒョウの長い筋肉質の尾は、狩りの途中の急な方向転換の際に体のバランスを保つのに役立つ。危険な岩だらけの険しい斜面を高速で動き回れるのはこのおかげだ。

高い山脈に沿って設定されており、中国は国境と国境にまたがるユキヒョウの個体群を他のすべての生息国（ウズベキスタンを除く）と共有している。ミャンマー北部のカチン州北端で生息報告例があるが、同国では確認された記録はない。

生息地はもっぱら高山地と亜高山地で、非常に険しい岩場に好んで暮らす。大部分の生息環境は、急な崖や深い峡谷、高い尾根のある高山地帯。高地の開けた牧草地や低木地を利用し、荒れ果てた土地、氷河、隠れ場のない場所はおおむね回避する。モンゴルと中国のチベット高原では、比較的低く平坦な山塊の周囲にある開けた乾燥ステップと砂漠に生息し、山塊の間の広い開放的な土地を80kmも移動した記録がある。中国の天山山脈、パキスタンのヒンドゥークシュ山脈、ロシアのアルタイ山脈などの一部にはユキヒョウの生息する針葉樹の疎林があるが、一般に密林にはすまない。深い雪の中でも問題なく暮らせるものの、最も標高の高い生息地では、冬になると有蹄類が隠れ場や食物（枝や葉）を求めて下に移動するため、これを追って比較的標高の低い場所で冬を過ごす。生息環境の大部分は標高3000～5500mだが、分布地域の北部ではこれよりもかなり低く、たとえばモンゴル南部では標高900～2400mである。

食性と狩り

ユキヒョウの分布範囲は、最も重要な獲物であるさまざまな種の有蹄類の分布とぴったり重なる。少なくとも体重120kgまでの獲物は捕食可能で、そうした最大級の獲物の有蹄類のオスを日常的に襲う。一般に食物の大部分を1～2種の大型有蹄類が占めるが、地域や生息する獲物によりその種類は異なる。生息地全体で最も重要な獲物の種はシベリアアイベックス、バーラル、アルガリ。これらの種の分布地域は、単独（アルガリの場合）または全体で、ユキヒョウのそれとほぼ完全に一致する。ヒマラヤタールも生息地のシッキムからカシミールまでのヒマラヤ山脈で主要な獲物となっている。このほかに、マーコール、ウリアル、ヒマラヤジャコウジカ、ノロジカ、ガゼル（まれ）、イノシシ、アジアノロバ（後2種はほぼ間違いなく若い個体のみ）などの有蹄類も捕食する。大型の有蹄類に加えて、特に草食動物が生息地の大半で標高の高い場所へ散らばっていく春と夏には、小型の獲物で食物を補う。小型の獲物ではマーモットが最も重要だが、小型齧歯類（ハタネズミ、ハムスターなど）、穴ウサギ、野ウサギ、ナキウサギ、猟鳥（チベットセッケイ、ヤマウズラなど）も臨機応変に捕食する。記録によると小型哺乳類も偶発的に殺し、アカシカがその代表的な種だが、テンやイタチも含まれる。2頭のユキヒョウがカザフスタンの天山山脈西部のアクスジャバグリ自然

上：カササギを見つめる大人に近いユキヒョウ（パキスタン北部）。鳥類の捕食はまれで、エネルギー所要量を満たすのに大きく寄与することはない。

保護区で生後18カ月のヒグマを殺し、ほぼ食べつくしたという信頼できる記録がある。

家畜も襲い、しばしば野生の有蹄類に次ぐ重要な獲物になっている。牛、家畜のヤク、羊、山羊を最も頻繁に殺し、家畜のラクダ、子馬、イヌも偶発的に殺した記録がある。野生の獲物が乏しい時期や、家畜が山の渓谷や牧草地で見張りをつけずに放牧されている場合には、家畜の捕食が局地的または季節的にかなりの水準に達することがある。時には家畜小屋に侵入して大きな被害をもたらし、一晩で82頭の羊を殺した例がある。重要なのは、たとえ家畜が豊富にいても、野生の有蹄類を優先的に捕食するという証拠があることだ。ゴビ砂漠南部のトスト山脈で無線機付き首輪を用いて調査した個体は、野生有蹄類の10倍もの家畜がいるにもかかわらず、主に有蹄類を食べていた（捕食した獲物の73％が有蹄類、27％が家畜）。

人間を捕食することはなく、襲った記録はごく少数で、その大半は著しい挑発の結果であり、死亡例はない。1940年に2人の男性がカザフスタン南東部で襲われて重傷を負ったが、襲ったユキヒョウは狂犬病に感染していた。

狩りは主に夕暮れから夜を通して早朝まで行うが、冬場や人間のいない場所では昼間も狩りをする。高い尾根、獣道、水路、谷床などに沿って歩いたり、高台、段丘、水路や塩なめ場の近くなど獲物を捕らえやすそうな場所で待ち伏せしたりしながら獲物を探す。獲物の居所を突き止めたら、ネコ科特有の忍び足で後をつけ、多くの場合獲物より高い位置についてから、至近距離で襲いかかる。足元は驚くほど確かで、どんなに険しくごつごつした地形でも獲物を追跡できる。追跡は最長で200～300m続き、その間に獲物を鉤爪で引っ掛けるか足で打ち倒す（時には獲物が数十メートル下に転落して逃してしまうこともある）。大型の獲物は一般に喉に噛み付いて窒息死させる。

狩りの成功率に関する情報はない。大きな獲物は、邪魔が入らない限り、最長1週間かけて最後まで食べつくす。死骸もあさり、時には他の動物の獲物を盗むこともある。4頭のドールを追い立て、殺したばかりの家畜の山羊を奪った観察例が1件ある（インドのヘミス国立公園）。逆に、ハイイロオオカミ、ヒグマなど他の肉食動物に獲物を奪われることもある。中国のチベット高原では、チベット僧院の周囲で暮らすイヌがユキヒョウを攻撃し、頻繁に獲物を横取りする。

行動圏

単独で、尿、糞、地面掘りによる習慣的なマーキングなどの縄張り行動をとるが、行動圏をどの程度独占的に利用し、防衛しているのかはあまりわかっていない。2008年までに無線機付き首輪で追跡されたユキヒョウはインド、モンゴル、ネパールの14頭のみ。2009～2013年にモンゴル南部のトスト山で19頭にGPS首輪が装着され、2012年にアフガニスタンのヒンドゥークシュ山脈で3頭にGPS首輪が装着されており、これらの調査により、ユキヒョウの空間行動パターンについて、より詳細な理解が進むと期待されている。

生息地の獲物の個体数密度が元来低いことから、行動圏の規模はおそらく大きい。1988年より前に行われた地上ベースのラジオテレメトリー調査による推定値は実際より小さい可能性が高く、たとえばモンゴルのメスでは、VHF無線機付き首輪で58km^2だった推定値が、GPS首輪に付け替えた後では最低でも1590km^2（おそらく4500km^2以上）に拡大した。トスト山脈では、稜線にぴったり沿って移動すると想定した控えめな推定で、大人のメスが 87.2 ～ 193.2km²、大人のオスが 114.3 ～ 394.1km² だった。周辺のステップ地域を含めると、推定値はメスで 202.3 ～ 548.5km²、オスで 264.9 ～ 1283km² に拡大するが、ステップで時間を過ごすことはまれだ。ユキヒョウは岩だらけの場所でも長い距離を移動でき、移動距離は 1 日に通常 10 ～ 12km、多いときで 28km にも達する。

個体数密度は元来低く、測定はきわめて難しい。カメラトラッピングによる推定データには、キルギスのサリチャットの 100km² 当たり 0.15 頭、モンゴルのトスト山脈の同 1.5 ～ 2.3 頭、獲物が豊富なインドのヘミス国立公園の同 4.5 頭などがある。

繁殖

野生ではほとんど情報がないものの、他のヒョウ系統の種とは違い、繁殖に強い季節性があることはほぼ確実。冬はすべての生息地で極寒だが、飼育下でさえ顕著な季節繁殖性を示す。出産期は 2 月～ 9 月で、4 月～ 6 月が 89％を占める。これは、野生での高い呼び声やにおいのマーキングが 1月～3月にピークとなり、交尾期と推測されることと符合する。入手可能な少数の記録によると、野生では幼い子どもは 4 月～ 7 月に見られる。発情期は 2 ～ 12 日(通常は 5 ～ 8 日) 続き、妊娠期間は 90 ～ 105 日。産仔数は平均 2 ～ 3 頭で、例外的に 5 頭産むこともある。

生後 2 ～ 3 カ月で離乳する。独り立ちする時期は不明だが、モンゴルの若い 2 頭は生後 18 ～ 24 カ月で母親のもとを離れており、これは母親が再び発情する時期と一致した。飼育下ではオス、メスとも約 2 年で性成熟。モンゴルの野生のメスは 3 ～ 4 歳で初出産する。モンゴル南部のトスト山脈に生息する 12 ～ 14 頭の大人からなる個体群では、4 年間に少なくとも 21 頭（推定 32 頭）の子どもが誕生している。

死亡率　比較的手厚く保護された個体群の 4 年間のカメラトラッピング調査(モンゴルのトスト山脈) によると、推定年間死亡率は大人で 17％、大人に近い若い個体で 23％。自然死の要因はほとんどわかっていないが、生息地の厳しい気候を考えると、飢餓が特に若い個体の重要な季節的死因となっている可能性が高い。捕食はおそらくきわめて少ないが、特に子どもではその可能性はあり、捕食動物としてはハイイロオオカミとヒグマが考えられる。記録のある死亡例の大半は人為的要因によるものだ。

寿命　野生では不明、飼育下では最長 20 年。

下：生息地の一部、特に野犬を含む動物の殺生を禁じているチベット仏教の信仰地では、大量の野犬が野放しになっていることが大きな脅威になっている。野犬はユキヒョウの獲物を殺し、ユキヒョウが殺した獲物を横取りし、時にはユキヒョウの子どもを殺す。

右：ユキヒョウは攻撃的な性質ではないため、不幸にも、人間に簡単に取り押さえられてしまう。子どもも大人も現地民に生け捕りにされ、違法なペット業者や体の一部を扱う業者に売られることがある。

保全状況と脅威

発見と調査が著しく困難なため、生息地の大部分で保全状況はほとんど知られていない。個体総数は大まかな推定で4000～7000頭で、野生のユキヒョウの50～62％は中国に住んでいるとみられている。推定290万km^2の分布地域のうち、生息が確実もしくは可能性が高いとされる地域はわずか41％にすぎない。このように情報が乏しいなか、ユキヒョウが姿を消した地域の面積を推定するのは難しいが、ほとんどの大型ネコよりはるかに小さく、おそらく過去の生息地の5～10％程度だろう。消失した生息地として知られているのは、モンゴル中部・北部とシベリア南部の一部などだが、これらの地域ではいまだかつて多数の個体が生息していたことはなさそうだ。ユキヒョウの個体数は、旧ソ連の一部で、急激な経済情勢悪化によりユキヒョウとその獲物の密猟がまん延した1990年代に40％も減少したとみられている。その後の経済改善と集中的な保全努力もあって個体数減少には歯止めがかかり、一部では回復に転じている。ヒマラヤ山脈の一部では個体数は増加傾向にあると考えられており、30年近く姿を消していたエベレスト山脈などにも再び姿を見せている。生息地の大部分では個体数は安定もしくは微減しているが、多くの場合、信頼性の高いデータは存在しない。

ユキヒョウは人里離れた荒涼とした地域に暮らしているため、人間の生活からは幾分隔絶されているが、本来的に希少なうえに、生息地では人口と家畜数が増加している。最大の脅威は、獲物である野生有蹄類の広範囲での狩猟による枯渇。これに追い討ちをかけているのが、獲物としてこれに取って代わる可能性のある家畜の存在だ。ユキヒョウは家畜を時々捕食しており、その報復として広く迫害されている。中国とモンゴルで最近行われているマーモットとナキウサギの毒殺キャンペーンは、獲物の枯渇を加速させる可能性がある。ユキヒョウの毛皮はかつて、年平均約1000頭分が国際取引されていた。幸いなことに現在は法律で禁止されているが、主に中国、インドシナ半島、東欧からの需要を受けて、毛皮と特に体の一部の違法取引は続いている。中国での毛皮と骨の取引は以前は生息する省だけの問題だったが、現在は豊かになった沿岸部の都市にも広がっている。贅沢な敷物や剥製の需要も、特に中国や東欧で拡大傾向にあるようだ。牧畜民に報復として殺されたユキヒョウの毛皮と死体は、しばしば取引業者に売られる。新たに台頭している脅威は、中央アジアとヒマラヤ山脈の大部分での鉱業や道路・鉄道建設の急速な拡大と水力発電の開発促進。長期的には、気候変動がユキヒョウの生息地に影響を及ぼし、人間の存在範囲と生息地の利用がさらに拡大する可能性が高い。

ワシントン条約（CITES）附属書I記載。IUCNレッドリスト：危急種（VU）。個体数の傾向：減少。

スンダウンピョウの分布

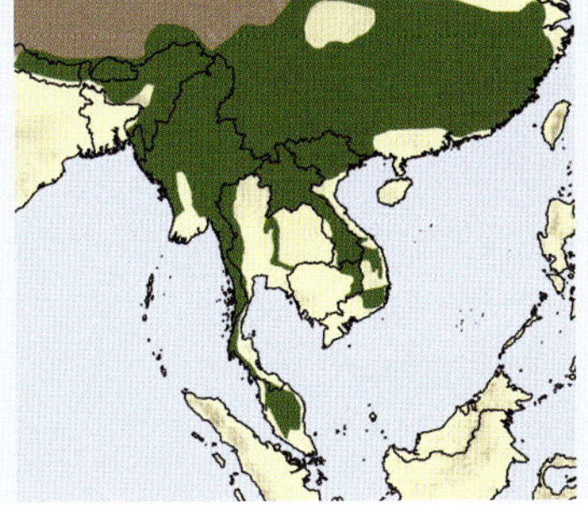
ウンピョウの分布

IUCNレッドリスト(2018):
危急種(VU)

頭胴長 メス68.6－94cm、オス81.3－108cm
尾長 60－92cm
体重 メス10－11.5kg、オス17.7－25kg

スンダウンピョウ

学名 *Neofelis diardi* (G. Cuvier, 1823)

英名 Sunda Clouded Leopard

ウンピョウ

学名 *Neofelis nebulosa* (Griffith, 1821)

英名 Indochinese Clouded Leopard

分類

2006年まで、ウンピョウは単独でウンピョウ属を形成すると考えられていた。しかし、2006～2007年に発表された遺伝子分析の結果は、ボルネオ島とスマトラ島の個体群が140万～290万年の間、本土の個体群から孤立して繁殖してきたことを強く示唆しており、これは他の大型ネコ間で生じた種の分岐後の経過時間の範囲に十分収まっている。また、こうした分子レベルの相違は、体毛や頭骨・歯列の寸法の違いにより裏付けられる。現在、これらの差異は、ウンピョウをボルネオ島･スマトラ島のスンダウンピョウ *N. diardi* と、アジア本土のウンピョウ（またはインドシナウンピョウ）*N. nebulosa* の2つの種に分けるのに十分な根拠になると考えられている。

この2種はそれぞれ、暫定的に2亜種に分類されているが、スンダウンピョウ亜種分類――ボルネオウンピョウ *N. d. borneensis* とスマトラウンピョウ *N. d. sumatrensis* ――を裏付ける遺伝子データは限られている。本土のウンピョウは従来、東部のウンピョウ *N. n. nebulosa*（基亜種）と西部のネパールウンピョウ *N. n. macrosceloides* に分けられているが、形態学上のわずかな差異以外、体毛と遺伝子には大きな差異はない。第3の亜種と考えられてきた台湾のタイワンウンピョウ *N. n. brachyura* は絶滅したとみられる。

ウンピョウは「大型ネコ」の近縁種で、他の大型ネコとともにヒョウ系統に分類される。ウンピョウ2種は、ヒョウ系統の共通の祖先からかなり早い時期（約640万年前）に分岐したと推定される。

下：2種のウンピョウの交雑が可能かどうかは不明。分岐した時期が比較的最近であることから理論上は可能と思われるが、生息地が重複している可能性があるのはマレー半島のみ（2種が共存しているのか、1種しか生息していないのかは遺伝子分析によりまだ確認されていない）。

形態

2種のウンピョウは外見と大きさが非常に近いが、ごく少数のサンプルに基づく限られた証拠によれば、スンダウンピョウのオスは本土のウンピョウのオスより大型。ウンピョウは2種とも体が長く、短めでたくましい脚と大きな足先を持ち、尾は非常に長い。頭は長くてがっしりしており、全体的な形とプロポーションはヒョウ系統の他の種に類似している。開口角度が並外れて大きく（ピューマの65度に対し、ほぼ90度）、犬歯は最長4cmと体の大きさとの比較で現生ネコ科で最も長い。これは絶滅したサーベルタイガー（ウンピョウを含む現代のネコ科のいずれの種とも近縁関係にはない）に匹敵する長さだが、その理由は定かでない。スンダウンピョウはオス、メスともに本土のウンピョウよりわずかながら犬歯が長い。

2種のウンピョウの体毛にははっきりした違いがある。スンダウンピョウは全体的に色が濃く、灰色から灰黄色の地に不規則な小さめのまだらがあり、まだらの輪郭は黒くて太い。通常、まだらの中に小さな黒い斑点がある。また、下肢には黒一色のまだらが狭い間隔で散らばっている。本土のウンピョウは概して色が薄くて明るく、淡い黄褐色から鮮やかな黄褐色の地に非常に大きなまだらがある。まだらの輪郭は黒くてやや細く、中には斑点はほとんど（もしくはまったく）ない。下肢の黒いまだらはスンダウンピョウよりややまばら。メラニズムの報告例はあるが、物的証拠はない。

類似種　外見の似たマーブルドキャットは、ウンピョウの2種と生息地が重複する。ウンピョウのほうが格段に大きく、頭も「大型ネコ」らしく長くてがっしりしているのに対し、マーブルドキャットの頭は小さくて丸い。

前ページと下:**スンダウンピョウ(前ページ）とアジア本土のウンピョウ（下、飼育個体の写真）は体毛の色や斑紋が明らかに異なる。頭骨の形態にも大きな違いがあり、絶滅したサーベルタイガーに似た適応はスンダウンピョウのほうが顕著。**

また、ウンピョウの2種はともに斑紋が大きく、輪郭が明瞭で一つ一つがはっきりしているが、マーブルドキャットの斑紋はぼんやりしている。

分布と生息環境

スンダウンピョウはボルネオ島とスマトラ島の固有種。ボルネオ島ではインドネシアのカリマンタン州、マレーシアのサバ州とサラワク州、ブルネイに生息し、同島の50%程度を占めるとみられるこれらの分布地域は、今なお密林に覆われている。島の主に南東部と西部の広い森林伐採地域と幅の広い沿岸地帯には生息しない（または生息しない可能性が高い）。スマトラ島では、西海岸沿いを北西から南東に貫くブキットバリサン山脈に沿って分布する。スンダウンピョウがスマトラ島に近いインド洋上のバトゥ諸島にも生息するかは不明。ジャワ島には（今から1万1700年前に始まった）完新世まで生息していたが、現代では生息せず、バリ島にはいまだかつて生息していたことがない。

本土のウンピョウはネパール中部、ブータン、インド北東部、バングラデシュ東部（ごくわずか）、中国の長江南部全域と、マレー半島（通常はクラ地峡南部のスンダランド地域の一部とされるが、ここに暮らすウンピョウは体毛の特徴から本土のウンピョウの亜種 *N. nebulosa* と考えられている）を含むインドシナ半島の断片的地域に生息。台湾では絶滅したとみられる。

密林との関係が深く、森林に依存していると見なされている。生息環境は、標高0～1500m（サラワク州）と同3000m（ヒマラヤ山麓）のあらゆる種類の湿性・乾性密林や泥炭湿地林、乾燥林、マングローブ。森林と草原がモザイク状に混在する地域の草原を利用し、ネパールで無線機付き首輪を装着した個体は、高さ4～6mの草が密生したタライ平原の氾濫原で休んでいた。ウンピョウはある程度の環境改変には耐えられるようで、二次林と択伐林では比較的よく見かける。しかし、かなり軽度の伐採が限度で、それ以上に伐採された森林はあまり利用しないようだ。時にはアブ

下：**テングザルの群れがスンダウンピョウの襲撃を受けると、オスの大人ザルは子どもザルを守ろうとする。地上10mの高さで襲撃された例では、オスのテングザルが10カ月の子どもを捕えたウンピョウを追い払ったが、子どもはすでに殺されていた。**

ラヤシのプランテーションも利用するが、カメラトラップの画像によれば周辺部がほとんど。ボルネオ島で無線機付き首輪を装着したオスは、孤立した森の間の幅1km未満のアブラヤシのプランテーションを横断し、アブラヤシと貧相な低木地がモザイク状に混在する地域を約2.5km移動したが、アブラヤシの栽培地に長居をすることはなく、終始早足で通り抜けた。

食性と狩り

食性はほとんどわかっていない。多くの事例報告や偶発的な記録から、地上性と樹上性、昼行性と夜行性の別を問わず、小型から中型の幅広い脊椎動物を捕食することが知られている。霊長類と小型有蹄類（ゆうているい）を主食としている可能性があるが、大方のネコ科動物と同様に食性は柔軟で、生息する獲物や他の肉食動物の存在により地域ごとに異なるようだ。ボルネオ島ではネコ科最大の種で、競合する生物がほとんどいないのに対し、アジア本土とスマトラ島ではトラ、ヒョウ（スマトラ島には生息しない）、ドールが共存する。これらの種がウンピョウの捕食パターンに影響を及ぼしているのか、また及ぼしているとすればその影響はどのようなものなのかは不明。

小型で夜行性のスローロリスから大型で昼行性のテングザルのオスまで、さまざまな霊長類を殺した記録がある。オランウータンを捕食したという逸話もあるが、確認されていない。少なくとも自分と同じ大きさの有蹄類は捕食可能で、ホエジカ、ホッグジカ（大人を含む）、ヒゲイノシシ（おそらく若い個体）を殺したという信頼性の高い記録がある。比較的小型の獲物には、マメジカ、マレーセンザンコウ、フサオヤマアラシ、小型齧歯類（インドシナシマリスなど）、ビントロング、パームシベット、さまざまな鳥類などが含まれる。サバ州とサラワク州の住民によると、魚類も時々食べる。

時には家禽も襲い、ネパールでは大人に近いオスが鶏舎で罠にかかった（その後無線機付き首輪を装着して解放）。家畜を襲うことはまれだが、森林に囲まれた孤立した集落で1頭のウンピョウが山羊を殺したとして射殺されている。

短くがっしりした脚、広い足先、長い尾といった形態上の特徴から、ウンピョウは樹上の生活にかなり適応していると考えられる。樹上の狩りの報告は非常に多く、テングザルを襲った4件の観察例のうち1件では、地上7mの高さで若いテングザルを捕らえていた。しかし、少数のデータによると、無線機付き首輪を装着した個体は主に地上で動き回って狩りをしていたという。おそらく獲物は主に地上で探すが、樹上性の獲物を発見すれば躊躇（ちゅうちょ）なく追跡するということなのだろう。

狩りは夜が中心で、明け方と夕暮れが活動のピークだが、タイで無線機付き首輪を装着した2頭はしばしば午前中に活動していた。そのうち1頭（大人のオス）は、夕暮れ時に開けた草原で寝ていたホッグジカとホエジカの群れを襲った。このオスは、森林の縁で休憩した後、日が暮れてからシカを狙って草原に移動。このとき殺した獲物のうち大人のオスのホッグジカは、肩の上あたりの脊髄を3cmの深さまで噛み切られて

上：ホッグジカを襲うウンピョウ。ウンピョウの殺しのテクニックについてはほとんど知られておらず、少数の獲物の死体で観察された首筋の脊髄への深い一噛みを日常的に用いているかどうかは不明。

いた。サバ州とサラワク州でウンピョウが殺したシカと豚を見つけた現地民は、同様のテクニックで仕留められていたと報告している。2頭の若いテングザルがウンピョウに襲われ、頭と首の後ろを噛まれた例もある。ネコ科の他の種は大型の獲物（特に有蹄類）を喉に噛み付いて窒息死させるのが普通で、脊髄を噛み切る殺しのテクニックは非常に珍しく、ウンピョウ独特の鋭い歯と関係している可能性がある。死肉をあさるかどうかは不明。

下：ウンピョウの刃物のような上の犬歯と大きく開く口は絶滅したサーベルタイガーと共通。そのほかにも、顎関節の位置が低い、下顎ががっしりとして曲げに強いなど、多くの共通点がある。

行動圏

これまでに無線機付き首輪で調査されたウンピョウは、ボルネオ島の5頭とネパール、タイの7頭の計12頭にとどまっている。ネパールとタイの調査からは短期間の限られた量のデータしか得られていない。ボルネオ島ではGPSテレメトリーの調査が現在も進行中で、これによりかなりの詳細が明らかになると期待される。わずかな情報によると、他の個体と重複する行動圏を持つが、コアエリアは独占的に使用するというネコ科の典型的な空間行動パターンに従っていると考えられている。

限られたデータでは行動圏の規模に性差は認められないが、オスの行動圏はメスより大きく、複数のメスの行動圏と重なっている可能性が高い。この点についてはさらなる調査が待たれる。公表された行動圏の推定データは、2頭の大人に近いメスと2頭の大人のメスで16.1～40km²、1頭の大人に近いオスと2頭の大人のオスで35.5～43.5km²。

個体数密度の推定値は他のネコにくらべてかなり低いようで、特にボルネオ島は、競合する大型肉食動物が生息しないにもかかわらずその感が強い。スンダウンピョウの個体数密度推定値は、サバ州タンクラップ・ピナンガ森林保護区とセガリュッド・ロカン森林保護区の劣化した低地の二次林で100km²当たり0.84～1.04頭、スマトラ島のテッソニロ－ブキティガブル保全景観で同1.29頭、サバ州マリアウ盆地保護区で1.9頭（隣接する伐採林を含めると同0.8頭）、サバ州ダヌムバレー保護地域の手厚く保護された原生林で同1.76頭、サバ州のウルセガマ森林保護区で再生中の二次林で同2.55頭など。本土のウンピョウの信頼できる個体数数密度推定値は、インドのマナス国立公園の100km²当たり4.7頭が唯一のものだ。

繁殖と成長

野生ではほぼ不明。ほとんどの情報は飼育下の個体（すべて本土のウンピョウ）から得られたもので、ごく少数の記録に基づいている。飼育下では一年を通して繁殖するが、野生では季節繁殖している可能性が高い。珍しいことに、飼育下のオスはかなり頻繁にメスを殺す（大型の獲物の場合と同様に首筋の脊髄に噛み付く）。その理由は不明だが、飼育下の状況が関係しているとみられ、野生の個体が同じ行動をとっている可能性はきわめて低い。発情期は約1週間持続し、妊娠期間は85～95日（まれな例で109日）。産仔数は平均2～3頭で、5頭という例外もある。

生後約7～10週間で離乳し、生後20～30カ月で性成熟する。

死亡率　調査された地域では、死因の大半が人為的なものだった。その他の死因は不明。大型肉食動物がウンピョウを捕食している可能性はあるが、記録はない。イヌに追いかけられると木に逃げ込む。

寿命　野生では不明、飼育下では最長17年。

左：**ウンピョウはヒョウ系統で最も小さく、2番目に小さい種の半分ほどしかないが、長くてがっしりした頭と顎、小型ネコに比べて小さめの頭蓋に、大型ネコの祖先の特徴がはっきりと表れている。**

保全状況と脅威

比較的広範囲に分布するが、大部分の生息地で保全状況は不明。一般にネコ科のより大型の種に比べ個体数の回復力は高いと見なされているが、どの生息地でも高い個体数密度に達していないとみられるうえ、切っても切れない関係にある森林の人為的転換が大半の生息地で急激に進んでいる。東南アジアは人間の居住や農業（アブラヤシ、ゴムのプランテーションなど）のための森林の伐採・転換ペースが世界で最も速い。森林の消失は個体数減少の主因で、ボルネオ島の推定50%、スマトラ島の約3分の2の地域から姿を消したことに大きく影響している。アジア本土のウンピョウも、特に中国とインドシナ半島（分布が非常に断片的）で生息地消失と個体数減少に見舞われ、カンボジア、中国、ラオス、ベトナムでは最近の生息記録がほとんどない。ウンピョウの毛皮、骨、肉には商業的価値があり、野生生物市場で違法に取引されている。たとえば、2001～2010年にミャンマー国境の2つの街で実施された13の野生生物市場の調査では、少なくとも149頭の個体の体の一部が記録されている。ウンピョウは罠にかかりやすく、保護区を含む生息地の大半で乱獲され、スマトラ島のケリンチセブラ国立公園内では2000～2001年に最低7頭が殺された。

2種とも：ワシントン条約（CITES）附属書Ⅰ記載。IUCNレッドリスト：危急種（VU）。個体数の傾向：減少。

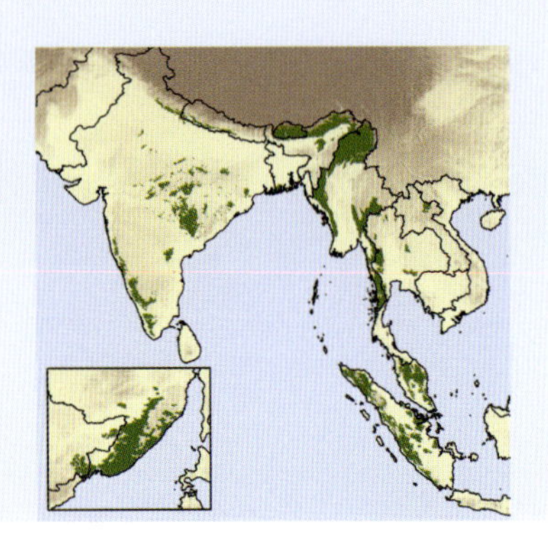

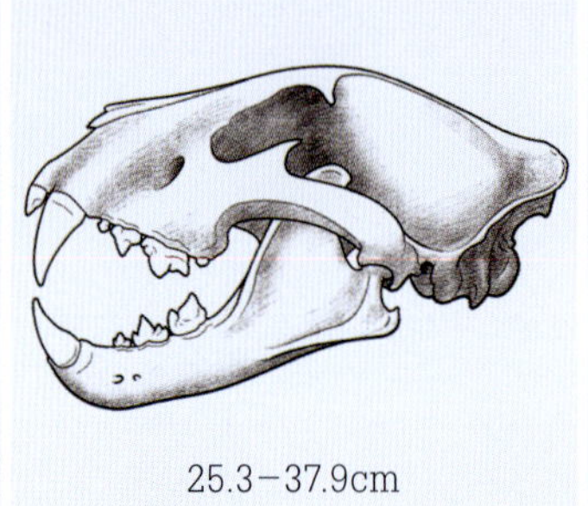

25.3−37.9cm

IUCNレッドリスト(2018):
絶滅危惧種(EN)(グローバル)
近絶滅種(CR)
(中国、マレートラ、スマトラトラの亜種)

頭胴長 メス146−177cm、オス189−300cm
尾長 72−109cm
体重 メス75−177kg、オス100−261kg

トラ

学名 *Panthera tigris* (Linnaeus, 1758)

英名 Tiger

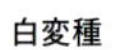

白変種

ベンガルトラ

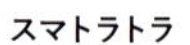

スマトラトラ

アムールトラ

分類

ヒョウ系統に属する「大型ネコ」の1種。最も近い近縁種のユキヒョウとは共通の祖先から200万年以上前に分岐したと考えられているが、属内での両種の相対的位置付けは不明。

従来8亜種に分類され、そのうち3亜種（ジャワ島のジャワトラ *P. t. sondaica*、バリ島のバリトラ *P. t. balica*、カスピ海沿岸のカスピトラ *P. t. virgata*）は絶滅している。中国南部のアモイトラ *P. t. amoyensis* も1970年代以降、野生での生息を裏付ける確かな証拠がなく、絶滅はほぼ確実。中国では約60～70頭が飼育されているが、その大半は他の亜種との雑種であることを示す証拠がある。

最近の遺伝子解析によれば、現生個体群をロシア極東部と中国東部（ごく少数が生息）のアムールトラ *P. t. altaica*、インドシナ半島のインドシナトラ *P. t.corbetti*、インド亜大陸のベンガルトラ *P. t. tigris*、スマトラ島のスマトラトラ *P. t. sumatrae* の4亜種、または議論の多いマレー半島のマレートラ *P. t. jacksoni* を加えた5亜種に分類するのが妥当と思われる。

重要なのは、亜種間の遺伝子的差異は小さいということだ。これらの亜種は想定される境界周辺で相互移行し、過去10万年以内というかなり現代に近い時期に派生した可能性が高い。スマトラトラは遺伝子的に十分孤立しており、独立した亜種として認められるべきだが、マレートラを亜種として独立させる根拠は薄弱で、インドシナトラとの遺伝子的な違いはごく小さく、形態学的な差異（体毛と頭骨の特徴）はない。すでに絶滅したカスピトラも、標本上は、アムールトラとの間にほとんど遺伝子的差異が見られない。大陸部の個体群は比較的最近までほぼ連続的だった可能性が高く、大陸部のすべての個体群は同じ単一の亜種に

下：**最適な生息環境と考えられているインド中部特有の熱帯乾燥林で遊ぶ若いトラ（タドバアンダーリ・トラ保護区）。**

上：スマトラトラのオス。亜種の中ではアムールトラとともに特徴的な首周りの毛が特によく目立つ。スマトラトラは島しょ部に現存する最後の亜種で、遺伝子的にも分子的にも本土のすべての個体群とは明らかに異なる（飼育個体の写真）。

分類し、個体群間の明瞭ではあるがわずかな差異は、異なる亜種ではなく「進化的重要単位（ESU）」として扱うべきであると主張する専門家もいる。

トラの最古の化石は約200万年前のもので、中国北部とジャワ島で発見された。

形態

ネコ科動物としては僅差で世界最大。ライオンはあらゆる部分の計測値がトラに比肩し、頭骨の平均的な長さはトラを上回るが、最大級のトラの体長と体重は最大級のライオンをややしのぐ。野生のトラは信頼できる身体計測値がほとんどなく、飼育下で得られたデータとスポーツ・ハンティングされた個体のデータ（20世紀初頭以降）はしばしばかさ上げされている。

トラは巨大で強靭な体つきをしており、分厚い胸と筋肉質の前半身、がっしりした足を持つ。体の大きさは生息地により異なり、地理的勾配に沿って北から南に向かってほぼ連続的に小型化し、獲物の得やすさと相関がある。最も大きいのはインド亜大陸とロシア極東部、最も小さいのはスマトラ島（およびジャワ島とバリ島の絶滅個体群）。体重は、野生のオスのスマトラトラの最高140kgに対し、ネパールに生息していた過去最大の個体は261kgだった（飼育個体の最高は325kg）。

トラの体毛の地色は淡黄色から鮮やかな赤で、腹部は白か黄白色。東南アジア熱帯地域の個体は一般に色が濃く、縞が多いのに対し、温帯地域の個体は色が薄く、縞が少ない。ひだ襟のような頬の長い毛は、アムールトラとスマトラトラのオスで最も目立つ。アムールトラ（およびすでに絶滅したカスピ海沿岸の個体群）は冬毛が分厚くて長く、夏毛に比べて色あせたように見える。

ホワイトタイガーはアルビニズムではなく、青い目と白地にチョコレート色の縞模様の体毛をもたらす潜性突然変異により生じる。野生では1951年以来、インドのマディヤプラデーシュ州で1頭のオスの子どもの記録があるのみで、飼育下のホワイトタイガーはすべてその子孫だ（このため同系交配が繰り返されている）。「ゴールデンタビー」または「ストロベリー」と呼ばれる中間型は飼育下でのみ知られる。完全なメラニズムは知られていないが、極太の縞がつながって、ほとんど真っ黒に見える偽メラニズム（アバンディズム）の個体は時々見られる。

類似種　縞模様のあるネコ科はトラだけで、他の種とは間違いようがない。現地の言葉ではトラを指すさまざまな名前がしばしば他のネコにも使われるため、混乱が生じることがある。

分布と生息環境

現在の分布状況は非常に断片的で、最大でも過去の分布地域の10％にしか生息しておらず、断片化した林にすむ孤立した個体群が大部分を占める。アジア南部では、主にインドの保護区（インド南西部、中部、北東部が中心)、インドのウッタラーカンド州からネパール、ブータンを経てインドのアルナーチャル・プラデーシュ州に至るヒマラヤ山脈南部の低地と斜面に沿った幅の狭い帯状地帯、およびバングラテシュとインドにまたがるサンダーバンズ（1個体群）に生息。インドシナ半島で個体群が確実に残っているのは、タイ西部のミャンマーとの国境地帯（フワイカーケン野生生物保護区および隣接するトゥンヤイナレースワン野生生物保護区、ケーンクラチャン国立公園および近隣のクイブリ国立公園）とマレー半島（エンダウロンピン国立公園、タマンネガラ国立公園、ベルムテメンゴール国立公園）のみ。タイ・ミャンマー国境沿いの広大な森林とミャンマー西部・北部にも広範囲に生息している可能性があるが、最近の記録はほとんどなく、繁殖の証拠はまったくない。スマトラ島では、西海岸沿いを北西から南東に貫くブキットバリサン山脈に沿って断片的に生息しているほか、島中部に1つの個体群が生息。トラ最大の連続個体群が生息するのはロシア極東部で、隣接する中国東部にもごく少数がすむ。他の生息地と異なり、これらの個体群は大部分が保護区外に生息している。現在、中国（アムールの個体群を除く)、カンボジア、ラオス、北朝鮮、ベトナムでは機能的に絶滅したか完全に絶滅しており、これまでに絶滅した地域にはバリ島（1940年代)、中央アジア（1968年)、ジャワ島（1980年代）がある。スリランカとボルネオ島には元来生息しない。

生息環境は、さまざまな熱帯林、亜熱帯林、温帯林、森林と草原のモザイク状の混交地帯およびその周辺のタライ平原（密生した氾濫原)、藪(やぶ)、貧相な低木林、湿地などの密生した植生。インド亜大陸の乾性・中湿性林とタライ平原では個体数密度が最高となる。バングラデシュとインドにまたがるサンダーバンズの個体群は、低地の淡水湿地林と海水の満潮時に浸水する塩性マングローブに暮らす。アムールトラは、チョウセンゴヨウ、カバノキ、モミ、オーク、トウヒの温帯林があり、冬には深雪が積もって最低気温がマイナス40°Cにも達する山岳地帯に生息。農地、ヤシのプランテーション、単一栽培地など人為的に改変された環境は、横断はしても定住はしない。生息環境の標高は通常0～2000mだが、ヒマラヤ山脈では標高4201mの雪深い山地林で生息が記録されている。

食性と狩り

とてつもなくパワフルな捕食動物で、自分と同じか

下：希少な野生のメスのアムールトラの写真。日本海に面したロシアのラゾフスキー自然保護区（アムールトラの現在の生息地南端に位置）で撮影された。絶滅した中央アジアのカスピトラの標本の遺伝子分析によると、アムールトラとの差異はきわめて小さく、つい200年前まではおそらく同じ個体群だったと考えられる。

自分より大きな獲物を倒すことに適応している。健康な大人のオスは、大人のサイとアジアゾウを除き、手当たり次第に何でも殺せるが、多種多様な中型～大型のシカ類とイノシシが食物の大部分を占めている。通常は、現地で最も豊富な体重 60 ～ 250kg までの 2 ～ 5 種程度の有蹄類（ゆうているい）、特にサンバー、アカシカ、アキシスジカ、ホッグジカ、ホエジカ、イノシシを中心に捕食。体重 1000kg を超える大人のガウルやスイギュウも殺せるが、ほとんどの場合、子どもあるいは大人になる前の若い個体を襲う。捕食パターンが最もよく知られている地域は、トラの研究が最も進んでいるインド亜大陸とロシア極東部。インドとネパールではアキシスジカ、サンバー、イノシシが主食で、現地の獲物の個体数によってはインドホエジカとホッグジカがこれに加わる。バラシンガジカ、ヨツヅノレイヨウ、インドガゼル、ブラックバック、ニルガイ、ヒマラヤゴーラル、ニルギリタールも食物として記録されている。インドの西ガーツ山脈のナガラホール - バンディプール保護区に生息するトラは、ガウルとサンバーを集中的に捕食。ロシア極東部のアムールトラはアカシカとイノシシに食物を依存し（野生の獲物だけでみると殺した獲物 552 頭の 84%、家畜を含めると 729 頭の獲物の 64%を占める）、一部の地域ではシベリアノロジカとニホンジカも日常的に食べる。

偶発的な獲物として、シベリアジャコウジカ、ヘラジカ、オナガゴーラルも記録されている。東南アジアでの食性は最も研究が遅れているが、少数の記録によると、タイやスマトラ島のワイカンバス国立公園ではホエジカ、イノシシ、サンバーが最も重要な獲物のようだ。ワイカンバス国立公園のトラはブタオザルもしばしば殺す。東南アジアの低地林では生息地の獲物が乏しいため、小型の獲物の種類が多くなると考えられている。マレーシアとタイでは、バンテンとマレーバクがまれに獲物として記録されている。

下：**霊長類は手当たり次第に殺すが、トラの食物に大きな割合を占めることはまれ。トラが最も頻繁に殺すハヌマンラングールが豊富に生息している地域でも、摂取生物量の 2 ～ 3%を超えることはほとんどない。**

左：イノシシはアムールトラにとってアカシカに次いで2番目に重要な獲物で、摂取生物量の約4分の1を占める。大型有蹄類が少ない東南アジアのトラにとっても重要と考えられているが、データはほとんど存在しない（飼育個体の写真）。

比較的頻繁に捕食する小さめの獲物には、霊長類（特にハヌマンラングール。アカゲザルはサンダーバンズでかなり頻繁に捕食）、インドタテガミヤマアラシ、野ウサギ、小型肉食動物（キエリテン、ブタバナアナグマ、ヨーロッパアナグマ、キンイロジャッカル、アカギツネ、タヌキ、ジャコウネコ、マングーズなど）と鳥類（クジャクなど）がある。爬虫類、両生類、魚類、カニも捕食するが、食物摂取量に占める割合は微々たるものだ。オス、メスとも4mにもなる特大のヌマワニや毒蛇を殺した記録がある。サンダーバンズ・トラ保護区で死体が発見された大人のオスは、キングコブラとインドコブラを食べていた。そのほかに、ジャングルキャット、スナドリネコ（インドのサンダーバンズ・トラ保護区）、アジアゴールデンキャット（ネパールのチトワン国立公園）、ユーラシアオオヤマネコ（ロシア極東部）、ヒョウ、ドール、ハイイロオオカミ、ツキノワグマ、ナマケグマ、ヒグマ（ロシア極東部では冬眠穴で大人のヒグマを殺した）などネコ科の他の種や大型肉食動物も殺す。

肉食動物の死骸を食べずに置き去りにすることはしばしばあるが、クマは完全に食べつくすか一部を食べるのが普通。共食いはまれに発生し、その大半を占めるオスが子どもを殺すケースのほかに、縄張りをめぐる闘いで大人が殺されることもある。

主に見張りなしで森林にいる家畜も襲う。野生の獲物の個体数密度がきわめて低く、家畜が自由に動き回っている山岳地帯の調査では、野生のサンバーと家畜の牛、ヤク、馬が食物の93.3%を占めていた（ブータン、ジグミ・シンゲ・ワンチュク国立公園）。この調査ではイヌを殺した記録はなかったが、アムールトラは日常的にイヌを殺し（殺した177頭の家畜のうち87頭）、イヌが森林でハンターに連れられている場合や、厳冬でトラが獲物を求めて里に下りてくる場合に特に頻繁に襲う。トラはおそらく他のどんな大型肉食動物よりも人間を多く殺しているが、これは一つには、アジアは人口密度が非常に高く、人間がトラの生息地を盛んに利用しているためだろう。人を獲物として習慣的に襲う「人食いトラ」はきわめてまれだ。

狩りは主に夜行性から薄明薄暮性で、地上で行う。高さ7.5mまで木に登った記録はあるが、樹上で狩りをするには体重が重すぎるため、時々低い枝で獲物を捕まえる程度。歩きながら獲物を探し、森林道路、森林軌道、獣道、水路を好んで利用する。獲物が手に入りにくければ、長距離を歩き回って狩りをする。獲物が豊富な地域なら移動距離は一晩3～10kmだが、獲物の個体数密度が低ければ（ロシア極東部など）、一晩に20km以上移動する。こうした歩きながらの狩りに加えて、水源や塩なめ場の近く、牧草地や開けた土地の周縁部のように獲物が集まる場所で待ち伏せもする。獲物はネコ科特有の忍び足で後をつけ、25m以内の距離まで迫ってから急襲。通常、150～200m追跡しても獲物を倒せなければ諦めるが、成功する狩りはたいていそれより短い距離で仕留める。獲物は喉に噛み付くか、鼻口部を締め付けるように噛んで鼻孔と口をふさぐことで窒息死させる。後者のテクニックは、主として大人のガウルのように超大型の獲物を殺すのに用いる。特大のクロコダイルは頭骨の付け根あたりの脊髄に噛み付き、小さな獲物は首筋か頭骨に噛み付いて殺す。

狩りの成功率の推定値はほとんど知られていない。雪上トラッキング（数は限られるが正確なデータが得られる）に基づくと、アムールトラのアカシカとイノシシの狩りの成功率は冬場でそれぞれ38%と54%だった。冬以外の季節の別の地域での成功率はこれよりかなり低いと推測される。GPS首輪を装着したアムールトラは、平均すると6.5日に1頭獲物（主として有蹄類）を殺し、一日当たり9kg近い肉を食べた。冬は夏に比べ、より頻繁に、より大型の獲物を殺し、食べる量もやや多かった。邪魔が入らない限り、トラは仕留めた獲物を、大型の獲物であれば最大5～6日かけて最後まで食べつくす。死肉もあさり、他の肉食動物（他のトラ、ヒョウ、ドール、キンイロジャッカルなど）の獲物を横取りすることも少なくない。

行動圏

単独で行動し、基本的に縄張り意識が強い。大人は主に繁殖のために社会生活を送るが、個体数密度の高い個体群のオスは、しばしば親しいメスや子どもと時間を過ごし、獲物を分け合ったりする。オスは親しいメスの子どもに対して非常に寛容（おそらく自分が父親であるため）。オスの行動圏は大きく、1頭もしくはそれ以上(ネパールのチトワン国立公園では2～7頭）のメスの比較的小さい行動圏と重複する。大人は可能であれば専用の縄張りを確立するが、行動圏内の小さなコアエリアを除き、完全な独占はまれ。行動圏の重複は、獲物が豊富で行動圏の小さい高密度の個体群（インド、ネパールなど）で最も少なく、獲物がまばらで行動圏が非常に大きい地域（ロシアなど）で最も多い。オス、メスとも縄張りの境界を定め、頬を擦り付けたり植生に尿をスプレーしたりするにおいのマーキングや、糞を積み上げげたり地面を後足で掘ったりすることで自分の存在を知らしめる。縄張り争いはめったにないが、いったん起きれば時に命に関わることもある。縄張り争いの頻度はオスのほうが高く、定住者の死亡や外からやって来たオスの移入などで社会的な混乱が生じた場合に起きることが多い。大人のメスは一般に同じ地域で生涯暮らすが、オスが1つの行動圏に定住する期間は総じて短く、ネパールのチトワン国立公園では平均2.8年（7カ月～6.5年）。記録された行動圏の規模は、チトワン国立公園のメスの10km^{2}からロシア極東部のオスの1000km^{2}以上まで幅がある。

ラジオテレメトリー調査に基づき行動圏の規模が推定されているのはインド、ネパール、ロシアの個体群のみで、ネパールとインドの生物生産性の高いタライ平原と森林のメス10～51km^2、オス24～243km^{2}に対し、ロシアではメス224～414km^2、オス800～1000km^2。

個体数密度は、好適な生態環境においてさえ、人間による獲物の狩猟（トラ自体は狩猟対象でなくても）によりしばしば低位にとどまる。密猟の盛んな地域の低地熱帯林の個体数密度推定データは、マレーシア、ミャンマー、スマトラ島、および絶滅前のラオスで100km^{2}当たり0.2～2.6頭。比較的もしくはかなり十分に保護された低地林では個体数密度は100km^{2}当たり3.5頭に上昇し（タイのフワイカーケン)、同6頭に達することもある（スマトラ島のタンブリング野生生物自然保護区)。ロシア極東部の温帯林にすむアムールトラの個体数密度は、保護の度合いにより100km^{2}当たり0.3～1頭。厳重に保護され、生物生産性が高い地域では、個体数密度が100km^{2}当たり8.5～16.8頭と最も高くなる（インドの落葉林、堆積氾濫原、タライ平原)。

繁殖と成長

熱帯および亜熱帯の生息地ではほとんど季節繁殖性がないが、アムールトラは比較的強い季節性を示す。アムールトラの子どもの50%以上が晩夏(8月～10月)に生まれ、冬の出産は非常に少ない。トラの発情期は2～5日持続する。妊娠期間は95～107日、平均103～105日。産仔数は2～5頭で､平均2.3～3頭（インド、ネパール、ロシアの個体群)。生後約3～5カ月で離乳する。出産間隔は21.6～33カ月。生後17～24カ月で独り立ちする。メスの子どもは母親の行動圏の一部を受け継ぐか、その近くに定住するのが普通であるのに対しオスは比較的遠くまで離れていく。親元からの移動距離はチトワンのメスで平均9.7km（最大33km)、オスで平均33km（最大65km)。インドのペンチ・トラ保護区の個体の遺伝的関連性に基づくと、ほとんどのメスは母親の行動圏内に定住し、移動距離は最大 26km。定住するメスと血縁関係のあるオスは、26km 以内には暮らさず、もっと遠くへ移動したと推測される。親元からの移動距離が長いのはアムールトラで、既知の生息地から数百 km 離れた場所まで移動したオスもいたと報告されている。

オス、メスとも 2.5 ～ 3 歳で性成熟するが、野生での繁殖はそれより遅く、メスで 3.4 ～ 4.5 歳、オスで最も早くて 3.4 歳（チトワンで平均 4.8 歳）。厳重に保護され、個体数が安定していた時期のチトワンのメスの出産年齢は平均 6.1 歳、最高 12.5 歳だった。これらのメスが生涯に産んだ子どものうち、親元を離れるまで生き延びたのは平均 4.5 頭で、繁殖年齢まで生き延びたのはわずか平均 2 頭。メスは少なくとも 15.5 歳まで出産可能。

死亡率　生後 1 年までに死ぬ子どもの割合は、チトワン国立公園で 34%、ロシア極東部で 41 ～ 47%。人為的要因と子殺しが主な死因である。メスは子殺しをするオスから子どもを守ることがある。メスが子どもを守ろうとして大人のオスを殺したという信頼性の高い記録が 2 件あり、いずれのケースもオスは不意をつかれたようだ。大人のトラの推定年間死亡率は、インドのナガラホール国立公園でオス、メス合計 23%、ロシアのメスで 19%、ロシアのオスで 37%。大部分の個体群では人間が最大の死亡要因だが、病気やトラ同士の闘いなどの自然死も重要な死因になりうる。大人のトラを捕食する動物はほとんどいないが、ドールの大群がトラを殺したという記録がまれにある。これは健康状態が悪いか負傷した個体が襲われた可能性が高い。ある目撃談によると、22 頭のドールがオスのトラ 1 頭を長い闘いの末殺し、ドールも最低 12 頭殺されたと

下:大人のオスのベンガルトラ(左)の行く手を阻むメス。顕著な性的二形性が見て取れる。大人のオスの体重は、まれに同じ個体群のメスの 2 倍にも達することがある。

いう。インドのサンダーバンズでは、大人のメスのトラが4mのイリエワニに殺されており、川で泳いでいたとみられる。トラは危険な獲物に負わされたけがで死ぬこともあり、スイギュウ、ガウル、イノシシなどによる死亡例が確認されている。事故死（ロシアで凍った川に落ちたオスなど）は少ない。ロシアとインドではイヌジステンパー感染が確認されているが、個体群の動態にどのような影響を及ぼすかはまだ明らかでない。

左：**生後2カ月の子どもたちと涼をとるメスのトラ（インド、ランザンボア国立公園）。インド、ネパール、ロシア極東部の一部以外で、トラの繁殖生態はあまり知られていない。**

保全状況と脅威

トラは最も絶滅が危惧される大型ネコで、20世紀に生じた個体数の壊滅的減少は、現在も生息地の大半で続いている。かつてはアジア全域、すなわちトルコ東部からアジア中部までと、アフガニスタン・パキスタン国境からアジア南部と南東部のバリ島まで続く広大な地域、およびロシア極東部に広く分布していた。1940年代以降、アジア南西部・中部、バリ島とジャワ島、アジア南東部・東部の大部分の分布地域から姿を消し、現在確実に生息するのは過去の分布地域のわずか4.2%、生息する可能性がある（好適な環境ではあるが最近の生息情報がない）のは同5.9%にすぎない。繁殖個体群の生息が知られているのはバングラデシュ、ブータン、インド、インドネシア（スマトラ島）、マレーシア、ネパール、タイ、ロシアの8カ国のみ。カンボジア、ラオス、ベトナムでは絶滅したか、多くても数頭が残るのみで、最近の繁殖の証拠はない。中国では、ロシアとの国境にまたがる十数頭の個体を除き絶滅した。現存する野生の個体の70%（繁殖可能なメスのおそらく100%近く）は42の個体群に属し、これらの個体群はいずれも合計面積約10万km²(過去の分布面積の0.5%未満)の保護区を中心に生息している。地域別にはインド（18）、スマトラ島（8）、ロシア極東部（6）など。林業および商業用のヤシのプランテーションと農地への転換による生息地減少に加えて、中国の伝統薬の原料供給を目的とした大量の密猟も大きな脅威となっている。さらに、東南アジアなどで食肉としての膨大な需要を満たすためにトラの獲物が広範囲で狩猟されていることも、保全状況の悪化に拍車をかけている。狩猟が中断されればトラの個体数は急速に回復するが、残念ながらこれが実現している地域は今のところほとんどない。

ワシントン条約（CITES）附属書I記載。IUCNレッドリスト：絶滅危惧種（EN）（グローバル）、近絶滅種（CR）（中国、マレーシア、スマトラ）。

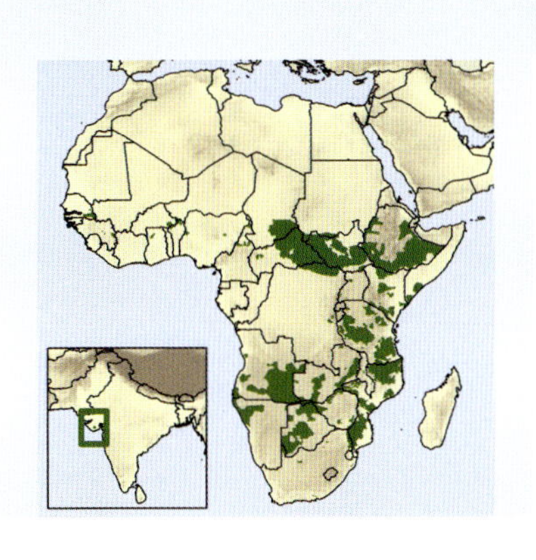

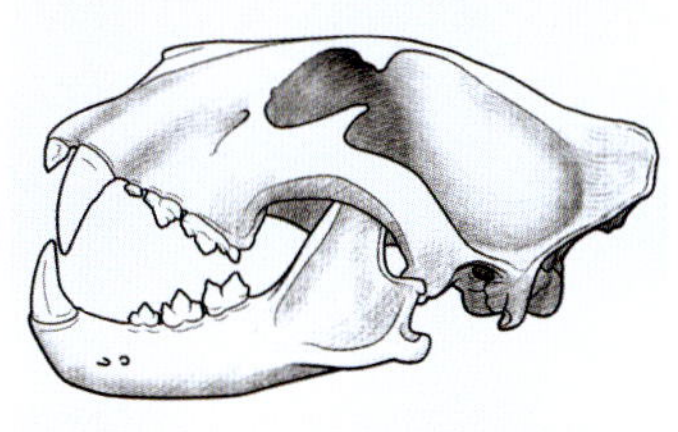

26.7−42cm

IUCNレッドリスト(2018):
危急種(VU)(グローバル)
絶滅危惧種(EN)(インド)
近絶滅種(CR)(アフリカ西部の個体群)

頭胴長 メス158−192cm、オス172−250cm
尾長 60−100cm
体重 メス110−168kg、オス150−272kg

ライオン

学名 *Panthera leo* (Linnaeus, 1758)

英名 Lion

分類

ヒョウ属の「大型ネコ」の1種。最も近い近縁種はヒョウで、それよりはやや遠いがジャガーとも近縁。ライオンの最古の化石は300万〜350万年のもので、アフリカ東部で発見された。

アフリカ(東部・南部)ライオン

アジアライオン

過去には、主に形態上の表面的な差異に基づいて20亜種以上に区分されていたが、現在この区分は無効と見なされている。その後最近までは、アジアの個体群 *P. l. persica* とアフリカの個体群 *P. l. leo* に区分する分類が最も広く受け入れられていた。しかし、遺伝子分析により、ライオンの個体群が実際には赤道のほぼ両側に大きく分けられることが強く示された。推定17万8000～41万7000年前、極端な乾燥期と湿潤期が繰り返されてコンゴ盆地の雨林とサハラ砂漠の範囲が劇的に変動した結果、ライオンの生息地は二分された。この2つはいずれも好適な生息地ではなく、ライオンはアフリカ西部・中部（あるいはおそらくアジア）とアフリカ南部の2カ所のレフュージア（避難場所）に退いたと考えられている。こうして二分された個体群は、その後気候が安定し、サバンナが拡大した時代に元の好適な環境に戻り、比較的最近になって地理的につながった。強い遺伝的証拠で裏付けられるこの区分に基づくと、アジアの個体とアフリカ中部・西部の個体は同じグループに分類され（このグループの分布地域にかつて含まれていたアフリカ北部の個体をタイプ標本として記載された亜種の名前を取って *P. l. leo* とする）、アフリカ東部とアフリカ南部の個体群がもう1つのグループ（*P. l. melanochaita*）に分類される。同じ遺伝子分析では、2つの主要グループ内に、亜種と見なすほどの差異はないが進化的に重要な下位個体群があることも示されている。*P. l. leo* 内にはそうした進化的重要単位（EPS）として、アジア・中東・アフリカ北部（アジア以外は絶滅）、アフリカ西部のニジェール川下流西部、アフリカ中部の3つが、また *P. l. melanochaita* 内にはアフリカ北東部、アフリカ南西部、アフリカ東部およびアフリカ南部のその他の地域の3つが存在する。

下：ライオン社会の基盤は血縁関係のあるメスとその子どもからなる母系集団。特大の獲物が豊富に生息する中湿性サバンナ林で最大規模のプライドが見られる。

形態

ライオンはアフリカ最大の肉食動物で、ネコ科の種では２番目に大きい。あらゆる部分の計測値がトラに比肩し、頭骨の平均的な長さはトラを上回る（メスで1.2cm、オスで2cm長い）。過去最大級のトラの体長と体重は過去最大級のライオンをややしのぐが、最小級の大人のトラ（スマトラトラ）は最小級の大人のライオンよりはるかに小さい。巨大でがっしりした体躯に、分厚い胸、非常に強靭な前半身、ずっしりした足を持つ。ネコ科の主としては第二次性徴として現れる体毛（オスのたてがみ、腹部のフリンジ状の毛、肘の房毛）と体の大きさの点で性的二形が最も顕著で、オスはメスより体重が平均30～50％重い。生息地域による違いは比較的小さいが、インドとアフリカ西部・中部サヘル地域のサバンナにすむ個体は、アフリカ南部・東部の中湿性サバンナ林にすむ個体より10～20％小型。アジアのライオンは腹部にひだ状のたるみがあるのが特徴で、これはアフリカのライオンにはまれにしか見られない。

左：ライオンの顔にはほぼまったく斑紋がない。目の下の白っぽい毛は、夜の狩りで光を反射して目に取り込む役割を果たしている可能性がある。頬ひげのあたりの斑点は個体ごとに異なるが、何らかの機能を担っているとは考えられていない。

体は単色で斑紋はなく、通常は淡黄褐色から濃黄褐色もしくは砂色、腹部は黄白色か白色。体色は、灰白色、淡黄色、淡赤褐色、まれに濃褐色など、薄いものや濃いものがある。耳の背面は対照的な黒色で、銀色の毛がまばらに混じる。この黒い背面は遠目にも目立ち、狩りの際に散らばって隠れているプライドのメンバーを見つけるのに役立つと考えられる。尾の先には黒色か非常に濃い茶褐色の特徴的な房状の毛があり、これはおそらく草原の中で幼い子どもが後を付いていく際に目印の旗のような役割を果たしているのだろう。南アフリカのクルーガー国立公園地域のホワイトライオンは、体毛の潜性遺伝子がもたらす白変種（アルビニズムではない）で、目、鼻、肉球には色素がある。ホワイトライオンは通常の体色の親からも生まれる。メラニズムの個体の記録はない。生まれたばかりの子どもには、森林に住んでいた祖先に比較的多くの斑紋があったことを思わせる濃茶褐色のロゼットがあり、幼い子どものカムフラージュに役立っていると推測される。この斑紋は年齢とともに消え、一部の大人の個体で腹部とごくまれに全身にかすかな斑点が残っているにすぎない（過去に報告された新種の「ブチライオン」はおそらくこれ）。

ライオンはネコ科で唯一、オスの体の広い範囲に、（色と生えかたのさまざまな）たてがみがある。たてがみの色は金色から黒色で、顔を取り囲む部分はしばしば色が薄い。生後６～８カ月で生え始めるが、非常に暑い気候では一般にそれより遅い。成熟したオスは、たてがみが頭全体（顔を除く）と首、肩、胸の上部を覆う。生える範囲が最も広いのはアフリカ南部と東部の特に標高1000m以上の中湿地域で、時には胸部と腹部まで続いていることがある。冬の気候が寒冷な北半球の動物園で飼育されている個体は、広い範囲にたてがみが生えていることが多い。最もたてがみが少ないのは非常に暑い地域で、たとえばケニアのトサボ国立公園からモザンビーク北部のニアサ国立保護区（タンザニアのセルース猟獣保護区を含む）までがこれにあたり、標高が特に低い場所ではたてがみがほとんどないこともある。サヘル地域でもたてがみのない個体は珍しくない。アジアライオンのオスは主に顔の周りと頭頂だけでやや少なめ。たてがみは、メスに対して相対的な遺伝的適応度を誇示し、ライバルを威嚇するのに役立つと考えられており、その長さと色は、オスの攻撃性と他のオスからプライドを守る能力についての情報を伝達する。メスは、たてがみが最も長く最も色の濃いオスを選ぶ傾向がある 。

類似種　哺乳類の中で最も見分けのつきやすい種で、他のネコとの違いも一目瞭然。単色のピューマはライオンのメスと体色が類似していることから「マウンテンライオン」という別名を持つが、体色のほかには類似性は弱く、生息地も重複していない。

分布と生息環境

アフリカではサハラ砂漠南部の保護区の内部と周辺を中心に断片的に分布し、インドではグジャラート州にアジアライオンのメタ個体群が1つ存続するのみ。最も大規模で広範囲な個体群はアフリカ東部と南部に分布する。アフリカ中部の大半では個体数が著しく減少しており、カメルーン北部、チャド南部、中央アフリカ共和国、スーダン南部、コンゴ民主共和国北部に断片的に分布する。アフリカ西部ではほとんどの地域で絶滅し、現在4つの個体群が、セネガルとナイジェリア、およびベナン・ブルキナファソ・ニジェールの3カ国の国境にまたがる地域に分布するのみとなっている(3カ国の国境の個体群は大型)。北アフリカ、中東、アジアでは、インドの約400頭の個体群1つを除き、すでに絶滅している。

生息環境は幅広く、中湿性の開けた林地と草原サバンナで最も高密度に達するが、あらゆる種類の湿性・乾性サバンナ林、乾燥林、貧相な低木の生えたサバンナ、沿岸の貧相な低木林、半砂漠（カラハリ、ナミビア北部の非常に乾燥した環境を含む）に生息。完全な砂漠の内部にはすまず、サハラ砂漠には生息しない。サバンナの断片林（エチオピアのベール山脈のハ

下:ライオンの社会性が発達したのは、開けたサバンナで1頭のメスライオンが大きな獲物を仕留めた場合、すでに絶滅した多くの種を含むさまざまな捕食動物に横取りされやすいためではないかと考えられている。グループを形成すれば、競争相手ではなく血縁関係のあるライオンが分け前にあずかれる。

レナの森、ウダンダのクイーンエリザベス国立公園のマラマガンボの森など）は横断する。赤道直下（ガボン、コンゴ共和国など）の森林とサバンナがモザイク状に混在する地域には最近まで広く生息していたが、広大な湿性密林（コンゴ盆地林全体を含む）には元来生息しない。インドの個体群は、乾燥した落葉性のチーク林とアカシアの生えたサバンナがモザイク状に混在する環境に暮らす。生息環境の標高は0mから3500～3600m（ケニアのエルゴン山、ケニア山など）で、例外的に4200～4300m（エチオピアのベール山、タンザニアのキリマンジャロ山）まで移動した記録がある。人口密度が低く野生の獲物が残る、改変度の低い家畜飼育地域を除き、人為的に改変された環境には生息しない。

食性と狩り

きわめて臨機応変な恐るべき捕食動物。大人のライオンは単独で自分よりはるかに大きな獲物を倒すことができ、プライドでは手当たり次第にほぼ何でも殺せる。倒せないのは健康な大人のオスのゾウだけだ。海岸に打ち上げられたクジラの死骸に集まった昆虫を食べた記録があるが、体重60～550kgの大型草食動物を捕食しなければ個体群は存続できない。一般に、どの個体群でもシマウマ、ヌー、アフリカスイギュウ、キリン、オリックス、インパラ、ニアラ、クーズー、コーブ、トムソンガゼル、アクシスジカ、サンバー、イボイノシシなど3～5種の有蹄類が食物の大部分を占める。季節によっては小型の獲物が主体になることもあり、たとえば大型有蹄類が季節移動する地域（ボツワナのチョベ国立公園、タンザニアのセレンゲティ国立公園など）では、季節移動しないインパラとイボイノシシが獲物の乏しい乾季の重要な獲物になる。

大人のカバ、サイ、メスのゾウなど特大の獲物は、栄養不足で弱っている状態を狙って大きなプライドで

下：**通説に反して、オスライオンは頻繁に狩りをし、成功率も高い。クルーガー国立公園の南部では、縄張りを持つオスで食物の60%、縄張りを持たないオスで食物の87%を自分の殺した獲物でまかない、残りを主にメスが仕留めた獲物に依存する。**

上：すべてのネコは裂肉歯――強く鋭い前臼歯と臼歯――を使って食事をする。このため、獲物に対して頭を横に傾けてから、分厚い皮を噛み切り、肉を食いちぎる。

殺す。子どもの獲物なら単独でも殺せる。大人のオス2頭・メス8頭とさまざまな大きさの子どもからなるチョベ国立公園のプライドは、1993～1996年の4年間に、サバンナのゾウ74頭（大人のメス6頭と別のオスに傷を負わされていた1頭のオスを含む）を殺した。チョベやワンゲなどの国立公園では、ゾウの個体数密度が上昇すると、ライオンの食物に占めるゾウの子どもの割合が増える。大型有蹄類のほかにほぼあらゆる種を食べるが、食物に大きな割合を占めるものはない。ツチブタ、ヤマアラシ、霊長類（ゴリラ、チンパンジー、ヒヒなど）、さまざまな種の鳥類（ダチョウなど）、爬虫類（ナイルワニ、アフリカニシキヘビなど）、魚類、多種多様な無脊椎動物を殺した記録がある。ヒョウ、チーター、ハイエナ、リカオン、ミナミアフリカオットセイ、その他さまざまな小型の種を含む肉食動物も日常的に殺すが、口には合わないようで、殺してもほとんど食べない。共食いは時々発生し、そのほとんどはオスによる子殺しだ。ライオンは長い間、生息地に家畜が豊富にいても野生の獲物だけを殺すとされてきたが、実際には牛、山羊、羊、ロバ、馬、ラクダ、スイギュウ（インド）など家畜も捕食し、イヌを殺した記録も時々ある。人間を食べることはほとんどないが、隔絶された一部の地域で継続的に人食いが起きているケースがごくまれにある。たとえば、タンザニア南東部やモザンビーク北部にはライオンが人間を獲物としてみている地域があり、辺境の集落で毎年推定50～100人がライオンに殺されている。

狩りは主に夜行性から薄明薄暮性で、地上で行う。体重が重すぎて木登りは苦手なため、樹上で狩りをすることはないが低い枝で獲物（ヒヒ、ホロホロチョウなど）を捕まえることはある。共同で行動して狩りをし、生後4～5カ月以上の子どもを含むプライドのメンバー全員が狩りに参加することも少なくない。幼い子どもは残していき、時には年長の子どもかメスが付き添う。狩りをしかけるのも獲物を仕留めるのも主に大人のメスの仕事だが、オスも有能なハンターで、メスがいない場合には単独で日常的に獲物を捕らえ、アフリカスイギュウ、キリン、ゾウのような特大の獲物を仕留めてプライドの繁栄に寄与する。ライオンは歩きながら獲物を探し、優れた視覚と聴覚を生かして標的を探り当てるか、好機が訪れるまで獲物が捕えやすそうな水場などの周囲で待ち伏せする。たいていの狩りは、まずプライドの1頭もしくは複数のメンバーが獲物の後を注意深く追い、15mくらいの距離に迫ったところで急襲する。ライオンの最高時速は推定58kmだが、このスピードは250m程度しか維持できず、追跡距離は通常これより短い。なかなか動かないアフリカスイギュウの群れが相手の場合は例外で、挑発を続けて一斉に暴走させ、群れから脱落した1頭に狙いを定めて追跡する。こうしたケースでは追跡距離はしばしば3kmにも達し、11kmという例外的な記録もある。大型の獲物は大人の1頭が喉に噛み付いて窒息死させ、多くの場合、プライドの他のメンバーはこのときすでに獲物を食べ始める。

ライオンは共同で狩りをするが、協力の度合いは一般に考えられているほど高くない。メス1頭が獲物の後をつける間、プライドのメンバーはただ様子を見守り、獲物を捕らえたところで初めて狩りに協力するケースもある。比較的多いのは、獲物の周りに複数のメスが扇状に広がり、1頭または複数のメスが獲物を追跡し、獲物が逃げてきたところを待ち伏せしていたメスが捕らえるというパターンだ。ナミビアのエトーシャ国立公園の開けた場所で俊足のスプリングボックを狩るメスは、それぞれが決まったポジションについて連携して動いているとみられ、「ウィング」のポジションについたメスは、獲物を「センター」のほうに向かって追いつめる。共同の狩りはメス単独の狩りより成功率が高く、特に、それぞれのメスが自分の得意なポジションについている場合は成功しやすい。アフリカスイギュウやゾウのような大型で危険な獲物を狙う場合にも共同の狩りが頻繁に行われる。狩りの成功率の推定データとしては、ナミビアのエトーシャ国立公園の15%、タンザニアのセレンゲティ国立公園の23%、南アフリカのカラハリ砂漠の38.5%などがある。死肉は好んであさり、食物摂取量に占める割合はエトーシャ国立公園で5.5%、セレンゲティ国立公園では40%近くに達する。他の肉食動物から獲物を奪うこともしばしばある。

行動圏

ライオンは社会性が高く、性別や世代の異なるメンバーからなる大規模なプライドを形成するネコ科唯一の種。ほぼ常にプライドの他のメンバーと行動し、メスが出産のために一時的にプライドを離れる場合を除き、単独で行動することはほとんどない。プライドの基盤は血縁で結ばれた1〜20頭（通常は3〜6頭）のメスの母系集団。共同で縄張りを守り、子育てをする。それぞれのプライドには一般に1〜9頭（通常は2〜4頭）の大人のオスの連合が含まれるが、これらのオスはたいていは他のプライドから移入し、子どもを産む

下：アフリカスイギュウは、ライオンの負傷や死亡を招くことが最も多い手強い獲物だが、ライオン（特にオス）は頻繁に捕食する。クルーガー国立公園の南部では、仕留めた獲物に占めるバッファローの割合が、縄張りを持つオスで36%、縄張りを持たないオスで73%に達している（メスの獲物に占める割合は18%）。

上：ネコ科の多くの種では、子どもが食事の合間にしばしば死んだ獲物を相手に襲撃ごっこをする（写真は生後５カ月の子どもとキリン）。遊びとはいえ、たいていは頭や首のあたりを狙い、獲物を窒息させる喉への一噛みを本能的に練習しているようだ。

メスとは血縁関係がない。プライドの規模は獲物の豊富さとほとんど相関がなく（獲物の豊富さは行動圏の規模やライオンの個体数密度には強い影響を及ぼす）、アフリカ東部と南部の生息地の大部分では、3 ～ 6 頭のメスと 2 ～ 3 頭のオスという典型的なパターンが驚くほど多い。人間から強い迫害を受けていない限り、アフリカ西部と中部でもおそらく同じパターンが当てはまる。プライドの規模は、最適な条件下で例外的もしくは一時的に 45 ～ 50 頭（子どもを含む）に達することがあるが、大人に近づいた子どもがまとまってプライドを離れると必然的に縮小する。

プライドのメスのメンバーは安定しているが、プライド内で小規模なグループが出たり入ったりの「離合集散」を繰り返すため、顔ぶれがずっと変わらないことはまれにしかない。メスは通常、同じプライドに生涯とどまるが、外からやって来たオスがプライドを乗っ取った後や、血縁関係のあるオスとの交配を避ける目的で、プライドを離れることがある。若いオスは生後 20 ～ 48 ヵ月でプライドを離れるか追放され、最長 3 年間も放浪した後に、自らのプライドを手に入れようとする。オスの連合は血縁者からなる場合が多いが、単独またはペアのオスがプライドを離れて放浪している間に血縁関係のないオスと連合を組むこともしばしばある。血縁関係の有無にかかわらず、連合のメンバーは強い絆で結ばれ、生涯行動を共にして、縄張りやメスをオスの侵入者から守る。外からやって来たオスはプライドのメスに近づくためにプライドのオスに挑み、時には命にかかわるほど激しく争う。メスはプライドの防衛に参加し、大規模なメスのグループは外から来たオスの連合を撃退することもあるが、メスが見知らぬオスに殺されることもある。縄張りをめぐるプライド間の小競り合いも珍しくなく、時には隣り合うプライドのメスが互いに殺し合ったり子どもを殺したりすることがある。新しいオスがプライドを乗っ取ると、血縁関係のない 12 ～ 18 カ月未満の子どもをすべて殺すか追放するのが普通で、これによりメスの発情が促される。オスの連合の勢力が強ければ、既存のプライドを防衛しつつ、近隣のプライドを乗っ取ることもありうる。オスの連合が 1 つのプライドにとどまる期間は通常 2 ～ 4 年。

縄張りは非常に安定しており、メスの母系集団は何世代にもわたりほぼ同じ地域にとどまる。縄張りの規模は、生息環境の生物生産性とそれに関連した捕食可能な獲物の生物量によって異なり、アキシスジカがふんだんに生息するインドのギリ保護区では、プライドの縄張りは 12 ～ 60km^2 と非常に小さいが、タンザニアのセレンゲティでは林地で平均 65km^2、草原で 184km^2 で、最大 500km^2 に達する。アフリカ西部・中部の平均規模（ごく少数のプライドのサンプルに基づく）は、比較的水の豊かなベナンのパンジャーリ国立公園の 256 km^2 から比較的乾燥したカメルーンのワザ国立公園の 756km^2 まで幅がある。ジンバブエの ワンゲ国立公園の半砂漠サバンナでは、メスのプライドで平均 388km^2（35 ～ 981km^2）、オスの連合はそれよりやや大きく平均 478km^2（71 ～ 1002km^2）。乾燥した地域では縄張りの規模が非常に大きく、ナミビアのカウダン猟獣保護区では 1055 ～ 1745km^2、南アフリカのカラハリ・トランスフロンティア公園では 266 ～ 4532km^2、ナミビア北西部のクネネ州では 2721 ～ 6542km^2。クネネ州の 2 頭のオスの連合（おそらく放浪者）の行動圏の規模は13365～17221km²だった。個体数密度の推定データとしては、ナミビアのクネネ州の100km²当たり0.05～0.62頭、南アフリカのカラハリ砂漠の同1.5～2.0頭、ジンバブエのワンゲ国立公園の同3.5頭、南アフリカのクルーガー国立公園の6～12頭、インドのギリ保護区の同12～14頭、そして最も高いタンザニアのマニャラ湖国立公園の同38頭などがある。

繁殖と成長

季節繁殖するが、出産のピークは季節繁殖する有蹄類の出産期としばしば重なり、たとえばアフリカ東部タンザニアのセレンゲティ国立公園では3月～7月、南アフリカのクルーガー国立公園では2月～4月。発情期は平均4～5日続き、妊娠期間は98～115日で平均110日。産仔数は通常2～4頭で、まれに最大7頭産むこともある。通常、メスは出産時にプライドを離れ、生まれた子どもは生後約6～7週まで隔離されるが、これはおそらくプライドの他のメンバーに乱暴されたり誤って殺されたりするのを避けるためだろう。同じプライドのメスはしばしば同じ時期に出産し、共同で子どもの面倒をみる。すべての子どもに分け隔てなく授乳するが、移動の際に口でそっとくわえて運ぶのは自分の子どもだけだ。離乳開始は生後6～8週前後だが、生後8カ月まで授乳を続けることもある。平均的な出産間隔は、獲物が季節移動しないサバンナ林で約3年、獲物が季節移動し、そのため子どもの生存率が低い環境では約20～24カ月。かつて姿を消した地域に再導入されたライオンは、獲物が季節移動する生態系と同様に短い間隔で出産する。子ども

下：アジアライオンのメスと子ども（インド、ギルの森）。人間の迫害とトロフィーハンティングにより20世紀初めには個体数が約25頭まで減少していたが、1990年代序盤に開始された厳重な保護活動により個体数はめざましく回復しており、今やこれ以上増加すると生息地が足りないことが問題になるほどだ。

は生後 18 カ月前後になると自分で狩りができるようになるが、2 歳になる前にプライドを離れることはほとんどなく、サバンナ林の多くでは、母親が次の繁殖を開始する 3 歳弱で離れるのが普通だ。

獲物が季節移動する生態系や乾燥した環境では、プライドを離れた個体は広範囲を放浪し、最終的にはしばしば母親の行動圏から 200km 以上離れた場所に定住する。しかし、季節移動しない獲物（特にバッファロー）が豊富にいるサバンナ林では、若いオスの大半は母親の行動圏の内部か近くに数年間とどまる。元のプライドのそばに縄張りを確立する場合もある。オスはできるだけ遅い時期にプライドを離れたほうが、その後の生存率が高い。1999 年から 2012 年までジンバブエのワンゲ国立公園で行われたプライドを離れた若い（31 カ月未満）ライオンの追跡調査では、その一部が途中で命を落としている。最終的な動向が確認できた 49 頭のうち、65%（オス 17 頭、メス 15 頭）は生き延びて縄張りを確立したが、26%は人間に殺された。このうち生後 27 カ月でプライドを離れたあるオスは、848 日間放浪し、4223km 移動した後、家畜を殺したかどで射殺されている。メスは生後 30 ～ 36 カ月で妊娠可能になるが、初出産の年齢は通常 42 ～ 48 カ月前後。15 歳を過ぎると出産しない。オスは 26 ～ 28 カ月で性成熟するが、5 ～ 6 歳になるまでは繁殖しないことが多い。過剰なトロフィー・ハンティングなどにより大人のオスの数が少ない地域では、非常に若い 2 ～ 4 歳のオスが高齢のオスに代わって個体群の繁殖を担う。

死亡率　子どもの死亡率は、地域や季節、あるいは獲物の個体数の年間変動によって大きく変化する。1 歳までの子どもの死亡率は、獲物が豊富で季節移動しない南アフリカのクルーガー国立公園南部では約 16%、乾燥したカラハリ砂漠では 40%。最も高いのは獲物が劇的に変動する地域で、たとえばセレンゲ

下：**オスは自分の子どもに対しては寛容で愛情深い父親であり、子どもの生存には不可欠な存在。外からやって来たオスが侵入して血縁関係のない子どもを殺さないよう、絶えず縄張りをパトロールする。**

ティ国立公園のように獲物が季節移動する地域では、子どもの63%が1歳までに死亡する。子どもの死因で最も多いのは大人のオスによる殺し（セレンゲティ国立公園は他の地域より多い）、捕食（ヒョウとブチハイエナが主な捕食者）、食物不足による飢餓。生後2年目になると子どもの死亡率はぐんと下がり、たとえばセレンゲティでは20%、クルーガーでは10%となる。オスはメスに比べ、プライドを離れて放浪する過程での死亡率が著しく高く、これがメス2〜3頭に対しオス1頭という大人のライオンの典型的な性比につながっている。大人ライオンの主な死因には、人為的要因のほかに、ライオン同士（特にオス）の闘い、大型の獲物（特にアフリカスイギュウ）の狩りでの負傷、飢餓（高齢か衰弱している場合）などがある。ライオンは闘いや狩りで下部脊椎や後足などに重傷を負ってもしばしば生き延びるが、高齢まで生きる例は少ない。病気は少ないが、社会性の高さから病気が感染しやすく、深刻な症状に至ることもある。セレンゲティでは1993〜1994年にイヌジステンパーが大流行し、1000頭以上（個体数の40%）のライオンが死亡した。

寿命　野生では、メスは最長18年、オスは最長16年（12年を超えることはまれ）。飼育下では最長27年。

保全状況と脅威

手厚く保護された生物生産性の高い環境で高い個体数密度に達するが、分布地域は急激に縮小しており、残る分布地域の大半で個体数が引き続き減少している。アジアではインド西部グジャラート州のギル保護区（1883km²）に生息する約300頭と近隣の7つの小規模なサテライト個体群の約100頭を除き、絶滅。アフリカの分布地域は、最も楽観的な推定（引き続き生息している可能性はあるが、情報が乏しく確認できていない地域を含む）でも過去の分布地域の16.3%にすぎず、生息が確認されているのは同8%弱。アフリカ15カ国では絶滅し、その他7カ国でも絶滅した可能性がある。最新の3万2000頭という推定個体数はあまりに楽観的で、実際にはおそらく2万頭に近く、その多くが小規模で孤立した、個体数の減少している個体群に属しているもよう。大人の個体が500頭以上生息していると考えられているのは、ボツワナ、ケニア、モザンビーク、ナミビア（未確定）、南アフリカ、タンザニア、ザンビア、ジンバブエの8カ国にすぎない。アフリカ西部ではIUCNレッドリストの近絶滅種（CR）に指定され、大人の推定個体数は250頭に満たない。

生息圏の大半で個体数は減少を続けており、総個体数は1993年以来38%減少したと推定されているが、実際には生息地の大半でこれよりはるかに大幅に減少しているようだ。ボツワナ、インド、ナミビア、南アフリカ、ジンバブエでは個体数は安定（またはほぼ安定）もしくは増加しており、1993年以来、合計の個体数が25%増加したと推定されている。こうした一部の生息地での増加の陰に隠れているが、その他の地域では落ち込みが著しく、1993年以来、推定59%減少している。このため、ライオンは世界全体で危急種（VU）に指定されているとはいえ、大部分の生息地では絶滅危惧種（EN）とするのが妥当だろう。

個体数減少の主因は、農地転換と牧畜拡大による生息地と獲物の大幅な減少と、広範囲で行われている人間による殺害だ。ライオンは家畜飼育業者に激しく迫害され、大規模な公認の「害獣」駆除により打撃を受けている。死骸をあさる習性から、毒入りの餌を食べたり、食肉目的でしかけられた罠にかかったりすることも多い。アフリカ13カ国ではスポーツ・ハンティングが認められ、年間約600〜700頭（主としてオス）が捕獲されており、管理がずさんな場合にはこれも個体数減少に拍車をかける。小規模な孤立個体群では、遺伝的多様性の低下が個体数の減少や病気への耐性低下を引き起こす可能性がある。

ワシントン条約（CITES）附属書II記載。IUCNレッドリスト：危急種（VU）（グローバル）、絶滅危惧種（EN）（アジア）、近絶滅種（CR）（アフリカ西部）。個体数の傾向：減少。

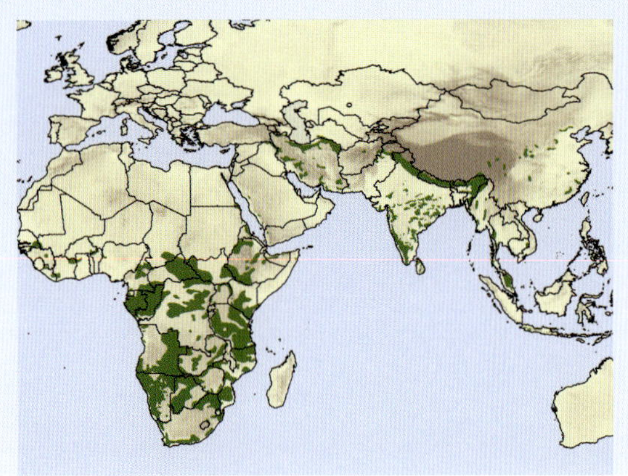

IUCNレッドリスト(2018):
危急種(VU)(グローバル)

頭胴長 メス95–123cm、オス91–191cm
尾長 51–101cm
肩高 55–82cm
体重 メス17.0–42.0kg、オス20.0–90.0kg

ヒョウ

学名 *Panthera pardus* (Linnaeus, 1758)

英名 Leopard

別名 Panther

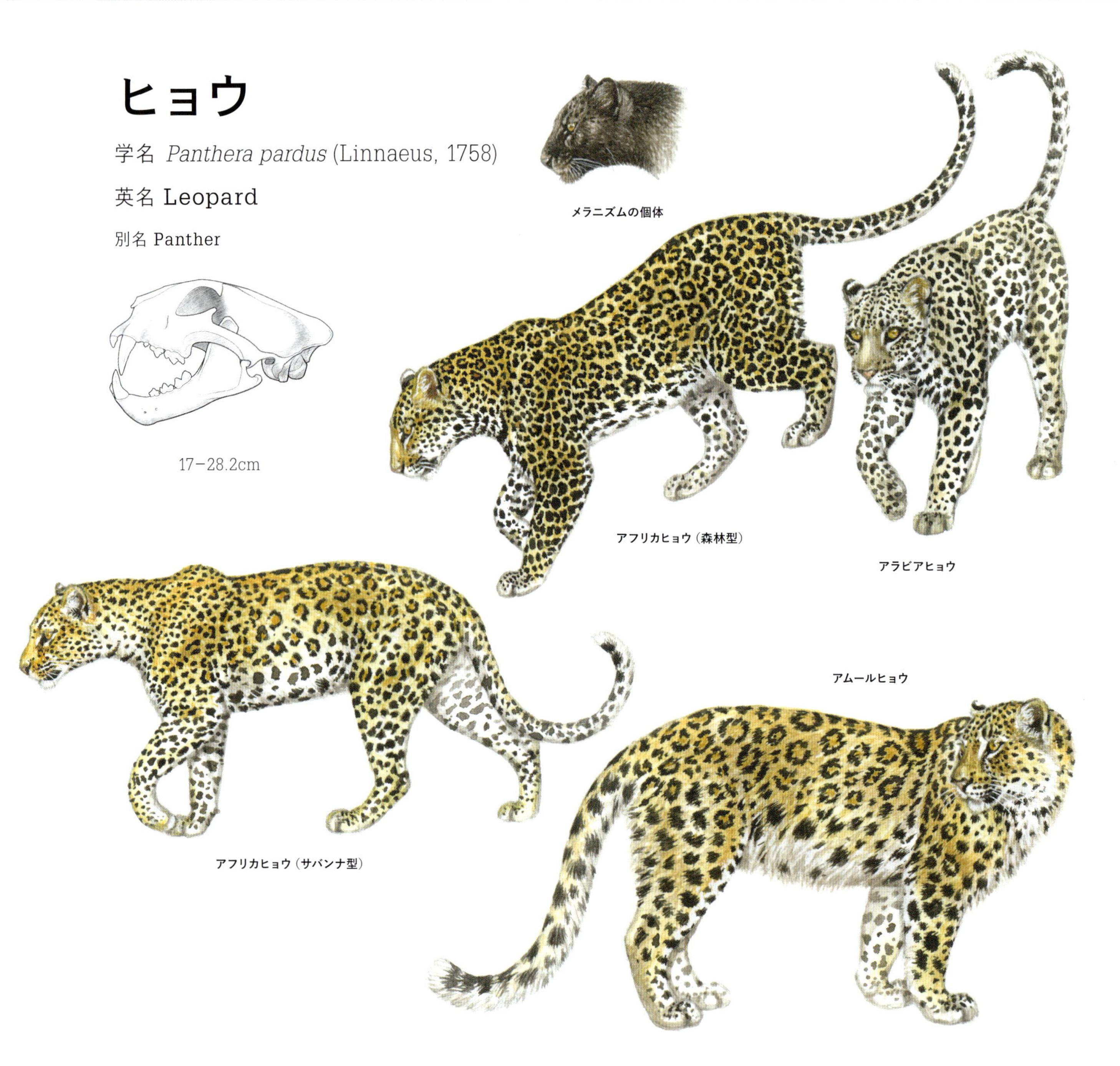

メラニズムの個体

アフリカヒョウ(森林型)

アラビアヒョウ

アムールヒョウ

アフリカヒョウ(サバンナ型)

分類

　ヒョウ属を形成する「大型ネコ」の1種で、最も近い近縁種はライオンとジャガー。亜種分類については最新の総合的分析が待たれているが、分子解析によると、アフリカの1亜種（アフリカヒョウ *P. p. pardus*）と、アジアの8亜種――中近東のアラビアヒョウ *P. p. nimr*、中央アジアのペルシャヒョウ *P.p. saxicolor*、インド亜大陸のインドヒョウ *P. p. fusca*、スリランカのセイロンヒョウ *P. p.kotiya*、東南アジアと中国南部のインドシナヒョウ *P. p.delacouri*、ジャワ島のジャワヒョウ *P. p. melas*、中国北部のキタシナヒョウ *P.p. japonensis*、中国北東部とロシア極東部のアムールヒョウ *P.p. orientalis*――に分類される。しかし、インドヒョウ、セイロンヒョウ、およびインドシナヒョウの西部個体群は1つの亜種であり、インドシナヒョウの東部個体群、キタシナヒョウ、およびアムールヒョウ（イタ）も1つの亜種であるという証拠が最近示されており、その場合にはアジアの亜種の数は5となる。

左：比較的小型のネコに比べ、ヒョウのような大型ネコは頭骨の前面が大きい。大型の獲物を仕留めやすいよう、顎は長くてがっしりしており、その周りの筋肉組織が発達している。

下：メラニズムの個体にも普通のヒョウと同じように斑点があるが、斜光の下でしか見えない。生物学者の発見によると、赤外線センサーを用いたカメラトラップで撮影された写真には斑点が写るため、黒色の個体でも体毛の模様により個体の特定が可能。

形態

屈強な大型ネコで、筋骨たくましい前半身とすらりとした後半身、頭胴長の3分の2ほどの長い尾を持つ。頭と首はがっちりしており（特に大人のオス）、5歳になる頃にはしばしば喉に特徴的なたるみができる。体の大きさは、気候や獲物の得やすさによって大きく異なる。最も小さいのは中東の乾燥した山岳地帯のヒョウで、体重はアフリカのサバンナ林にすむヒョウの半分程度しかない。南アフリカ沿岸のケープ褶曲帯の山地に生息する孤立個体群のヒョウも非常に小型で、平均体重は21kg（メス）から31kg（オス）。アフリカ東部・南部の林地と中央アジアの温帯林にすむヒョウが最も大きい。

体色の地色には幅があり、クリーム色がかった黄色、淡黄褐色がかった灰色、黄土色、橙色、黄褐色、濃赤褐色などさまざま。腹部は黄白色から純白。体はロゼット模様（小さな黒い斑点が地色よりやや濃色の中心部を取り囲む）でびっしりと覆われる。斑紋は下肢、腹部、尾、喉では黒一色の大きめの斑点に変わり、胸部ではしばしば斑点がつながってヨーク状になる。体全体の色はおおむね地域や気候と関係があり、乾燥した地域や温帯では色が薄く、植生が密な地域や熱帯では濃い。潜性遺伝子により生じるメラニズムは珍しくなく、湿度の高い亜熱帯林、熱帯林、山地林を中心に、時には比較的乾燥した林地（ケニア中部のライピキア高原など）でも見られる。メラニズムの個体（「ブラックパンサー」と呼ばれる）はアジア南部の熱帯地域、特にマレーシアとジャワ島の個体群で最も一般的。2000～2003年にジャワ島のウジュンクロン国立公園で行われた調査では、メラニズムの個体40枚と通常の斑点のある個体の69枚の写真が撮影された。また、マレー半島とタイ南部でカメラトラップにより撮影された474枚の写真のうち、445枚をメラニズムの個体が占めていた。中でもクラ地峡以南で撮影されたヒョウはすべてメラニズムだったが、斑点のある個体も生息している。アフリカでメラニズムの個体が多く見られるのは、一般に想定されているコンゴ盆地の雨林ではなく、主に山地林のレフュージア（ケニアのアバーデア山地とケニア山、アフリカ東部のヴィルンガ山地、エチオピアのハレナの森など）だ。赤髪症とアルビニズムの個体も時々記録があり、斑点にも、コショウの粒やそばかすのように小さなものから、広範囲で大理石状を呈するもの、キングチーター（167ページ）のように筋状につながっているものなど（偽メラニズムまたはアバンディズムと呼ばれる）さまざまな変化が記録されている。

類似種　ジャガーによく似ているが、野生の生息地は重複しない。ジャガーのほうが大型で全体にはるかにがっしりした体格で、体毛のロゼットは大きくて角ばっており、内部にヒョウにはほとんど見られない斑点がある。チーターは体全体の大きさはヒョウとほぼ同等で体色も似ているが、混同されることはないだろう。

分布と生息環境

分布範囲はネコ科最大。アフリカ南部、東部、中部では広範囲ながら断片的に分布し、アフリカ西部では希少。アフリカ北部では遺存種として残るか、絶滅している。トルコ、ジョージア、アゼルバイジャン、アラビア半島でも、ほぼ遺存種が生息するのみか、絶滅。最も生存能力の高い個体群はオマーンのドファール山地とイエメンのワダ山地に生息する。アジア中部では希少で、唯一広く分布するイランでも個体数密度は低い。アジア南部・南東部ではスリランカ、ジャワ島（ごく希少）から中国南東部までを含む地域に広範囲ではあるが断片的に分布し、中国東部とロシア極東部には孤立個体群が存在する。バリ島、ボルネオ島、スマトラ島には元来生息しない。

冬の気温がマイナス30℃になるロシアの落葉林から夏の気温が50℃を超える砂漠まで、非常に幅広い環境に耐え、個体数密度は中湿林、草原サバンナ、亜熱帯から熱帯の乾性・湿性林で最高に達する。山地、温帯林、低木林（貧相なものを含む）、半砂漠ではかなりありふれている。完全な砂漠の内部の開けた環境は避けるが、超乾燥地域の水路沿いと岩の多い山塊には生息。人為的に改変された環境（コーヒーのプランテーション、果樹園、灌漑農地など）や、時には人口密度の高い環境（インドのマハーラーシュトラ州の農地の多い渓谷など）にも、隠れ場と獲物さえあれば耐え

上：スリランカのルフナ国立公園で遊ぶこの大きな子どもたちは、親元を離れる年齢にさしかかっている。多くのネコ科の種と同じように、大人のヒョウは単独で行動するが、社会性がないわけではなく、友好的な関係と競争相手を避ける複雑な社会システムの中で、親しいオスとメスは頻繁に交流する。

られる。生息環境の標高は0～4200mで、例外的に5200m（ヒマラヤ山脈）での生息記録がある。ケニアのキリマンジャロ山の標高5638m地点で死んだヒョウが見つかっている。

食性と狩り

ありとあらゆる種の獲物を捕食できることで知られる。広大な分布地域と多種多様な環境への耐性を反映して、ネコ科動物の中で食物の内容が最もバラエティに富む。体重1kgを超える哺乳類だけに絞っても、少なくとも110種が獲物として記録され、すべての脊椎動物（小型哺乳類、鳥類、爬虫類、魚類など）を含めるとその数は200種以上。それでも、主食は体重15～80kgの有蹄類（ゆうているい）で、ヒョウのどの個体群でも、生息地で豊富な1～2種の草食性の種が食物の大半を占める。代表的な獲物は、アフリカ南部の中湿性サバンナではインパラ（殺した獲物の48～93%）、カラハリ砂漠の乾燥サバンナではスプリングボック（同65%）、南アフリカのクワズルナタル州の密林サバンナではニアラ（同43%）、スリランカの乾燥林ではアクシスジカ（同50%以上）、ロシアの落葉樹林ではシベリアノロジカとニホンジカ（同50%以上）。そのほかの一般的な獲物としては、スタインボック、ダイカー、ホエジカ、ガゼル、カワイノシシ、イボイノシシと、ヌー、オリックス、ハーテビースト、クーズー、キリン、サンバー、ガウル、スイギュウ、イノシシなどの大型もしくは危険な獲物の子どもが挙げられる。ごく幼いゾウやサイ、大人か大人に近い超大型有蹄類もまれに捕食。記録にある最大の獲物は大人のオスのエランド（約900kg）で、ヒョウの恐るべきパワーを証明している。

霊長類を好むという通説は誇張で、最低15種の霊長類の捕食記録があるアフリカの雨林のヒョウにとっては非常に重要な獲物ではあるが、それでも有蹄類には及ばない。代表的な霊長類の獲物には、オナガザル（オナガザル属）、コロブスモンキー（コロブス属）、ベルベットモンキー（サバンナモンキー属）、ラングール（ラングール属）があり、そのほかにさまざまな種のヒヒやチンパンジー、ボノボ、ローランドゴリラも時々捕食する。ヒョウは捕らえられるものや倒せるものなら何でも手当たり次第に殺すため、ハイラックス、野ウサギ、齧歯類、鳥類も一部の地域でしばしば重要な獲物になっている。最大4mの特大のアフリカニシキ

上：角や牙などの自衛手段を備えた大型（たいていは自分と同じかそれ以上）の獲物を重点的に捕食する大型ネコは、重傷を負うリスクと隣り合わせ。このスリランカのイノシシはヒョウの攻撃を撃退したが、ヒョウにけがはなかった。

ヘビと最大 2m のナイルワニを殺した記録もある。ブチハイエナ、チーター、ライオンの子ども（まれ）などの肉食動物もためらうことなく殺し、食べることもある。たとえば南アフリカのサビサンド猟獣保護区では、大人のオスのヒョウが別々の機会に同じプライドの 2 頭の子どもライオンを殺し、木の上に運んだ（そしてその後同じプライドにより殺された）。共食いはまれで、そのほとんどはオスによる子殺しだが、ヒョウ同士の闘いで大人が殺されることもある。

家畜も、時には家畜の囲いや集落に入り込んで捕食し、イヌも迷わず殺す。インドのマハーラーシュトラ州の著しく改変された農業地域にすむ個体群にとっては、イヌ、イエネコ、畜牛が（生物量で見て）最も重要な獲物で、食物の 87%を家畜が占めていた。ヒョウは時々人を襲うが、常習的な人食いヒョウはごくまれだ。

ヒョウは単独で狩りをし、大きな子どものいる母親も、子どもを残して狩りに出る。時間帯は夜間と明け方および夕暮れが中心。日中の狩りは場当たり的な色合いが強く、成功率は総じて低いようだ。追跡と待ち伏せを併用する有能なハンターで、獲物の種や環境によって狩りの戦略を変える。ナミビア北部やカラハリ砂漠のような開けた環境では、まず慎重に獲物の後をつけ（29 ～ 196m）、10m 以内に迫る。見通しの悪い密生した環境では長い距離を追跡することは少なく、待ち伏せして襲うテクニックが一般的なもよう。アフリカの雨林にすむヒョウは、おそらく獲物のサルが近づいてくるのを待つためにサルの集団のそばの茂みに隠れたり、獲物と出会いそうな場所、たとえば獣道に沿った植生や霊長類、ダイカー、アカカワイノシシなどを引きつける結果樹のそばに陣取ったりする。ほとんどの獲物（特に大型有蹄類）は喉に噛み付いて窒息死させ、大型の獲物などには鼻口部を噛んで窒息させるテクニックも時々使う。南アフリカのピンダ猟獣保護区にすむ生後 14 カ月のメス（体重 20kg）は、このテクニックを用いて成熟したオスのインパラ（60kg）を 14 分で窒息させた。小型の獲物は通常、頭骨か首の後ろを噛んですばやく殺す。

狩りの成功率の推定データには、カラハリ砂漠の開けたサヴァンナの 15.6%、ピンダ猟獣保護区の密林サバンナの 20.1%、ナミビア北部の開けた乾燥サバンナの 38.1%などがある。昼間の狩りの成功率は、タンザニアのセレンゲティ国立公園で 5 ～ 10%。カラハリ砂漠南部では、子どものいるメスの狩りの成功率(27.9%)が子どものいないメス（14.5%）やオス（13.6%）より高い。カラハリ砂漠の子どものいるメスは、子どものいないメスやオスに比べて小さめの獲物を捕らえることが多いが、より短い移動距離で、より頻繁に獲物を殺している。カラハリ砂漠のヒョウが年間に殺す獲物の数は、オスが平均 111 頭、メスが 243 頭。殺した獲物は他の肉食動物に盗まれないよう、とてつもない力を使って木の上に運ぶ。若いキリン（推定 91kg）や生後 1 カ月のクロサイを運んだ観察例がある。この行動はアフリカのサバンナ林で最もよく見られるようだが、生息地全域で記録があり、たとえばインドの 2 つの事例では、殺した獲物を、それぞれ複数のドールと 1 頭のブチハイエナから遠ざけようとして木の上に運んだ。ヒョウは洞窟や巣穴、小丘に獲物を隠すこともある。開けた場所では仕留めた獲物を隠すために密生した低木林を探し、ライオンやブチハイエナとの競合が少ない地域では地上の茂みを利用する。獲物は、まず下腹部か後足から毛や羽（大型鳥類の場合）をむしってから食べることが多い。好んで死肉をあさり、チーター、リカオン、ジャッカル、ハイエナなど他の種の殺した獲物も盗む。

行動圏

単独で行動する。大人が社会性を示すのは主に交尾期だが、オスは親しいメスや子どもと仲良くつき合い、死骸を分け合ったりする。オスは交尾したメスの子どもには寛容。オスもメスも固定的な縄張り（＝行動圏）を持ち、オスの縄張りは大きく、しばしば1頭または複数のメスの小さい縄張りと重複する。大人は同性のヒョウからコアエリアを防衛するが、周辺エリアではかなりの重複を容認し、「タイムシェア」方式を採用したり、共有エリアを交替で使用したりして衝突を避ける。縄張りをめぐる争いは珍しくなく、特に隣り合う縄張りを長期間維持し、互いを見知っている間柄で多く生じる。激しい闘いは、大人の放浪者が侵入してきた場合や、縄張りの定住者の力関係に変化が生じた場合（1頭が負傷するなど）に起きやすい。こうした闘いはオス、メスを問わず、命にかかわる結果を招くことがある。

オス、メスとも、頬をすりつけたり植生に尿をスプレーしたりするにおいのマーキング、糞の放置、後足を使った地面掘りなどで、縄張りの境界を定めるとともに、繁殖の用意ができていることをアピールする。ヒョウの最も特徴的な、木の板をのこぎりで切っているような呼び声（ガラガラ声、しわがれ声とも表現される）は最大3km先まで届き、マーキングと同じ2つの目的があると考えられている。ヒョウがこの声で親しい個体を認識できることはほぼ間違いないが、検証の必要はある。においのマーキングは、頻繁に通るルート（獣道、小道、道路など）や縄張りの境界に沿ってたっぷりと残す。ピンダ猟獣保護区で「パトロール」中のオスは、追跡調査された65分間に17回尿を撒き散らし、6回地面を掘り、5回のこぎりで切るような

下：ヒョウはできる限り密生した環境で狩りをすると言われているが、サバンナ林では、たとえ密生した植生のほうが獲物が豊富であっても、中程度の密度の植生を好む。これはおそらく、獲物の見つけやすさと捕らえやすさのバランスが最適なためだろう。

右：ヒョウは、仕留めた獲物を他の肉食動物に盗まれないよう木の上に運ぶという知恵を編み出した、ネコ科で唯一の種。その起源は、現代のブチハイエナやライオンなどの競争相手のほかにサーベルタイガーや巨大なハイエナも共存していた更新世にあるのかもしれない。

呼び声をあげたという。

縄張り（行動圏）の規模は生息環境の質と獲物の得やすさによって異なり、ケニアのツァボ国立公園のメスの5.6km²からカラハリ砂漠南部のオスの2750.1km²まで幅がある。平均規模は中湿林、サバンナ、雨林でメスが9〜27km²、オスが52〜136km²。乾燥した環境では行動圏の規模はかなり大きく、ナミビア北部のメスで平均188.4km²、オスで451.2km²、カラハリ砂漠のメスで488.7km²、オスで2321.5km²。イラン中部の乾燥した岩の多い環境で首輪をつけて調査したオスは、10カ月に626km²のエリアを利用していた。個体数密度は手厚く保護された質の高い環境で高水準に達する。保護区だけを対象とした個体数密度の推定データには、ナミビアのエトーシャ国立公園の100km²当たり0.5頭、カラハリ砂漠の同1.3頭、インドの マナス国立公園の同3.4頭、南アフリカのピンダ - ムクゼ猟獣保護区の同11.1頭、インドのミュードゥーマライ・トラ保護区の熱帯落葉林の同13頭、南アフリカのクルーガー国立公園南部の16.4頭などがある。アフリカのサバンナ林では、保護区の平均個体数密度（100km²当たり10.5頭）が保護区外（同2.1頭）の約5倍に達している。厳重に保護されたガボンの雨林では100km²当たり12頭、開発の進んだ森林では同4.6頭。ロシア沿海地方の総じて保護が不十分な落葉林にすむアムールヒョウの個体数密度は100km²当たり約1〜1.4頭だが、インドのマハーラーシュトラ州西部の大幅に改変された人口密度の高い保護区外地域の環境に生息するヒョウの個体数密度は同4.8頭に達している。

繁殖と成長

ヒョウは年間を通して繁殖するが、食物の豊富な季節に出産が増える傾向があるようだ。たとえば南アフリカ北東部では、季節繁殖する有蹄類の出産期に当たる雨季（10月〜3月）に生まれる子どもの数が乾季の2倍になる。北部の生息地（イラン北部、ロシア極東部など）では冬の気候の厳しさから季節繁殖している可能性が高いが、生態はほとんどわかっていない。発情期間は7〜14日続き、この間メスは絶えず呼び声やにおいのマーキングを行い、時には縄張りの外を長く移動して（南アフリカのピンダ - ムクゼ猟獣保護区では最長4.7km）、オスを見つける。妊娠期間は90〜106日。産仔数は通常1〜3頭。飼育下では6頭という記録があるが、野生ではきわめてまれな数である。たとえばサビサンド猟獣保護区では、253の出産例のうち産仔数が3頭を超えたものはなかった。

離乳は生後8〜10週前後で始まり、生後4カ月までに終わる。別の母親（主に血縁関係のあるメス）の子どもを引き取ることがある。たとえば、15歳のメスが9歳の娘の生後7カ月のオスの子どもを引き取り、独り立ちするまで育てた例がある(サビサンド猟獣保護区)。出産間隔は平均16〜25カ月。子どもが独り立ちするのは通常で生後12〜18カ月、最も早くて生後7〜9カ月。

メスは親元を離れても母親の行動圏の一部を引き継ぐことが多いが、オスはかなり離れた場所まで移動する（たとえばカラハリ砂漠で113km、ナミビア南東部で162km）。南アフリカのピンダ猟獣保護区で親元を離れたオスは、モザンビーク南部に入り、3.5カ月で少なくとも356km移動した後、母親の行動圏から直線距離で195kmのスワジランド北東部でくくり罠にかかって死亡した。オス、メスともに24～28カ月で性成熟。メスは33～62カ月で初出産し（サビサンド猟獣保護区）、初出産年齢の平均はピンダで43カ月、サビサンドで46カ月。野生では16歳、飼育下では19歳まで出産可能。オスは生後42～48カ月で初めて繁殖する。

死亡率　生後1年までに死亡する子どもの割合は、クルーガー国立公園で50%、サビサンド猟獣保護区で62%。独り立ちするまで（18カ月）生きる子どもの割合はサビサンド猟獣保護区で37%。研究の進んだ個体群の主な死因は子殺し（オスが血縁関係のない生後15カ月までの子どもを殺す）で、南アフリカにすむ手厚く保護され安定した高密度の個体群では、2000～2012年に生まれた280頭の子どもの死因の29%を占めた（サビサンド猟獣保護区）。メスは子どもを殺そうとするオスから必死で子どもを守ろうとし、無事守りきれることもあるが、時には命を落とす。子殺しの次に多いのは他の種による捕食で、アフリカではライオンが最も多く、ブチハイエナがこれに続く。アジアでは詳細はわかっていない。大人の推定死亡率としては、クルーガー国立公園の18.5%、ピンダの25.2%などがある。人的要因以外の大人の主な死因は、ヒョウ同士または他の肉食動物（特にライオン、トラ）との縄張り争いで、ネパールのチトワン国立公園内のトラが高密度で生息する7km²のエリアでは、21カ月間にトラが3頭の大人のヒョウと2頭の子どもを殺した。ブチハイエナ、リカオン、ドール（そして観察例はないがおそらくハイイロオオカミ）、イノシシ、ヒヒは時々集団でヒョウ（通常は若い個体か衰弱した個体）を殺す。スリランカのルフナ国立公園では、他のヒョウにけがをさせられた大人のオスのヒョウが、その後3頭の大人

下：**メスのヒョウは大人になってからの生活の大半を子育てに費やす。南アフリカで集中的に観察されたあるメスは、12年間に立て続けに10回出産して子育てし、手のかかる子どものいない時期は22%しかなかった。**

のイノシシに殺された。まれに大型のナイルワニとアフリカニシキヘビに捕食されたヒョウの記録もあり、ヒョウの子どもがチンパンジー、ラーテル、ゴマバラワシ、モザンビークドクフキコブラに殺された記録も少なくとも1件ずつある。狩りの事故は少ないが、ヒョウは危険な獲物に致命傷を負わされることがあり、たとえば大人のオスがイボイノシシの牙に突かれて死亡している。アフリカとアジアの両方で、アフリカタテガミヤマアラシに負わされた傷がもとで死亡した例もあるが、ヒョウは頻繁にアフリカタテガミヤマアラシを殺しており、トゲが刺さっても通常は回復する。ヒョウの病死は少ない。

寿命　野生ではメスが最長19年、オスが最長14年。飼育下では最長23年。

右：野生生物保護当局により押収された、密猟されたヒョウの毛皮（コンゴ共和国、オザラ国立公園）。斑点のあるネコ科動物の毛皮の国際取引は数十年前に禁止されたが、一部のコミュニティでは現在も需要が高く、違法取引が蔓延している。

保全状況と脅威

大型ネコとしては驚くほど人間の活動への耐性がある。人間に近い場所や、他の大型肉食動物（ライオン、トラ、ハイイロオオカミ、ブチハイエナなど）がかなり前に絶滅した人為的に改変された場所でも生きていける。それでも、ヒョウは過去の分布地域の大部分（アフリカの分布地域の最低40%、アジアの分布地域の50%以上）から姿を消している。アフリカ南部・東部・中部の大部分ではありふれており、懸念はないが、アジア南部・南東部の大半では分布は広範囲ながら断片的で、それほど安泰ではない。アフリカ西部では断片的に分布し、希少。スリランカ（セイロンヒョウの個体数は900頭未満）、中央アジア（ペルシャヒョウ同800～1000頭）ではICUNレッドリストの絶滅危惧種（EN）に指定され、ロシア（アムールヒョウ、同約60頭）、ジャワ島（ジャワヒョウ、大人は250頭未満）、中東（アラビアヒョウ、200頭未満）では近絶滅危惧種（CR）に指定されている。

主な脅威として生息地と獲物の減少が挙げられ、牧畜地域での激しい迫害と人口の多い地域での人間による殺害がこれに拍車をかけている。インドでは、少なくとも1週間に1頭が農村と都市近郊で人間に殺されており、その大半は疑心暗鬼によるものだが、実際に家畜（またはまれに人間）を殺されたことに対する報復の場合もある。アジア南部では、毛皮や伝統薬の原料となる体の一部を目的に盛んに狩猟され、アフリカ西部・中部では、毛皮、犬歯、爪を狙って殺される。熱帯林などでは、たとえ森林自体は保全されていても、ヒョウの主な獲物が食肉目的の狩猟対象となっており、これがヒョウの絶滅を引き起こす可能性がある。南アフリカのクワズルナタル州では、ナザレ・バプティスト・チャーチ（シェンベ派）の信者の間で、儀式用のケープとして使われるヒョウの毛皮が違法であるにもかかわらず堂々と取引されている。儀式では、信者らが少なくとも500頭のヒョウから作られた最低1000枚のケープを着用する。

ワシントン条約（CITES）附属書I記載。少数の生体と観光用の土産として販売される毛皮に加えて、アフリカ12カ国でスポーツ・ハンティングのトロフィーの輸出が認められている（2013年の割当狩猟数は2648頭）。IUCNレッドリスト：危急種（VU）（グローバル）。個体数の傾向：減少。

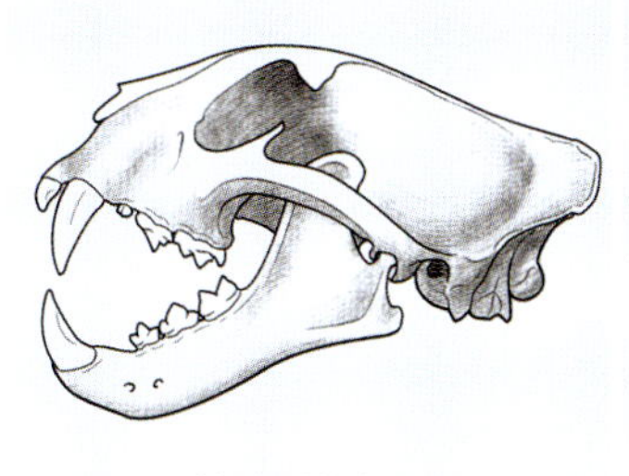

20.4−30.6cm

IUCNレッドリスト(2018)：
近危急種（NT）

頭胴長　メス116−219cm、オス110.5−270cm
尾長　44−80cm
体重　メス36.0−100.0kg、オス36.0−158.0kg

ジャガー

学名 *Panthera onca* (Linnaeus, 1758)

英名 Jaguar

中米型

メラニズム型

パンタナル型

分類

ヒョウ属に属する「大型ネコ」の1種。最も近い近縁種はヒョウとライオンで、共通の祖先から約300万～350万年前に分岐したと考えられている。

過去には、主に頭骨の表面的な違いに基づいて8亜種に分類されていたが、その後の分析により、個体群を分ける根拠としては不十分であると結論づけられた。遺伝子分析でも、個体群間の差異は比較的小さいことが示され、北から南への地理的勾配に沿った漸進的な遺伝的変化はあるが、個体群間に明確な境界はないとされた。

当然ながら、差異が最も大きいのは、緯度が最も高い生息地の個体群と最も低い生息地の個体群との間である。同じ遺伝子分析によると、個体群は、一般に亜種として認められるほどではないが、ある程度の遺伝的差異を示す4つのゆるやかな地域グループに区分される。区分の軸はアマゾン川で、最大のグループにはアマゾン川より南のすべての個体群が含まれる。アマゾン川の北の個体群は、南米北部、中米南部、グアテマラ・メキシコの3つのグループに分けられる。ジャガーは南北中米全域で比較的最近(約30万年前）個体数が急増し、その後は分布地域内での継続的な遺伝物質の交換を妨げる障害がほとんど存在しなかったと考えられている。アマゾン川とアンデス山脈ですら、ジャガーの個体群を完全に孤立化させることはなかったようだ。ただ、分子解析と遺伝子分析はいずれも大陸の広大な分布地域のごく小さなサンプルに基づいており、今後のより詳細な分析によって、個体群間の比較的大きな差異が明らかになる可能性はある。

形態

ネコ科動物としては世界で3番目に大きく、絶滅したスミロドンなどのサーベルタイガーを除き、現生ネコ科の種では並ぶもののない屈強な体躯を誇る。がっしりした体は筋骨たくましい前半身、分厚い胸、くびれた腰が特徴的。脚は短くどっしりしており、そのため肩高は、ジャガーよりはるかに華奢(きゃしゃ)なヒョウと同じかやや高い程度。ずんぐりした広がった指のついた足先は非常に幅広で、特に前足は、ぬかるんだ地面で体重を効果的に分散し、泳ぐ時にはパドルとしての役割を果たす。尾は他の大型ネコに比べて短く、頭胴長の半分くらいの長さ。頭は短くて丸く、がっちりしており、特にオスは、頭が特別に重い「ピットブル」のように見える。体の大きさは、北から南に向かってほぼ緯度に従って小さくなる。最も小さいのは中米中部の森林に生息するジャガーで、体重はメキシコとベリーズの個体でメスが36～51kg、オスが48～66kg。最も大型のジャガーはブラジル（パンタナル）とベネズエラ（ロスリャノス）の湿性サバンナ林にすみ、体重はメスが51～100kg、オスが68～158kg。同じ地域の類似の環境(たとえばボリビアとパラグアイのパンタナル）に生息する個体も同じくらい大型である可能性が高いが、計測デー

下：ジャガーは大型ネコの中で最も水に適応しており、ブラジルのパンタナル（写真）やアマゾンのヴァルゼア（季節的に浸水する森林）のように毎年数カ月連続で浸水する一部の地域にも生息する。

タはほとんど存在しない。

体色の地色は黄褐色がかった灰色、黄色、シナモン色、茶褐色がかった橙色などさまざまで、腹部は純白か黄白色。体には黒い大きなブロック状の斑紋かロゼットがあり、模様の内側は地色より濃く、通常は中央に黒い小さな斑点がある。小さな斑点は大きな斑紋の間にも点在することがある。下肢と腹部は大きな黒一色の斑点、肩、頭、顔は小さめの黒一色の斑点で覆われる。耳は短くて丸く、背面は黒色で、中央にオフホワイトのまだらがある。メラニズムは顕性遺伝により発生し、斜光の下では通常の個体と同じようなロゼットの斑紋があるのがわかる。メラニズムの個体は低地熱帯林で最も多く、アマゾン川の北では比較的少ない。分布地域の周辺部に近づくにつれ発生例は減少するため、アルゼンチン北部とブラジル南西部の大西洋林の生物群系では知られていない。

類似種　ヒョウはジャガーに非常によく似ているが、野生の生息地は重複しない。ヒョウはジャガーよりきゃしゃで、頭もそれほど大きくがっしりしていない。ロゼットの斑紋はジャガーより小さく、ジャガーに見られる斑紋内の斑点はないのが普通。生息地が重なる大型のネコはピューマだけだが、ピューマは単色で、メラニズムの発生例はない。中南米に黒い個体が生息する大型ネコ科動物はジャガーだけだ。

上：野生のメラニズムの個体の希少な写真（エクアドル、ヤスニ国立公園のアマゾン林）。メラニズムは少なくとも14種の野生ネコで発生し、その適応的意義はまだ解明されていない。大きなメリットもデメリットもなく、適応的に中立である可能性がある。

分布と生息環境

メキシコ北部からアルゼンチン北部までの地域に生息。アンデス山脈の東側の南米北部・中部では、コロンビアのアンデス山脈北部からブラジル高原までほぼ連続的に分布し、分布地域の東部と南部に位置するアルゼンチン北部、ブラジル南東部、パラグアイでは断片的に分布する。中米では、おおむねコルディエラ山系に沿った広い森林地帯と、これに細長い土地でつながった周辺のカリブ海沿岸の低地に断片的に分布。メキシコ南部の分布地域はほぼ連続しており、東シエラマドレ山脈と西シエラマドレ山脈に沿って北に二股に分かれる。米国にはもはや繁殖個体群は定住していないが、米国アリゾナ州とメキシコのソノラ州との間の国境地域には、分布北限（同国境から南に150km）の繁殖個体群のジャガーが断続的に姿を現しており、2001年以来、米国で3頭（いずれもオス）の個体が記録されている。米国で野生のメスのジャガーが最後に記録されたのは1963年。エルサルバドルとウルグアイでは絶滅した。

多様な森林と林地に生息し、亜熱帯と熱帯の密生した低地林と季節的に浸水するサバンナ林（たとえばパンタナル）では高密度に達するが、乾燥林、湿潤地域、乾燥地域、密生低木林、樹木の多い草原、マングローブ湿地にも広く生息する。水との関わりが深く、ぬかるんだ場所や季節的に浸水する場所にも暮らす。泳ぎの名手で、川幅2kmを超えるアマゾン川やジャプラ川を日常的に泳いで渡り、パナマ運河も楽々と横断。乾燥した分布地域（たとえばメキシコ北部から米国南部、ブラジル東部）では、水路や山岳地帯の近くの密生した低木地や乾燥林に生息する。草原のような隠れ場の少ない開けた環境は避けるが、草原の中の孤立林や川辺には暮らす。生息環境の標高は通常0～2500mで、これ以上標高の高い山地林ではほとんど見られず、アンデス山脈の標高2700m以上の地域やメキシコ中部の高原にも暮らさない。生息できる土

上：生後5カ月の子どもを連れたメス。オスに比べると、メスは人為的に改変された環境への耐性が低いようだ。無線機付き首輪を装着したメキシコのカラクムル生物圏保護区のメスは、オスの利用する環境よりも道路が少なく、牛の放牧や農業の影響が少ない環境を好む。

地と野生の獲物が確保できる広大な放牧地域を除き、人為的改変の著しい環境は回避するが、断片的な森林が残っているか森林に隣接したマツやアブラヤシのプランテーションでは生息記録がある。

食性と狩り

食性は多様で、少なくとも86種が獲物として記録されている。すべての大型ネコと同様、生息数の多い大型の獲物を重点的に捕食し、得られる限り最大の哺乳類――在来種ではアメリカヌマジカやバク、導入種では畜牛――を倒すことができる。しかし、中南米には元来、大型のシカやレイヨウ、野生のウシなどは高密度で生息しないため、ジャガーの食物は他の大型ネコに比べ、小型の種と非哺乳類が大きな割合を占める傾向がある。カピバラ、クビワペッカリー、クチジロペッカリーが十分に生息する地域では、この3種が重要な野生の獲物となり、3種の分布地域を合わせると、ジャガーのそれとほぼぴったり重なる。ジャガーの生息地のうち唯一、北部周辺地域は、豊富なクチジロペッカリーが食物の大半を占める。たとえばメキシコ南西部のチャメラ - クイクシマラ生物圏保護区では、生物量で獲物の54%を占める。爬虫類が占める割合も大型ネコで最も大きく、中型爬虫類が豊富に生息するか、カピバラとペッカリーが乏しい地域では、爬虫類が重要な獲物となっている。アマゾンの森とパンタナルの一部でのパラグアイカイマン、メガネカイマン、クロカイマンはその例で、ジャガーはこれら3種のワニの卵から大形の大人まであらゆる段階で捕食する。このほかに、大型と中型の種を中心に少なくとも14種の爬虫類を頻繁に襲う。大型淡水ガメ（ナンベイヨコクビガメ属）とリクガメ（ナンベイリクガメ属）は、アマゾンの浸水林とブラジルの大西洋林にすむジャガーの重要な獲物だ（ジャガーの糞のそれぞれ25%と20%に含まれる）。ウミガメは4種（アオウミガメ、オサガメ、タイマイ、ヒメウミガメ）を、主にメスが産卵のため海岸に集まってくる時期を狙って殺すことが知られている。コスタリカのトルトゥゲロ国立公園では、アオウミガメが産卵期（6月～10月）にジャガーの最も重要な獲物になっているとみられ、2005～2010年に少なくとも672頭の大人のアオウミガメ（および1頭のオサガメと3頭のタイマイ）を殺した。大型のアナコンダとボアコンストリクターなどのヘビも殺すが、食物摂取量に占める割合はさほど大きくない。

中型哺乳類と大型爬虫類という2つの主な獲物カテゴリーの相対的な得やすさによっては、霊長類、アルマジロ、コアリクイ、アグーチ、有袋類などの哺乳類と、イグアナ、テグーなどの爬虫類を含む、さまざまな小型脊椎動物も捕食する。ベリーズのコックスコム盆地では、ペッカリーが乏しかった時期に、主にココノオビアルマジロ、ローランドパカ、マザマジカを食べていた。同地域では、20年間にわたりジャガーの獲物の種が保護された後でもアルマジロが最も重要な獲物（摂取生物量の42%）であり、今では比較的よく見かけるようになったペッカリー（同15.6%）はこれに次いで2番目だ。同様に、グアテマラのマヤ生物圏保護区ではココノオビアルマジロとハナジロハナグマが最も重要な獲物となっており、狩猟が認められている地域では摂取生物量の58.1%、比較的手厚く保護されている地域（ペッカリーのほうが個体数が多い）では同46.3%を占める（ペッカリーの占める割合はそれぞれ

15.5%と27.2%)。アマゾンの浸水林では、主にカイマン、ノドチャミユビナマケモノ、霊長類を捕食し、ブラジル中部のセラードと呼ばれるサバンナ地帯(エマス国立公園)と同国北東部のカーティンガと呼ばれる乾燥有棘林では、オオアリクイを頻繁に捕食する。中南米最大の哺乳類捕食者であるジャガーは、さまざまな肉食動物を殺し、ピューマ、オセロット、マーゲイ、タテガミオオカミ、カニクイイヌ、ハイイロギツネ、タイラ、スカンク、キンカジュー、カコミスル、オリンゴ、アライグマ、ハナグマなどが記録にある。殺した肉食動物は食べずに置き去りにし、重要な獲物になることはほとんどない。例外はアライグマ類で、ハナジロハナグマ、アカハナグマ、カニクイアライグマはメソアメリカとブラジルの大西洋林とパンタナルで摂取生物量の5～21.5%を占める。共食いは非常に少なく、オスが子どもを殺して食べた例のほかに、大人のオス2頭が大人のメス1頭を殺して一部を食べた記録が1件ある(ブラジルのパンタナル南部)。鳥類、両生類、魚類は偶発的に襲う。ブラジル中部のセラードにすむジャガーにとってレアは重要な獲物だ(13%の糞に含まれる)。ブラジルとコロンビアでは、アマゾン川の浅瀬で獲物を探していたジャガーがカワイルカを殺した記録がある。家畜も好んで襲い、畜牛を中心に、時には馬も殺す。畜牛はパンタナルやロスリャノスなどの放牧地で主な獲物となっており、ブラジルのパンタナル南部では殺した獲物の31.7%、メキシコのソノラ州北東部では摂取生物量の57.7%を占める最も重要な獲物だ。頻度は低いが村落でブタを襲うこともある。ユカタン半島の集落に近い森などでは、放し飼いのイヌも殺す。人間を襲うことはきわめてまれ。数少ない例は、ジャガーを狙った狩猟などでひどく挑発されたケースが大半を占め、それ以外の例はほとんど確認されていない。

下:昼間の狩りで惜しくもカピバラを取り逃がしたジャガー(ブラジルのパンタナル)。明確な季節がある地域では、乾季は河川沿いの狩りに重点を置く。

狩りは夕暮れ・夜間・早朝を中心に、主に地上で行い、――ジャガーは樹上で獲物を追跡することには適応していない――水中や水源周辺でも同様に行う。ネコ科の中でおそらく最も水に適応しており、水中でも積極的に狩りをする。逃げる獲物を追って水に入り、高い川岸からあざやかにジャンプして水中のカイマンやカピバラに飛びかかる。川に浮かんで流れに身を任せながら獲物を物色し、川岸で休んでいるカイマンやカピバラを見つけると、水中からいきなり襲うこともする。ずっしりした構造の頭骨を持ち、すべてのネコ科動物の中で噛みつく力が相対的に最も強い。獲物は、ネコ科に共通する喉への一噛みにより窒息死させることもあるが、特大のカイマンや、畜牛など大型の獲物には、頭骨（通常は後頭骨）を噛み砕くという独自のテクニックをしばしば用いる。このすさまじい一噛みにより、淡水ガメやリクガメの甲羅をも割ことができる。大型のウミガメは、頭骨に近い首の無防備な部分を噛んで殺す。

ジャガーの狩りの成功率は不明。殺した死体は密生した茂みに引きずり込む。ジャガーが迫害されている放牧地では、頻繁に、かつ長い距離を引きずるという報告がある。ある小さいメスのジャガー（推定体重40kg）は、ベネズエラの樹木の密生した渓谷で180kgの若いメス牛を推定200m引きずったという。殺した獲物を何かで覆ったというような記録はない。大型の獲物は隠した場所に戻り、何日かかけて食べる。死肉は好んであさり、特に死んだ家畜は生息地の大部分で主な死肉の供給源になっている。ホンジュラス北

下：ネコ科では珍しく、大型の獲物を殺す際にはしばしば頭骨か首に噛み付いて砕く。大型のカイマンをこのテクニックで殺すジャガーを撮影した最近の動画を見ると、カイマンが噛まれた瞬間に麻痺したことがわかる。これはパワフルで危険な獲物を仕留める安全で効果的な方法だ。

部の沿岸地帯で、海岸に打ち上げられたイルカ（種は不明）の死骸を2頭のジャガーが食べた記録がある。

行動圏

依然としてあまり知られていないが、主に単独で行動し、縄張り意識が強いというネコ科の典型的な空間移動パターンに従っていることは間違いない。オス・メスともに固定的な縄張りを維持し、オスの縄張りはメスよりも大きい。独占的に利用するのは狭いコアエリアのみのようだ。一部の個体群では、おそらく水の分布とそれに伴う獲物の分布が季節的に著しく変動するため、行動圏（＝縄張り）が大幅に重複する。パンタナルのメスは、雨季には独占的な行動圏を確立するが、乾季には行動圏がかなり重複する。オスの行動圏は、雨季·乾季とも広範囲で重複する。同様に、ベリーズのコックスコム盆地のオスも他のオスと大幅に重複する行動圏を有しており、いくつかのカメラトラップ設置地点には1カ月当たり最大5頭のオスが訪れていた。

ネコ科の例にもれず、オスの行動圏は複数のメスのそれと重複する。オス同士の行動圏が重複しているため、一部の個体群ではメスの行動圏も複数のオスと重複することになる。パンタナル南部で実施された調査によると、ある1頭の大人のメスの行動圏は少なくとも3頭の大人のオスと重複し、うち1頭のオスの行動圏に完全に含まれていた。翌年、同じメスの行動圏は2頭のオスと重複していた（1頭は前年と同じ、もう1頭は新しいオス）。これら2頭のオスの行動圏は、別のメスの行動圏とも大幅に重複していた。

行動圏が重複しているとはいえ、大人のジャガーが社会性が強いというわけではなさそうだ。吠えたり尿をスプレーしたりする典型的な縄張り行動はとるが、これはおそらく専用エリアの境界を示すためというよりは、遭遇を避けるためだろう。パンタナル南部での3年半のテレメトリー調査でデータを得た11787地点のうち、メスとオスが交流した可能性があるのは32地点、2頭のオスが遭遇した可能性があるのは21地点、2頭のメスが遭遇した可能性があるのはわずか1地点だった。このうち明らかに兄弟ではない大人のオス2頭は、野生化したブタの死骸を分け合っていた。オスがメスやその子どもと親しく交流するところは時々目撃されるが、こうした場合、オスはおそらく子どもの父親だろう。大人の間の衝突はまれなようで、ベリーズのコックスコム盆地でカメラトラップにより撮影された23頭のオスの697枚の画像のうち、他のオスに負わされた可能性のある重い傷が写っていたのは3枚だけだった。それでも、闘いで死亡した記録も時にはある。たとえば、ブラジルのパンタナル南部では、大人のオスがおそらく縄張りをめぐる衝突で別のオスに殺された。

縄張りの規模は生息環境の質と獲物の得やすさによって異なり、ベネズエラとブラジルの湿性サバンナのメスでは30〜47km²、パラグアイの乾燥サバンナのオスでは1291km²。行動圏の規模の推定データには、サンプル規模が小さい、GPSテレメトリーを用いた調査（従来のテレメトリー調査につきものの過小評価が回避できる）が少ないという問題点がある。大規模なサンプルとGPSテレメトリーという2つの条件の両方またはいずれかを満たす調査で得られた行動圏の平均規模の推定データとしては、パンタナルの湿性サバンナ林のメス57〜69km²、オス140〜170km²、ブラジルの大西洋林のメス92〜212km²、オス280〜299km²、パラグアイのグランチャコの乾燥サバンナ林のオス440km²、オス692km²などがある。アリ

上：オスのジャガーとジャガーが殺した大人のメスのオサガメに、クロコンドルが群がる（コスタリカ、トルトゥゲロ国立公園）。産卵のため海岸に上陸するウミガメは、体は大きいが、ジャガーの攻撃にはなすすべもない。

ゾナ州の乾燥した低地砂漠やマツとオークの林地に単独で暮らす1頭のオスは、2004〜2007年に少なくとも1359km²の土地（カメラトラップ調査により推定したもので過小評価の可能性あり）を利用していた。ユカタン半島南部の熱帯林に暮らす2頭のオスの行動圏は最低1000km²。季節的に浸水する地域（パンタナルなど）の行動圏の規模は、浸水により獲物の生息する場所が限られる雨季に縮小する傾向がある。ジャガーの個体数密度は、降水量とゆるい相関関係のある勾配に沿って上昇する。個体数密度が最も低いのは、メキシコのソノラ州（ノザーン・ジャガー保護区で100km²当たり1.05頭）、ブラジル北東部のカーティンガ（セラ・ダ・カピバラ国立公園で同2.7頭）などの乾燥地域、最も高いのは、非常に高湿な低地林（ベリーズのチキブルとコックスコムで同7.5〜8.8頭）、湿性サバンナ林（ブラジルのパンタナルで同6〜7頭、最も高くて11頭の可能性も）。

下：乾季の最中にクイアバ川で暑さをしのぐメスと生後2カ月の子ども（ブラジルのパンタナル）。野生のジャガーの子どもの生存や親元からの分散に関する情報はほとんどない。

繁殖と成長

野生の繁殖パターンはほとんど知られていない。文献では交尾期についての言及がしばしば見られるが、繁殖は年間を通して行われる。ロスリャノスやパンタナルのように雨季と乾季がはっきりしている地域では、出産に季節的なピークがありそうだ。発情期は6〜17日続く。妊娠期間は91〜111日、平均101〜105日。産仔数は1〜4頭で、平均2頭（飼育下）。

離乳は生後約10週で始まり、生後4〜5カ月で完了する。子どもが独り立ちするのは生後16〜24カ月。親元からの分散についてはほとんど分かっていないが、多くのネコ科と同様に、メスは親の行動圏の近くに落ち着き、オスは遠くに移動するようだ。野生の出産間隔は不明。オス・メスとも生後24〜30カ月で性成熟する。メスは3〜3.5歳で初出産し、15歳まで繁殖可能（飼育下）。野生のオスが初めて繁殖する時期は不明だが、他の大型ネコと同様に、初めて縄張りを確立した後である可能性が高い。早くても3〜4歳以降ということになるだろう。

死亡率　野生での死亡率と死因はほとんどわかっていない。大人のジャガーには自然の捕食者は存在せず、主に人間によって殺され、まれに縄張りをめぐる争いで他のジャガーに殺されることもある。メキシコのカラクムル生物圏保護区の境界に生息する大人のジャガーは人間社会に近いため、肉食性家畜の病気（ネコのフィラリア症、トキソプラズマ症）に感染するリスクがあったが、同保護区の奥深くに暮らすジャガーにはその危険はなかった。こうした感染症がジャガーの死亡を招いたかは不明。ジャガーの子どもの捕食者についても詳しいことはわかっていない。オスによる子殺しの記録はあり、ブラジルのパンタナルで暮らすメスが、同じ畜牛の死骸を食べていた別のメスが連れていた血縁関係のない子どもを殺した例も1件ある。

寿命　野生ではほとんど知られていないが、最長でもおそらく15〜16年。飼育下では最長22年。

保全状況と脅威

過去の分布地域の推定49%から姿を消し、エルサルバドル、米国、ウルグアイでは絶滅。それでも、南米には最近まで人間がほとんど近づけなかった森林に覆われた広大な盆地が残っていることもあり、分布範囲にはほぼ連続的な広い地域が含まれている。最も広大で長期的に存続する可能性が高い生息地は、アマゾン盆地の雨林と隣接するパンタナルおよびグランチャコの林地。中米の大規模な孤立した熱帯低地林も安定した生息地と考えられており、代表的な地域にはメキシコのセルヴァマヤ、グアテマラ、ベリーズ、ホンジュラス・ニカラグア国境のリオプラタノ生物圏保護区、ホンジュラス北部からパナマを経てコロンビア北部まで続く細長いチョコ - ダリエン湿性林などがある。中米とメキシコの分布地域の大半は強い脅威にさらされている。また、現在の分布地域の周辺部分、特にベネズエラ沿岸地域の乾燥林、ギアナ・ベネズエラ・ブラジル北部にまたがるグランサバナ林、ブラジルの大西洋林とセラード、アルゼンチン北部のグランチャコの林地の個体群も絶滅の危険が高いと見なされている。コロンビアのアンデス山中の峡谷にすむ個体群は中米と南米の個体群をつなぐ重要な存在だが、やはり深刻な危機にさらされている。

中南米は林業、畜産、農業のための生息地転換が急ピッチで進んでおり、ジャガーに対する直接的な脅威となっている。さらに、放牧地域における家畜の被害の多くはジャガーなどによる捕食ではなく別の要因によるものだが、それにもかかわらず牧場主や牧畜業者から激しい迫害を受けている。一部の放牧地域では、かなりの数のジャガーが人間により殺された。たとえば、ブラジルのアルタフロレスタにある3万4200km² の農場では、2002 ～ 2004 年に推定 185 ～ 240 頭の大型ネコ（ジャガーとピューマ）が殺されている。ジャガーの獲物を人間が狩猟していることも個体数に影響を及ぼしている可能性が高く、手つかずの森林地域に大型ネコの獲物と同じ種に大きく依存する集落がある場合、この影響が過小評価されている可能性がある。ジャガーが中国の伝統薬の原料として狩猟されている証拠も新たに出てきているが、頭数などは把握されていない。スポーツ・ハンティングはすべての生息国で禁じられているものの、一部の地域（パンタナル、ロスリャノスなど）では密猟が娯楽として人気を集めている。毛皮の国際取引市場が 1970 年代半ばに閉鎖されて以来、毛皮目的の商業狩猟は行われていないが、ジャガーの足先、歯、毛皮には広い需要がある。

ワシントン条約（CITES）附属書I記載。IUCN レッドリスト：近危急種（NT）。個体数の傾向：減少。

ネコ科の種一覧

ヨーロッパヤマネコ
Wildcat
Felis silvestris

ハイイロネコ
Chinese Mountain Cat
Felis bieti

クロアシネコ
Black-footed Cat
Felis nigripes

スナネコ
Sand Cat
Felis margarita

ジャングルキャット
Jungle Cat
Felis chaus

マヌルネコ
Pallas's Cat
Otocolobus manul

ベンガルヤマネコ
Leopard Cat
Prionailurus bengalensis

マレーヤマネコ
Flat-headed Cat
Prionailurus planiceps

サビイロネコ
Rusty-spotted Cat
Prionailurus rubiginosus

スナドリネコ
Fishing Cat
Prionailurus viverrinus

マーブルドキャット
Marbled Cat
Pardofelis marmorata

ベイキャット
Bay Cat
Catopuma badia

アジアゴールデンキャット
Asian Golden Cat
Catopuma temminckii

サーバル
Serval
Leptailurus serval

カラカル
Caracal
Caracal caracal

アフリカゴールデンキャット
African Golden Cat
Caracal aurata

ジョフロイキャット
Geoffroy's Cat
Leopardus geoffroyi

タイガーキャット、サザンタイガーキャット
Oncillas
Leopardus tigrinus; Leopardus guttulus

マーゲイ
Margay
Leopardus wiedii

オセロット
Ocelot
Leopardus pardalis

コドコド
Guiña *Leopardus guigna*

パンパスキャット
Colocolo
Leopardus colocolo

アンデスキャット
Andean Cat
Leopardus jacobita
パンパスキャット
Colocolo
Leopardus colocolo
スペインオオヤマネコ
Iberian Lynx
Lynx pardinus
ボブキャット
Bobcat
Lynx rufus
ユーラシアオオヤマネコ
Eurasian Lynx
Lynx lynx
ジャガランディ
Jaguarundi
Herpailurus yaguarondi
カナダオオヤマネコ
Canada Lynx
Lynx canadensis
ピューマ
Puma Puma concolor
チーター
Cheetah
Acinonyx jubatus

ユキヒョウ
Snow Leopard
Panthera uncia
スンダウンピョウ、
ウンピョウ
Clouded Leopards
Neofelis diardi;
Neofelis nebulosa
ライオン
Lion
Panthera leo
トラ
Tiger Panthera tigris
ヒョウ
Leopard
Panthera pardus
ジャガー
Jaguar Panthera onca

野生ネコの保全

保護地域

野生ネコの保全は、公園内や保護区内に生息地と獲物を確保することから始まる。現在、世界のトラの大半は、保護地域もしくは中核エリアが保護された地域に生息している。仮にこうした保護地域が消滅するようなことがあれば、野生のトラも姿を消してしまうだろう。世界のほとんどの保護地域が直面している非常に大きな課題は、その名前が示すとおり、保護することだ。人口が増加を続けるにつれて、土地や資源の逼迫感が強まり、違法な活動や保護地域の開墾、野生動物の狩猟も拡大している。保護下に置かれていても、野生ネコは必ずしも安全ではない。アジアでは、トラは体の部分に薬効（牛１頭を食べるのに相当する量）があると伝統的に信じられていることから非常に需要が高く、高値で取引されるため、分布地全域の保護区内で現在も狩猟が続いている。

それでも、保護活動は確実に成果をあげている。政府と保全 NGO、資金提供者が必要な資源を密猟撲滅と森林保護につぎ込んでいるインド（コルベット国立公園、西ガーツ山脈）とネパール（バーディアとチトワン国立公園）では、トラの個体数が増加した。世界の多くの保護地域が同じ成果を達成するためには、巨額の資金の投入を必要とする。ライオンがアフリカ西部のほとんどの保護地域で絶滅したのは、これらの保護地域が世界の最貧国にあるためだ。保護地域を守る資金がなく、主にライオンの獲物の種が食肉目的で狩猟されたために、ライオンの個体数は徐々に減少していった。アフリカ西部に残る最後の 250 頭は、生息する４つの公園が厳重に守られない限り、存続できないだろう。これは特に切迫したケースだが、世界中の多くのネコ科の個体群にとって警鐘となる。最悪の人為的影響から十分に隔絶された保護地域がなければ、ネコ科のほとんどの種は個体数が減少し、完全に絶滅するものも出てくるだろう。

IUCNレッドリストのカテゴリー区分と略語

- 近絶滅種（CR）
- 絶滅危惧種（EN）
- 危急種（VU）
- 近危急種（NT）
- 低懸念（LC）

報復目的の殺害を止める

保護地域の設定だけでは（保護が不十分であればなおさら）、多くのネコ科の種の存続は保証されない。地球上では人為的に改変された環境が大部分を占めているため、生態学的要求が高い野生ネコもそうした環境の多くに生息している。野生ネコは、生息できる土地と獲物があれば、厳重に保護された地域よりかなり密度は下がるものの、人間の近くで暮らすことができるが、それでも保全は不可欠だ。トラやライオンを除けば、チーター、ヒョ

保全状況の評価

IUCN 絶滅危惧種レッドリスト（www.iucnredlist.org）は個体数、さまざまな脅威の程度、個体数の増減率など、いくつかの条件に基づいて保全状況を評価する。ネコ科に適用されるレッドリストのカテゴリーは、絶滅危惧が最も深刻なものから最も軽いものの順に、絶滅（EX）、野生絶滅（EW）、絶滅危惧・深刻な危機（CR）、絶滅危惧・危機（EN）、絶滅危惧・危急（VU）、準絶滅危惧（NT）、低懸念（LC）。ネコ科はすべて種のレベルで評価され、懸念の高まりなどを理由に、一部の地域個体群または亜種の評価もなされている。たとえば、ライオンは全体では「絶滅危惧・危急（VU）」と評価されているが、アフリカ西部のライオンの評価は「絶滅危惧・深刻な危機（CR）」である。2015 年までは、ネコ科で唯一スペインオオヤマネコが「絶滅危惧・深刻な危機（CR）」（野生での絶滅のリスクがきわめて高い）に指定されていたが、その後の多大な保全活動が実を結び、現在では「絶滅危惧・危機（EN）」に引き下げられた。評価引き下げは、絶滅の可能性が低下したことを意味するものであり、「救われた」ことを意味するわけではない。スペインオオヤマネコは「絶滅危惧・深刻な危機（CR）」に指定された 2002 年当時よりは安全になったが、依然として深刻な脅威に直面しており、保全の手を緩めれば、たちまち個体数が減少するおそれがある。評価引き下げは、保全活動の結果としての保全状況の改善ではなく、情報の改善を受けて行われる場合もある。調査により以前知られていたよりも個体数が多いことが明らかになった場合などがその例だ。本稿執筆時点で、ネコ科全種のレッドリスト改訂作業が進行中である。本書では、作業が完了した種については 2015 年の評価を示しているが、その他の種では前回 2008 年の評価を用いている（評価年を表示）。

左：カメラトラップにより撮影された、コトドワラの町を見下ろすトラ（インド、ウッタラカンド州）。原野と拡大する人間社会との接点で不安を抱えて生きる野生ネコが増えており、そうした地域での保全には根深い問題がある。

ウ、ユキヒョウをはじめとする世界の多くの野生ネコは、正式な保護地域の外に生息している。人為的な環境は、大規模な保護区をつなぎ、分散個体のコア個体群間の移動や遺伝子関与を可能にする役割も果たしている。しかし、どこであれ、人間――そしてとりわけその家畜――が存在する限り、野生ネコとの摩擦は避けられない。人間は、家畜や時には人間にも危害を加える可能性があるという理由で野生ネコを殺すが、実際にはそれは単なる思い込みにすぎないこともある。多くの場合、肉食動物の捕食による家畜の死亡は他の要因による死亡よりはるかに少ないにもかかわらず（捕食は時として特定の牧畜農家に壊滅的被害を及ぼすこともあるが）、自衛的な殺害や報復としての殺害は依然として世界各地で問題となっている。

こうした環境に置かれたネコを救うには、摩擦そのものを回避できるような解決策が求められる。アルゼンチンの商業牧畜農家は、ピューマから家畜を守るのに効果的な大型牧羊犬を利用することにより、家畜の捕食を減らすと同時に、賞金目当てのピューマ専門ハンターを雇ってピューマを捕獲させるという従来の解決策にも頼らずにすむようになった。ユキヒョウの生息地では、保全組織が感染症（肉食動物による捕食よりはるかに大きな家畜の死因）のワクチンを家畜に接種している。家畜の病死が減れば、牧畜民はそれだけ多くの家畜を売って食物の乏しい冬の飼料を買うことができ、春になっても1カ月ほどは村落で家畜を飼うことが可能になる。その結果、峡谷の底に野生の有蹄類が必要とする新しい草が一斉に芽吹く時期に家畜が遠ざけられることになり、これが有蹄類と、ひいては有蹄類を獲物とするユキヒョウの保護につながる。家畜が草を食みに村落の外に出てくる頃には、ユキヒョウとその野生の獲物は広い地域に分散しているため、摩擦も生じにくい。人間と家畜と野生ネコは、しばしば不安を抱え、時には双方が負担を強いられながらも、同じ環境に共存することができるが、そのためには家畜に対する革新的かつ良心的なケアへの投資が不可欠だ。残念なことに、世界の牧畜業者の多くは、今なお弾丸や毒のような安価な方策を選択している。

保全につながる金銭的メカニズム

保護地域の内外のいずれであろうと、野生ネコが近隣のコミュニティにとって金銭的価値がある場合には、保全活動は定着しやすい。エコツーリズムはその代表的な例だ。アフリカの優れた猟獣保護区は大型ネコで名高く、一目見ようと訪れる数百万人もの観光客がもたらす収入により直接支えられている。インドとネパールのトラ保護区もツーリズムに依存している。過去10年には、野生のスペインオオヤマネコ、ジャガー、ピューマ、ユキヒョウを見る機会も提供されるようになった。しかし、観光収入は不可欠ではあるが、野生ネコの分布地域のうち、観光収入によって保護可能な地域はそれほど多くないだろう。アフリカ西部のライオンが急減している理由の1つは、セレンゲティやオカバンゴデルタのような観光地としての魅力が欠けていることにある。

1つの選択肢として考えられるのは、人々に金銭を支払って野生ネコと共存してもらうことだ。野生ネコへの許容度向上を期待して、家畜が肉食動物に殺された場合に補償を提供することは、その最も一般的な例と言えよう。現実には捕食は証明が難しいため、他の要因による被害を肉食動物によるものであるとする虚偽の申請が紛れ込むことは避けられない。被害に対する補償の提供は、被害を減らそうとするインセンティブをそぐ可能性もあり、摩擦の根本的な解決にはつながらない。野生ネコとの共存から生じた損害を補償するのではなく、「成果に対する報酬」を支払うのは魅力的な代替策だ。メキシコ北部の保全組織は、放牧農家の私有地に設置したカメラトラップでジャガーの写真が撮影された場合に報酬を支払っている。ジャガーとの共存により得られる報酬がコストを上回るなら、放牧農家による野生ネコの殺害は減少するだろう（報酬支払いと同時に捕食を減らす方策を導入することも必須）。また、野生ネコによる家畜の被害に保険をかければ、牧畜農家には家畜をもっと入念に世話しようとするインセンティブが働く。自動車保険の保険料が運転者の損害回避能力によって決まるのと同じように、堅実な畜産を営んでいる農家損害が少なく、保険料が安くなるからだ。貧しい牧畜農家も、保険料の助成さえ受けられれば、野生ネコの殺害をやめようと考えるようになるだろう。

飼育と飼育繁殖

野生ネコは数千年にもわたって人間に飼われてきたが、現代の飼育は保全につながるのだろうか。飼育個体はおそらく、野生での絶滅という最悪のシナリオに備えて繁殖個体の貯蔵庫を維持する役割は果たしている。スペインオオヤマネコを救う取り組みは大規模な繁殖プログラムを柱とするもので、現在の生息地に収まりきらないほどの子ネコを誕生させている。飼育繁殖がなければこの成功はなかったが、飼育個体が個体数回復に直接寄与している例はこれが唯一のものだ。同様の取り組みにより、まもなくロシアのコーカサス地方でペルシャヒョウが放たれる予定があり、飼育個体の子孫が、オオヤマネコの場合と同じように管理された環境で狩りをする機会を得て、野生で生き延びるすべを身につけていくことが期待されている。しかし、世界中で飼育されている野生ネコの大半は、こうした目的の達成には役立たないだろう。

飼育を保全に役立てる試みとして、現在の生息地での保全活動に資金（世界的に見ても驚くほど少額ではあるが）を提供し、都市に住む人々の間に野生ネコへの愛情を育もうとしている動物園もある。興行用に大型ネコを飼育しているサーカスやラスベガスのショーはこの限りではなく、保全上の意味はまったくない。また、米国、南アフリカ、およびその他少数の国で見られるような個人による野生ネコの所有と繁殖は、しばしば保全のためと主張してはいるが、実際にはこれらの種の保全にほぼ何の役割も果たしていない。

取引の規制

ワシントン条約（CITES）（www.cites.org）は、野生動植物の生体およびその一部（毛皮、ハンテイングトロフィー、生体の一部を使用した土産品を含む）の国際取引を規制する条約で、184カ国の政府が締結している。同条約では、絶滅のおそれがあり保護が必要と考えられる種を、必要な保護の程度に応じて3つの附属書に記載している。野生ネコのすべての種は附属書ⅠまたはⅡに記載されている（イエネコは分類対象外）。附属書Ⅰに記載されているのは絶滅の恐れがある種で、例外的な状況でのみ取引が認められている。附属書Ⅱには、現在は必ずしも絶滅のおそれはないが、取引を規制しなければ絶滅のおそれのあるものが記載されている。

参考文献

野生ネコに関する主な書籍およびウェブサイト。

Anton, M., 2013. *Sabertooth.* Indiana University Press.

Bailey, T.N. 2005. *The African Leopard: Ecology and Behaviour of a Solitary Felid.* The Blackburn Press.

Caro, T.M., 1994. *Cheetahs of the Serengeti Plains: Group Living in an Asocial Species.* University of Chicago Press.

Divyabhanusinh, 2002. *The End of a Trail: the Cheetah in India.* Oxford University Press.

Divyabhanusinh, 2005. *The Story of Asia's Lions.* Marg Publications.

Gittleman, J.L., Funk, S.M., MacDonald, D.W., & Wayne, R.K. 2001. *Carnivore Conservation,* Cambridge University Press.

Hansen, K. 2006. *Bobcat: Master of Survival.* Oxford University Press USA.

Heptner, V. G. & Sludskii, A. A. 1992. *Mammals of the Soviet Union, Carnivora, Vol. II, Part 2. Hyaenas and Cats,* E. J. Brill.

Hoogesteijn, R. & Mondolfi, E. 1992. *The Jaguar.* Armitano Editores C.A.

Hornocker, M. & Negri, S. 2009. *Cougar Ecology and Conservation,* University Of Chicago Press.

Hunter, L. & Hinde, G. 2006. *The Cats of Africa: Behavior, Ecology and Conservation.* Johns Hopkins University Press/New Holland.

Hunter, L. & Hamman, D. 2003. *Cheetah.* Struik-New Holland.

Hunter, L. & Barrett, P. 2011. *Field Guide to Carnivores of the World.* New Holland/ Princeton University Press.

Kingdon, J. & Hoffmann, M. (Eds). 2013. *The Mammals of Africa: Volume V: Carnivores, Pangolins, Equids and Rhinoceroses.* Bloomsbury Publishing.

Logan, K. A. & Sweanor, L. L. 2001. *Desert Puma: Evolutionary Ecology and Conservation of an Enduring Carnivore.* Island Press.

Macdonald, D. W. & Loveridge, A. J. (Eds). 2010. *Biology and Conservation of Wild Felids.* Oxford University Press.

McCarthy, T. M. & Mallon, D. (Eds). *in press. Snow Leopards of the World.* Elsevier.

Rabinowitz, A. 2014. *An Indomitable Beast: The Remarkable Journey of the Jaguar.* Island Press

Ruggiero, L.F., Aubry, K.B., Buskirk, S.W., Koehler, G.M., Krebs, C., McKelvey, K.S. & Squires, J.R. 2006. *Ecology and Conservation of Lynx in the United States,* University Press of Colorado.

Schaller, G.B. 1972. *The Serengeti Lion: A Study of Predator-Prey Relations.* University of Chicago Press.

Sanderson, J.G., & P. Watson. 2011. *Small Wild Cats: The Animal Answer Guide.* Johns Hopkins University Press.

Seidensticker, J. & Lumpkin,S. 2004 *Smithsonian Answer Book: Cats.* Smithsonian Books.

Sunquist, M. & Sunquist, F. 2002. *Wild Cats of the World.* University of Chicago Press.

Spalton, A., & al Hikmani, H.M. 2014. *The Arabian Leopards of Oman.* Stacey International.

Thapar, V. 2014. *Tiger Fire.* Aleph Book Company.

Tilson, R. & Nyhus, P. 2010. *Tigers of the World: The Science, Politics and Conservation of Panthera tigris.* Academic Press

Turner, A. & Anton, M. 1997. *The Big Cats and Their Fossil Relatives: an Illustrated Guide to their Evolution and Natural History.* Columbia University Press.

Wilson, D.E. & Mittermeier, R.A. (Eds). 2009. *Handbook of Mammals of the World, Vol. 1: Carnivores,* Lynx Edicions.

Websites

Carnivore Ecology & Conservation An excellent compendium of carnivore news and knowledge compiled by carnivore biologist Guillaume Chapron. www.carnivoreconservation.org

IUCN/SSC Cat Specialist Group. Information on the world's cats including the biannual journal Cat News and an outstanding online library of thousands of scientific papers and reports. www.catsg.org

Panthera. The largest conservation NGO working exclusively on conserving the world's wild cats. www.panthera.org

度量衡換算表

本書では長さ、重量、面積をメートル法単位で表示しているが、ヤード・ポンド法（訳注：帝国単位）に慣れている読者のために、以下に換算表を示す。

メートル法単位からヤード・ポンド法単位への換算表

メートル法単位	ヤード・ポンド法単位		メートル法単位	ヤード・ポンド法単位
長さ			**面積**	
1cm	0.39in (3/8in)		1m^2	1.20yd^2
5cm	1.9in (1 15/16in)		5m^2	5.97yd^2
10cm	3.94in (3 15/16in)		10m^2	11.96yd^2
			25m^2	29.90yd^2
1m	3.28ft			
3m	9.84ft		100km^2	39 sq mi
5m	16.40ft		1000km^2	390 sq mi
10m	32.81ft			
15m	49.21ft		**重量**	
25m	82.02ft		10g	0.35oz (1/3oz)
50m	164ft		50g	1.76oz (1 19/25oz)
100m	328ft		1kg	2.2lb
1000m	3,280ft		3kg	6.6lb
			5kg	11lb
1km	0.621mi		10kg	22lb
10km	6.21mi		50kg	110.2lb
100km	62.14mi		100kg	220.5lb

摂氏温度を華氏温度に換算するには、9をかけて5で割り、32を足す。0°Cは32°F。

謝辞

本書の原稿に目を通してくださった次の仲間たちに深く感謝する; George Amato, auricio Anton, Vidya Athreya, Laila Bahaael-din, Christine and Urs Breitenmoser, Arturo Caso, Passanan Cutter, Pete Cutter, Tadeu Gomes de Oliveira, Will Duckworth, Sarah Durant, Mark Elbroch, Paul Funston, John Goodrich, Sanjay Gubbi, Andy Hearn, Philipp Henschel, Marna Herbst, Rafael Hoogesteijn, Orjan Johansson, Roland Kays, Marcella Kelly, Andrew Kitchener, John Laundre, Mauro Lucherini, Quinton Martins, Jennifer McCarthy, Tom McCarthy, David Mills, Gus Mills, Dale Miquelle, Shomita Mukherjee, ConstanzabNapolitano, Aletris Neils, John Newby, Andres Novaro, Kunel Patel,bEsteban Payan, Howard Quigley, Seth Riley, Joanna Ross, Steve Ross, Jim Sanderson, Elke Schuttler, Tanya Shenk, Alex Sliwa, Chris and Tilde Stuart, Lilian Villalba, Tim Wacher, Susan Walker, Byron Weckworth, Andreas Wilting, and Guillermo Lopez Zamora.

また、本書に画像を提供してくださったたくさんの方々にお礼申し上げる; Laila Bahaa-el-din, Paulo Boute, Raghu Chundawat, Nick Garbutt/ nickgarbutt.com, Laurent Geslin/ laurent-geslin.com, Melvin Gumal, Urs Hauenstein, Andy Hearn/Jo Ross, Philipp Henschel, Chitral Jayatilake, Paul Jones, Leo Keedy, Emmanuel Keller, Sebastian Kennerknecht/ pumapix.com, Hyuntae Kim, Patrick Meier/mywilderness.net, Manuel Moral, Jerry Laker/Fauna Australis, Rodrigo Moraga/natphoto.cl, Antonio Nunez-Lemos/ anunezlemos.com, Pete Oxford/peteoxford.com, Parinya Padungtin, Hardik Pala, David Palacios, Bivash Pandav, Frank Reynier, Barry Rowan/barryrowan.com, Alfonso Tapia Saez, Santosh Saligram, Octavio Salles/octaviosalles.com.br, Tashi Sangbo, Alex Sliwa, Christian Sperka/sperka.biz, Chris and Tilde Stuart, Nina Sunden, Mauro Tammone, Gavin Tonkinson/gavintonkinson.com, James Tyrrell, Yvonne van der Mey, Rodrigo Villalobos Aguirre, Helen Young, Tim Wacher, Larry Wan/wanconservancy.com.

パンセラ内では、サーベルタイガーの図表作成に手を貸してくれたDanielle Garbouchian、画像収集に協力してくれたMichael LevinとBecca Marcus、分布図を作成してくれたLisanne Petracca、カメラトラップ画像の質を改善してくれたAndrew Williamsに感謝する。

最後に、見事なヒョウの分布図を作成してくださったPeter Gerngrossとチーターの最新の分布データを提供してくださったRWCP (Range Wide Conservation Program for Cheetah and African Wild Dogs) に厚く謝意を表する。

画像提供

分布図：Lisanne Petracca/Panthera
イラスト：Priscilla Barrett（5ページのスミロドンのみLuke Hunter）
5、6、234ページの図表：Julie Dando, Fluke Art

写真

Key t=top; tl=top left; right; tr=top right; b=bottom; bl=bottom left; br=bottom right

Photo libraries – FLPA: Frank Lane Photography Agency; NPL: Nature Picture Library; SH: Shutterstock

Throughout the book we have tried to show examples of wild cats in the wild. However, in the absence of such images, photographs of cats taken in captivity have been indicated in the caption with a 'c'.

Front cover: t/c SH; **Back cover:** t/c FLPA; **half-title:** FLPA; **contents:** Frans Lanting/FLPA; **11** James Tyrrell; **12** Sebastian Kennerknecht; **15** Sebastian Kennerknecht; **16–17** FLPA; **19** Tashi Sangbo; **22** Bernard Castelein/NPL, **23** Michael Breuer/Biosphoto/ FLPA; **24** Alain Mafart-Renodier/FLPA; **25** Tim Wacher; **26** Ann & Steve Toon/NPL; **30, 31, 32, 33** Alex Sliwa; **35** Gerard Lacz/ FLPA; **36** Terry Whittaker/FLPA; **37** Gerard Lacz/FLPA; **39, 40, 41** HardkiPala; **43** Emmanuel Keller; **44** Christian Sperkka; **47** Hyuntae Kim; **48** Nick Garbutt; **49** Gerard Lacz/FLPA; **50** Gerard Lacz/FLPA; **52** Nick Garbutt/NPL; **55** Santosh Saligram; **56** Terry Whittaker/FLPA; **57** David Hosking/FLPA; **59** Nick Garbutt; **60** Parinya Padungtin; **61** Terry Whittaker/FLPA; **63** Sebastian Kennerknect; **66** tr Andrew Hearn/Joanna Ross, b Sebastian Kennerknect; **69** t Terry Whittaker/ FLPA, b JNPC/DWNP/Panthera/WCS Malaysia; **70** Gerard Lacz/ FLPA; **73** Nina Sunden; **74** bl Laila Bahaa-el-din, br Gavin Tonkinson; **76** Mitsuaki Iwago/FLPA; **77** Patrick Kientz/FLPA; **78** Denis-Huot/ NPL; **80** t C&M Stuart Controlled, b Yva Momatiuk & John Eastcott/ FLPA; **81** Luke Hunter; **82** Sebastian Kennerknect; **83** Yvonne van der Mey; **84** Anup Shah/NPL; **87** t Laila Bahaa-el-din, b Sebastian Kennerknect; **89** t Sebastian Kennerknect, b Laila Bahaa-el-din/ Panthera; **90** Philipp Henschel; **92** tr Paul Jones, bl Gabriel Rojo/ NPL; **94** Rodrigo Villalobos; **97** Alex Sliwa; **98** Tadeu de Oliveira; **101** Frank Reynier; **102** Terry Whittaker/FLPA; **105** Patrick Meier, **106** Patrick Meier; **107** b Patrick Meier, br Patrick Meier; **108** Larry Wan; **109** Roland Seitre/NPL; **110** Patrick Meier; **113 t** Rodrigo Moraga b Alex Sliwa; **114** Fauna Australis/Jerry Laker; **115** Mauro Tammone; **118** tr Luciano Candisani/FLPA; b Sebastian Kennerknect; **120** Alfonso Tapia Saez, **121** Pablo Dolsan, NIS/FLPA; **123** AGA/Rodrigo Villalobos; **124, 125, 126** Antonio Nuñez-Lemos, Antonio Nuñez-Lemos; **128** Bernd Rohrschneider/FLPA; **129** Willi Rolfes/FLPA; **130** Laurent Geslin; **131** Jules Cox/FLPA; **132** Laurent Geslin; **135** David Palacios; **136** Manuel Moral; **137** Wild Wonders of Europe/Pete Oxford/NPL; **138** David Palacios; **141, 142, 143, 144** Barry Rowan; **147** t Michael Quinton/Minden Pictures/FLPA, b Tim Fitzharris/Minden Pictures/FLPA; **148** Michael Quinton/Minden Pictures/FLPA; **149** Mark Newman/FLPA; **150** Michael Quinton/Minden Pictures/FLPA; **151** Chris and Tilde Stuart/FLPA; **153** Urs Hauenstein; **154** Panthera/ SBBD/IDB/ICE; **155** Panthera Colombia; **156** Gerard Lacz/FLPA; **158** Francois Savigny/NPL; **159** Ignacio Yufera/FLPA; **160** Rodgrio Moraga; **161** Sumio Harada/Minden Pictures/FLPA; **162** Sebastian Kennerknecht; **163** Octavio Salles; **164** Thomas Mangelsen/FLPA; **166** Jurgen & Christine Sohns/FLPA; **168** t Frans Lanting/FLPA, b I.R.I DoE/CACP/WCS; **170** Imagebroker/J.rgen Lindenburger / FLPA; **171** Luke Hunter; **172** Nick Garbutt; **173** Winfried Wisniewski/ FLPA; **174** t Frans Lanting/FLPA, b Michel & Christine Denis-Huot/ Biosphoto/FLPA; **175** Suzi Eszterhas/FLPA; **176** Laurent Geslin/NPL; **178** Raghu Chundawat; **179** Jeff Wilson/NPL; **182** Hiroya Minakuchi/ FLPA; **184** Sebastian Kennerknecht; **185** Christian Sperka; **186** Sebastian Kennerknecht; **188** Christian Sperka; **191** Nick Garbutt; **192** Hiroya Minakuchi/FLPA; **193** Vladimir Medvedev/NPL; **194** Andrew Parkinson/NPL; **195** Gerard Lacz/FLPA; **197** Imagebroker. net/FLPA; **198** Andy Rouse/NPL; **200** ImageBroker/FLPA; **201** Imagebroker, Fabian von Poser/Imagebroker/FLPA; **202** Christian Sperka; **203** Brendon Cremer/Minden Pictures/FLPA; **204** Patrick Meier; **205** Brendon Cremer/Minden Pictures/FLPA; **206** Christian Sperka; **207** Patrick Meier; **208** Richard Du Toit/Minden Pictures/ FLPA; **211** t Michael Durham/Minden Pictures/FLPA, b Parinya Padungtin; **213** Chitral Jayatilake; **214** Chitral Jayatilake; **215, 216** Nick Garbutt; **217** Helen Young; **218** Pete Oxford/Minden Pictures/ FLPA; **220** Patrick Meier; **221** Pete Oxford; **222** Nick Garbutt; **223** Patrick Meier; **224** Suzi Eszterhas/FLPA; **225** Leo Keedy/GVI; **226** Paulo Boute; **233** Bivash Pandav/OETI/Panthera.

索引

学名・英名索引

著　者

Luke Hunter　ルーク・ハンター

生物学者。野生ネコ保全の第一人者の一人。1992年より肉食動物の生態と保全に関する調査研究に携わり、現職はニューヨークのネコ科動物保護団体「パンセラ」最高保全責任者。『*A Field Guide to the Carnivores of the World*』（未邦訳）などの著書をはじめとして、130本以上の科学論文やネコ科を含む肉食動物に関する人気記事を執筆。本書は7作目の著書。

訳　者

山上 佳子　やまがみ よしこ

1959年広島県生まれ。大手百貨店、翻訳会社、外資系証券会社などの勤務を経て2013年に翻訳者として独立。経済・金融分野の実務翻訳を手がけるかたわら、出版翻訳にも活動の場を広げている。主な訳書は『世界の美しい野生ネコ』（エクスナレッジ）

監修者

今泉 忠明　いまいずみ ただあき

1944年東京都生まれ。動物学者。専門は哺乳類を主とする分類学、生態学。文部省（現・文部科学省）の国際生物学事業計画〈IBP〉調査、環境庁（現・環境省）のイリオモテヤマネコ生態調査などに参加し、現在は奥多摩や富士山の自然調査に取り組む。

野生ネコの教科書

2018年9月3日　初版第1刷発行

著　者　ルーク・ハンター

訳　者　山上佳子

監修者　今泉忠明

発行者　澤井聖一

発行所　株式会社エクスナレッジ

〒106-0032　東京都港区六本木7-2-26

http://www.xknowledge.co.jp/

問合せ先

編　集　TEL:03-3403-1381／FAX:03-3403-1345

MAIL:info@xknowledge.co.jp

販　売　TEL:03-3403-1321／FAX:03-3403-1829